U0258730

数字化转型网络安全丛书
编委会

主 编

冯登国　杨晓宁

副主编

俞能海　陈立全　王生牛

—— 编 委 ——

（以姓氏笔画为序）

马　烨	王　进	王正安	王良民	左晓栋
乔　明	刘　斌	李卫海	杨　望	张　驰
张卫明	陈　彦	林璟锵	罗　俊	胡云坤
胡红钢	胡轶宁	侯　炜	陶　军	梁　冰

数字化转型网络安全丛书

冯登国 杨晓宁 主编

数字化转型下的漏洞治理

胡轶宁 王生生 侯炜 等/编著

VULNERABILITY
GOVERNANCE
UNDER
DIGITAL TRANSFORMATION

中国科学技术大学出版社

内 容 简 介

本书为"数字化转型网络安全丛书"中的一种,全面探讨了网络安全漏洞治理的各个方面,旨在探索漏洞治理的核心概念、最佳实践和前沿趋势。着重介绍了网络安全漏洞治理模型与实践案例,提出了基于漏洞生命周期的漏洞治理成熟度模型,以此有效评估组织自身的漏洞管理成熟度,并形成有效的漏洞治理优化方案。同时,使读者详细了解网络安全漏洞治理相关法律法规的出台背景和具体要求,以及国际国内漏洞治理相关的标准和行业规范。

本书可供高校网络安全相关专业师生阅读参考,也可供企业信息安全人员、企业网络安全从业者及其他对网络安全感兴趣的个人参考。

图书在版编目(CIP)数据

数字化转型下的漏洞治理/胡轶宁,王生牛,侯炜等编著.--合肥:中国科学技术大学出版社,2024.6

(数字化转型网络安全丛书/冯登国,杨晓宁主编)

ISBN 978-7-312-05989-6

Ⅰ.数⋯ Ⅱ.① 胡⋯ ② 王⋯ ③ 侯⋯ Ⅲ.网络安全—研究 Ⅳ.TN915.08

中国国家版本馆CIP数据核字(2024)第098877号

数字化转型下的漏洞治理

SHUZIHUA ZHUANXING XIA DE LOUDONG ZHILI

出版 中国科学技术大学出版社
　　　　安徽省合肥市金寨路96号,230026
　　　　http://press.ustc.edu.cn
　　　　https://zgkxjsdxcbs.tmall.com

印刷 合肥华苑印刷包装有限公司

发行 中国科学技术大学出版社

开本 787 mm×1092 mm　1/16

印张 15.75

字数 314千

版次 2024年6月第1版

印次 2024年6月第1次印刷

定价 68.00元

《数字化转型下的漏洞治理》
编写人员

胡轶宁　　王生牛　　侯　炜　　王伟康　　谢理哲
梁　冰　　原　欣　　杨　望　　吴黎明　　郑玉飞

当今世界正经历百年未有之大变局，全球数字化浪潮推动数字权力兴起，各国从传统的地缘物理空间的竞争，转向数字空间的竞争。国际网络安全形势日益严峻，高级持续性威胁（APT）攻击、AI对抗攻击、勒索软件攻击等网络安全事件频发，给全球网络空间的安全稳定带来巨大挑战。

当前，涉及国计民生的大数据平台、云计算平台、工业控制系统、物联网等关键信息基础设施，以及正在步入千家万户的智能家电、智能驾驶汽车等，逐渐成为网络攻击的重要目标。然而，由于技术发展与历史原因，许多关键系统的安全防护能力滞后。以工业控制系统为例，为了保障业务的连续性和可靠性，部分老旧系统仍在运行，甚至不乏一些超过生命周期的设备，高风险漏洞往往未得到及时修补。虽然近年来操作系统、数据库等方面的安全性受到广泛重视，安全防护也在逐步加强，但是个别漏洞仍可能带来巨大的风险。例如，Intel熔断、幽灵等处理器漏洞以及Raw Hammer等存储硬件漏洞，危害严重且修复难度大，给网络安全带来严峻挑战。在我国，各行业对漏洞的认知程度和安全体系化建设的水平存在差异，对于如何从产品设计、研发、检测和运营的角度全面防护漏洞，急需成熟的理论指导、技术支持和产品支撑，这一挑战已经非常严峻且现实地摆在我们面前。

此外，数据安全事件也层出不穷，总体安全形势不容乐观。数据是数字时代的基础性战略资源与关键性生产要素，数据安全是数字经济健康、有序和可持续发展的基石，世界各国对数据安全的认识已从个人隐私保护层面上升到国家安全的高度。在法律层面，需要构建并完善网络安全、数据安全、隐私保护相关制度；在技术层面，需要努力打造自主可控的技术体系，确保数据的安全利用，充分发挥数据资产价值。我们必须高度重视数据的全生命周期安全，切实提升数据安全防护和治理能力，重点防范针对敏感数据的窃取、破解、篡改等攻击活动，保障关键信息基础设施安全。

我国拥有庞大的信息技术研发团体，高校、研究所、企业等储备了大量的研发技术人才。这些年来，我国企业的研发实力和研发投入已经在市场中得到展现，科研院所的研究水平也有大幅提升，为我国在全球科技竞争中赢得了宝贵的机遇。我们需要持续强化网络安全能力建设，提升关键信息基础设施安全保障水平，加大数据安全保护力度，开展新技术网络安全防护，不断从安全防御、安全治理和安全威慑等方面提升我国网络安全保障能力和水平。

"数字化转型网络安全丛书"是校企合作深入研究网络安全治理的专题类图书，汇集了理论方法与实践经验，深入剖析了企业在数字化转型过程中面临的网络安全挑战，提供了应对策略和治理经验。希望该丛书可以为行业内的专业人士提供有益的参考和启示，推动网络安全治理不断发展与进步。

是为序。

中国科学院院士

2024年5月于北京

随着移动互联网、大数据与云计算、5G、人工智能等技术的加速创新，数字技术已经日益融入经济社会发展各领域和全过程，企业数字化和智能化转型提速。数字技术的普及和应用推动了生产系统改造升级，算力、数据、网络流量爆发式增长，生产效率大幅提升。数字技术在智能辅助驾驶、远程操控、AI检测等广泛的应用场景中日益发挥着关键性作用，为港口、制造、能源与矿山、交通等关键基础设施行业的转型升级和高效运营提供了强有力的技术支撑。

数字化转型进程的加速，使得网络空间安全的风险暴露面也在持续扩大，网络勒索、DDoS攻击、恶意软件、网络钓鱼等网络安全威胁正在不断演变升级，新的网络安全漏洞不断被黑客发现和利用，这些威胁对个人、企业以及组织的伤害也越来越大，数字世界的安全威胁和冲突也日益加剧。从政府到企业、从安全研究员到普通民众，任何一方都无法单独应对这些挑战，我们呼吁各利益相关方，都能够对网络空间安全建立起清醒的认知，客观理性地评估风险并实施有效的风险消减措施。网络空间安全的本质是资产的所有者和经营者围绕资产脆弱性与威胁方之间展开动态对抗的全过程，考验的是我们在威胁感知、安全防护、数据保护和安全治理等多方面的综合能力。华为作为全球领先的ICT解决方案的提供者，我们更加需要持续构建与强化这些关键能力，并将这些能力融入产品和解决方案，支撑客户在产品的全生命周期中持续构建网络韧性，有效消减网络安全风险。

企业在追求业务发展与应对安全威胁的同时，也必须遵守网络空间安全与隐私保护的法律法规，履行网络空间/数字世界的合规义务。近些年来，各国政府都陆续出台了很多与网络安全、隐私保护、数据安全相关的法律法规，通过对网络空间、数字世界的立法约束，维护社会、企业和个人在数字领域的合法权益，保障网络空间的安全有序和可持续发展。

作为全球ICT产业的领军企业，华为拥有丰富的网络安全和信息安全的实践经验。自2010年起，华为进一步将网络安全和隐私保护列为公司的重要发展战略，投入充足资源以确保安全需求得到有效执行和落地。基于广泛的外部法规、技术标准、监管需求，华为形成了成熟的网络安全治理机制，有效保障了产品的高质量与安全可信。华为已在全球170多个国家建设1 500张网络，服务逾30亿用户，至今没有出现重大网络安全事故。我们希望通过"数字化转型网络安全丛书"将华为在网络安全与隐私保护保障体系方面的实践经验分享给广大读者，加强与高校合作，共同培养网络安全专业人才。

最后，衷心期望"数字化转型网络安全丛书"不仅能传授网络安全专业知识和技能，更能激发读者对网络空间安全领域的兴趣和热情。在数字化日益融入我们生活的今天，网络安全已不再是某个特定行业或个体的专属话题，而是我们每个人都应该关心和参与的重要议题。我相信通过对该丛书的阅读和学习，读者将收获宝贵的知识，并能在建设一个更安全、更可靠的数字世界中发挥自己的力量，共同守护我们的网络空间。

网络空间安全始于心，践于行。路虽远，行则将至。

华为网络安全与隐私保护官

杨晓宁

2024年5月于深圳

随着新技术的不断出现和应用，数字世界正在蓬勃发展。相比传统的物理世界，数字世界面临的安全挑战纷繁复杂。物理世界中的安全状态，可以简单理解为保护人身安全、保护财产安全和维持公共秩序。而数字世界承载着我们在现实世界中的大量数据，包括个人隐私信息、关键数据信息等，一旦这些数据落入黑客之手，将对我们的人身和财产安全造成巨大的威胁。例如，黑客可能攻击你的智能汽车系统，蓄意制造安全事故；或者黑客可能攻击并获取组织的关键凭证，窃取组织关键数据，甚至影响组织正常运营。

在当今时代，数字化转型已深入各行各业。从移动互联网时代到物联网时代，再到人工智能时代，我们已来到万物互联的智能时代。新技术的应用正不断突破互联网的边界，但随之而来的是日益增多的安全漏洞。在数字世界中，网络攻击已然常态化，而漏洞攻击则是网络安全威胁的最主要类型之一，漏洞的潜在危害给个人、企业和社会带来了巨大的风险。因此，组织如何有效管理漏洞成为迫切需要解决的问题。

近年来，由于漏洞被利用而导致损失的案例不胜枚举。这些事件中很多原本可以避免，但往往因为对漏洞管理的忽视或不当处理，造成了不可挽回的损失。例如，Apache Log4j 漏洞自 2021 年 12 月被公开披露后，短短几天内，黑客就利用此漏洞发起了数百万次攻击。根据安全公司 Tenable 发布的报告显示，一年后仍有 72% 的组织未修补此漏洞。我们意识到只通过技术手段来解决漏洞问题远远不够，如何进行有效的漏洞治理，值得深入探讨和研究。

在对市场上现有的漏洞相关书籍进行调研和分析后，我们注意到市面上销售的漏洞相关书籍大多聚焦于漏洞攻防技术的实战层面，而很少从管理视角探讨漏洞治理方法。事实上，一个组织应对漏洞的挑战不仅仅在技术层面，更需要具备基于治理角度的系统性的方法。华为作为行业内的佼佼者，每年在网络安全方面的投入至少占研发费用的5%，经过多年的摸索与实践，总结出一套系统性的漏洞治理方法论。鉴于此，由东南大学网络空间安全学院专业教师携手华为网络安全治理领域专家组成编写团队，共同编写了本书。本书旨在从漏洞治理的视角出发，结合理论研究与实践经验，深入剖析数字化转型下组织面临的漏洞带来的风险及应对之道，为个人和组织提供一种全新的思考框架和解决方案。

本书内容分为8章，旨在探索漏洞治理的核心概念、最佳实践和前沿趋势。内容从理论基础到实践案例，全面探讨漏洞治理的各个方面，适合广泛的读者群体，包括企业管理人员、信息安全主管、IT业务主管、IT技术人员、网络安全从业者、安全研究人员、高校学生及其他对网络安全感兴趣的个人。通过阅读本书，读者将深入了解漏洞治理相关的法律法规出台背景和具体要求，以及国际国内漏洞治理相关的标准和行业规范。同时，读者可以参考本书介绍的漏洞治理模型与实践案例，借助本书提出的基于漏洞生命周期的漏洞治理成熟度模型，评估组织自身的漏洞管理成熟度，并形成有效的漏洞治理优化方案。

第1章从数字化转型背景出发，介绍网络安全面临的挑战，而漏洞是网络安全事件发生的主要触发点之一，漏洞治理也被越来越多的组织所重视。同时本章对漏洞的概念进行了介绍，并通过对历史上著名安全漏洞事件及部分管理人员对漏洞的错误认知举例，帮助读者进一步认识漏洞。

第2章主要阐述漏洞相关法律法规的情况，重点研究中国、欧盟、英国、美国漏洞相关的最新法律法规要求，各类主体在不同的国家需要遵从本地的法律法规。值得一提的是，有些针对漏洞的要求包含在非单独针对漏洞的法律法规中，如中国的《网络安全法》、欧盟的《NIS 2指令》等；有些是单独针对漏洞的法律法规，如欧盟的《欧盟协调漏洞披露政策》、中国的《网络产品安全漏洞管理规定》。本章对漏洞相关的法律法规做了系统性的研究。漏洞立法持续成为热点，本章进行了趋势分析。

第3章为漏洞相关标准内容，包含更具体的指导和实践，为组织的漏洞管理提供了有效参考。分别以 ISO/IEC、NIST、GB/T、ITU-T 等为例，对标准、核心内容、标准特点等进行了详细介绍。

第4章介绍漏洞治理模型。漏洞治理是一项复杂的工程，不同阶段、场景所需使用的模型方法也不同。本章详细介绍了 PDCA 和 OODA 思维模型以及 P2DR、PDRR、ASA 等安全模型，还包括 OVMG 指南、IATF 框架、CIS 关键安全控制、ATT&CK 框架等安全框架和指南模型。针对每个模型都说明了适用场景与应用，读者可以在漏洞治理中依据具体情况选择合适的模型。

第5章全面探讨漏洞治理体系建设的方法论，包括漏洞治理评估与规划、治理理念与管理政策、漏洞治理组织、漏洞管理流程。"没有规矩，不成方圆"，建立可持续、可信赖的漏洞治理体系，将为高效应对漏洞相关挑战提供支撑。本章还为读者提供了用于漏洞治理成熟度评估的模型，可用于组织的漏洞治理持续改进。

第6章从工控、金融行业运营者漏洞治理面临的挑战，深入研究不同行业的漏洞管理实践与差异。通过学习本章，读者可以充分了解漏洞管理的实际应用，结合第5章提供的方法论，进一步理解漏洞的治理体系。本章同时为读者从运营者的角度构建治理体系提供案例参考。

第7章重点介绍华为在漏洞治理方面的实践。华为作为全球领先的 ICT 解决方案供应商，结合外部法律法规、标准和客户需求等，并通过清晰的目标牵引，围绕漏洞全量管理、全生命周期管理和全供应链管理构建漏洞治理体系。从漏洞治理理念、治理框架与组织、治理流程、治理平台与工具等维度，向读者全面展现华为实践，为读者从厂商的角度构建治理体系提供案例参考。

第8章介绍了漏洞管理技术和产品解决方案。"工欲善其事，必先利其器"，组织须不断完善网络安全防护的理论和方法，适当的漏洞管理技术和产品解决方案作为漏洞防御技术支撑，支持漏洞的发现、检测、评估、防御、验证、管理等流程落地。不同的流程节点使用的产品也不同，对应到每个小节，从技术原理、产品实践等方面进行全面介绍，让读者知其然，也知其所以然。

最后，希望读者与我们一起分享并探讨漏洞治理的方法和优秀实践，携手构建安全的网络空间。书中如有不妥之处，欢迎指正。

缩 略 词 表

英 文 缩 写	英 文 全 称	中 文 全 称
ICT	Information and Communications Technology	信息及通信技术
EY	Ernst Young	安永会计师事务所
ENISA	European Network and Information Security Agency	欧盟网络安全局
CISA	Cybersecurity and Infrastructure Security Agency	网络安全与基础设施安全局
AIIMS	All India Institute of Medical Sciences	全印度医学科学研究所
CVD	Coordinated Vulnerability Disclosure	协调漏洞披露政策
NIS	The Network and Information Security	网络与信息安全
CSIRT	Computer Security Incident Response Team	计算机安全事件应急响应小组
EUCC	European Union Common Criteria	欧洲网络安全共同标准
NCSC	National Cyber Security Centre	英国国家网络安全中心
FCEB	Federal Civilian Executive Branch	联邦文职行政部门
ISO	International Organization for Standardization	国际标准化组织
IEC	International Electrotechnical Commission	国际电工委员会
PSIRT	Product Security Incident Response Team	产品安全事故响应小组
PoC	Proof of Concept	概念验证
NIST	National Institute of Standards and Technology	美国国家标准与技术研究院
ITU	International Telecommunication Union	国际电信联盟
CNNVD	China National Vulnerability Database of Information Security	国家信息安全漏洞库
CVE	Common Vulnerabilities and Exposures	公共漏洞和暴露
CVSS	Common Vulnerability Scoring System	通用漏洞评分系统
CWE	Common Weakness Enumeration	通用漏洞枚举
CWSS	Common Weakness Scoring System	通用缺陷评分系统
OVAL	Open Vulnerability and Assessment Language	开放漏洞评估语言
CPE	Common Platform Enumeration	通用平台枚举
SBOM	Software Bill of Materials	软件物料清单
VEX	Vulnerability Exploitability Exchange	漏洞可利用性交换
CSAF	Common Security Advisory Framework	通用安全公告框架
PDCA	Plan Do Check Act	计划、执行、检查和行动
CMDB	Configuration Management Database	配置管理数据库
OODA	Observe Orient Decide Act	观察、判断、决策和行动

英文缩写	英 文 全 称	中 文 全 称
P2DR	Policy Protection Detection Response	策略、防护、检测和响应
PDRR	Protection Detection Reaction Restore	防护、检测、响应和恢复
ASA	Adaptive Security Architecture	自适应安全架构
CARTA	Continuous Adaptive Risk and Trust Assessment	持续自适应风险与信任评估
ISCM	Information Security Continuous Monitoring	信息安全持续监测
ATT&CK	Adversarial Tactics, Techniques and Common Knowledge	对抗性战术、技术以及公共知识库
OVMG	OWASP Vulnerability Management Guide	OWASP漏洞管理指南
IATF	Information Assurance Technical Framework	信息保障技术框架
CIS	Center for Internet Security	互联网安全中心
OWASP	Open Web Application Security Project	开放式Web应用程序安全项目
RMF	Risk Management Framework	风险管理框架
CNVD	China National Vulnerability Database	国家信息安全漏洞共享平台
EXP	Exploit	漏洞利用
SLA	Service-Level Agreement	服务等级协议
RN	Release Notes	版本/补丁说明书发布公告
SN	Security Notice	安全公告
SA	Security Advisory	安全通告
ISMS	Information Security Management Systems	信息安全管理体系
CICSVD	China Industrial Control System Vulnerability Database	国家工业信息安全漏洞库
ICS	Industrial Control System	工业控制系统
SCADA	Supervisory Control And Data Acquisition	数据采集与监视控制系统
PLC	Programmable Logic Controllers	可编程逻辑控制器
SCAP	Security Content Automation Protocol	安全内容自动化协议
SWIFT	Society for Worldwide Interbank Financial Telecommunication	国际资金清算系统
SDLC	Software Development Life Cycle	软件开发生命周期
MITM	Man-in-the-Middle Attack	中间人攻击
VLAN	Virtual Local Area Network	虚拟局域网
APT	Advanced Persistent Threat	高级持续性威胁
EDR	Endpoint Detection and Response	端点检测与响应
DMZ	Demilitarized Zone	非军事化区
SLO	Service Level Object	服务水平目标
DDoS	Distributed Denial of Service	分布式拒绝服务
APT	Advanced Persistent Threat	高级持续性威胁
SMB	Server Message Block	服务器消息块

目录

1 数字化转型与漏洞治理

2 漏洞立法趋势及法律法规要求

3 漏洞相关标准

4 漏洞治理模型

5 建立漏洞治理体系

6 行业运营者漏洞治理实践

1 数字化转型与漏洞治理

- ◆ **1.1 数字化转型现状**
- ◆ **1.2 网络安全挑战**
- ◆ **1.3 漏洞治理**

　　随着数字化转型的推进，企业面临前所未有的网络安全挑战与机遇。本章首先介绍了数字化转型的背景和特征，深入分析人类历史上工业演进的各阶段；其次，进一步分析了数字化转型带来的网络安全风险和威胁，涵盖网络攻击不断升级、网络安全法规完善、企业网络安全治理与数字化发展要求不匹配等方面；最后，深入探讨了漏洞治理的核心概念、重要性和方法。

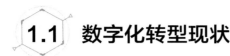 1.1 数字化转型现状

　　人类历史上经历了三次工业革命,工业1.0是以蒸汽机的发明为标志的机械化时代,工业2.0是以电灯的发明为标志的电气化时代,工业3.0则是以计算机的发明为标志的信息化时代。当前人类已经步入工业4.0的智能化时代,以数字化为基础条件,通过嵌入式处理器、传感器和通信模块,把各要素联系在一起,使得产品和不同的生产设备能够互联互通并交换信息。工业4.0的重大变革对于企业乃至行业的经营管理模式创新和升级都具有跨时代的意义。

　　通过图1-1展示的工业革命演进历程,我们可以看到每一次工业革命演变背后的驱动力都源于技术的发展和创新。

· 以蒸汽机的发明为标志,利用水力及蒸汽的力量作为动力源,突破了以往人力与兽力的限制 · 1776年,瓦特制造出第一台商用蒸汽机	· 以电灯的发明为标志,使用电力为大量生产提供动力与支持 · 1884年,查尔斯·帕森斯发明了蒸汽涡轮发动机,电力大规模应用	· 以计算机的发明为标志,电子设备及信息技术(IT)带动数字化生产 · 1945年,宾夕法尼亚大学制成了世界上第一台电子计算机	· 以物联网、5G、人工智能、云计算等新技术广泛应用为标志,开启万物感知、万物互联、万物智能化时代 · 2011年,汉诺威工业博览会第一次提出"工业4.0"

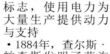  

工业1.0 机械化时代	工业2.0 电气化时代	工业3.0 信息化时代	工业4.0 智能化时代
(1750—1850年)	(1870—1914年)	(1970—2010年)	(2011年至今)

图1-1　工业革命演进历程

　　工业4.0正在彻底改变制造、改进和分销产品的方式。制造商正在将包括物联网、云计算以及人工智能和机器学习在内的新技术集成到他们的生产设施和整个运营过程中。企业在价值链各个环节加强数字化建设,包括在产品开发、供应链、生产制造、销售和营销及售后服务中引入数字化的工具和流程,建立数字化的质量管理系统,并实现整条价值链的信息流程贯通和系统化质量提升。习近平总书记在党的二十大报告中指出,新一轮科技革命和产业变革深入发展,国际力量对比深刻调整,我国发展面临新的战略机遇。当前,数字技术日益成为创新驱动发展的先导力量,开启了一次具有全局性、战略性、革命性意义的数字化转型,带动人类社会生

产方式变革、生产关系再造、经济结构重组、生活方式巨变。如何顺应信息革命时代浪潮，抢抓数字化发展历史机遇，推动生产力与生产关系升级重构，引领撬动经济社会质量变革、效率变革、动力变革，成为当今时代决定大国兴衰的重要因素。

数字化转型最早于2012年由国际商业机器公司（IBM）提出，强调了组织（企业）应用数字技术重塑客户价值主张和增强客户交互与协作。例如，通过云计算、大数据、人工智能、物联网、区块链等驱动组织商业模式创新和商业生态系统重构，其目的是实现业务的转型、创新和增长。在数字化转型中，数字化是手段、转型才是目的，只有组织对其业务进行系统的、彻底的（或重大和完全的）重新定义，而不仅仅是上线一个IT系统，成功才会得以实现。

我国自2017年以来已经连续多年将"数字经济"写入政府工作报告，并在《"十四五"规划和2035年远景目标纲要》中提出"以数字化转型整体驱动生产方式、生活方式和治理方式变革"，数字化转型从组织层面上升为国家战略。

我国行业数字化进程加速驱动了金融、交通、制造、政务、教育等行业产业升级，在生产方式、商业模式、管理方式等方面发生深刻变革。例如，我们出门可以不用带现金，使用手机进行移动支付；政府打通了跨部门的行政审批流程，老百姓去政府办事只用跑一次；高速服务区实时统计区域内剩余车位数量，通过显示屏引导车道停靠，提升司乘人员体验；山区的学校通过远程课堂实现远程培训、协同备课、在线辅导，使优质的教学资源不再是稀缺资源，等等。图1-2展示了行业数字化转型下的典型场景。

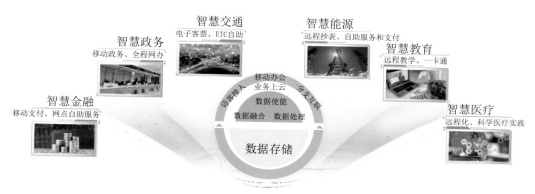

图1-2 行业数字化转型下的典型场景

1.2 网络安全挑战

数字化转型带来的网络安全挑战主要有以下几个方面：

1. 网络安全边界融合化

随着数字化转型进程全面提速，各种新兴技术如云计算、大数据、人工智能等广泛应用，传统的安全边界变得模糊，传统的安全防护手段已不再适用于当前复杂的安全环境。

2. 网络安全基础设施化

互联网、物联网、大数据等进一步增加了网络空间和物理空间的安全互依赖性，各种创新应用与服务都离不开互联网、物联网等网络基础设施的保障与支撑。黑客和网络攻击者利用恶意软件、社会工程等手段，不断寻找组织网络的弱点，企图窃取敏感信息、破坏业务运营或勒索企业财产，导致安全风险不断攀升。数字空间威胁和冲突加剧的同时，也对组织网络安全顶层架构设计与治理能力提出更高要求。

3. 网络安全国家治理与监管常态化

网络安全已经上升到国家战略高度，全球主要国家陆续发布并完善本国相关立法，监管力度不断加大。安全因素全面"注入"网络安全，国家成为网络安全的主要推手，组织的合规义务不断增强。

1.2.1 网络攻击日益严峻，威胁无处不在

通过洞察分析业界相关网络安全威胁研究报告，我们总结得出全球面临的主要网络安全威胁聚焦在勒索软件攻击、DDoS攻击、恶意软件、网络钓鱼、漏洞利用、数据泄露以及供应链攻击几大方面，如图1-3所示。

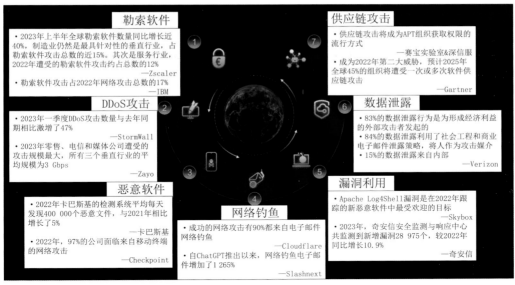

图 1-3　2023 年全球主要网络安全威胁①~⑫

① Zscaler 2023 勒索软件报告 : https://www.zscaler.com/press/zscaler-2023-ransomware-report-shows-nearly-40-increase-global-ransomware-attacks.

② IBM Security《2023 年度 X-Force 威胁情报指数》: https://mediacenter.ibm.com/media/IBM+Se-curity%E3%80%8A2023+%E5%B9%B4%E5%BA%A6+X-Force+%E5%A8%81%E8%83%81%E6%83%85%E6%8A%A5%E6%8C%87%E6%95%B0%E3%80%8B+E6%B4%9E+E5%AF%9F+EF%BC%9AAndy+Piazza/1_esjkekvw.

③ Q1 2023 in Review：DDoS Attacks Report by StormWall：https://stormwall.network/ddos-report-stormwall-q-1-2023.

④ Zayo 2023 年 DDoS 攻击现状及趋势报告 : https://www.zayo.com/newsroom/ddos-attacks-in-h1-2023-up-200-from-2022-according-to-new-zayo-data/.

⑤ 卡巴斯基安全报告 : https://www.kaspersky.com.cn/about/press-releases/2022_cybercriminals-attack.

⑥ 介绍 Cloudflare 的《2023 年网络钓鱼威胁报告》: https://blog.cloudflare.com/2023-phishing-report-zh-cn.

⑦ 2023 年网络钓鱼状况 : https://slashnext.com/state-of-phishing-2023/.

⑧ 2023 年漏洞和威胁趋势报告 : https://www.skyboxsecurity.com/resources/report/vulnerability-threat-trends-report-2023/.

⑨ 2023 年全网漏洞态势研究报告 : https://www.qianxin.com/threat/reportdetail? report_id=309.

⑩ 数据泄露调查报告 : https://www.verizon.com/business/resources/reports/dbir/2023/summary-of-findings/.

⑪ 2023 年上半年网络安全观察报告 : https://download.sangfor.com.cn/%20download/%E8%93%9D%E5%86%9B/2023%E5%B9%B4%E4%B8%8A%E5%8D%8A%E5%B9%B4%E7%BD%91%E7%BB%9C%E5%AE%89%E5%85%A8%E8%A7%82%E5%AF%9F%E6%8A%A5%E5%91%8A%20283%29.pdf.

⑫ 2023 年网络安全趋势 : https://m.freebuf.com/articles/web/349498.html.

全球范围内针对多个行业关键信息基础设施的攻击和破坏活动不断发生并愈演愈烈。例如，2015年，乌克兰的电网系统遭受了一次严重的网络攻击，攻击者利用漏洞，通过远程控制电网系统的设备，关闭了电力分配站和变电站，导致大规模停电。这个事件严重影响了乌克兰的经济和国家安全，也引起了全球范围内的关注和警惕。

表1-1所示的是2012—2023年全球关键信息基础设施遭受网络攻击的典型案例，攻击者往往利用漏洞传播勒索软件或病毒，继而感染与之连接的设备，从而造成重大经济损失和严重社会影响。

表1-1　全球关键信息基础设施典型安全事件

国家	典型关键信息基础设施安全事件
美国[①]	2023年8月,美国船舶制造巨头宾士域集团宣布遭受了一次网络攻击,其系统和部分设施受到影响,蒙受高达8 500万美元(约合人民币6.1亿元)的损失
德国[②]	2023年2月,德国多家机场遭DDoS攻击,多个网站被封锁,出现了数小时无法访问的情况
英国[③]	2023年1月,英国最大的邮政服务企业Royal Mail遭到LockBit勒索软件攻击,导致其国际邮件投递服务瘫痪,数百万封信件和包裹滞留在该公司的系统中
巴西[④]	2022年4月,巴西里约热内卢州的财政系统遭到LockBit勒索软件攻击,420 GB数据遭窃取
乌克兰[⑤]	2015年12月,乌克兰电力系统遭到网络攻击,电力中断3~6小时,约140万人受到影响
韩国[⑥]	2013年3月,韩国金融服务遭受大规模网络攻击,多处ATM和POS机系统遭受病毒感染导致停机,该事件被称为"韩国黑暗日"(Dark Korea)
沙特[⑦]	2012年8月,沙特国家石油公司遭网络攻击,沙特国家石油公司计算机系统中四分之三的数据被删除,包括文件、电子数据表、电子邮件与档案等,导致供货管理、运输和政府及公司签约无法正常开展

我国近年来影响较大的网络攻击事件涉及多个行业，图1-4所示的是教育行业、制造行业、医疗行业、电子政务、交通行业的典型网络安全攻击案例。

---

① 美国安全事件:https://www.secrss.com/articles/57401.

② 德国安全事件:https://www.secrss.com/articles/52040.

③ 英国安全事件:https://www.secrss.com/articles/63828.

④ 巴西安全事件:https://www.secrss.com/articles/41747.

⑤ 乌克兰安全事件:https://m.bjx.com.cn/mnews/20160126/704601.shtml.

⑥ 韩国安全事件:https://www.ithome.com.tw/tech/80029.

⑦ 沙特安全事件:https://www.secrss.com/articles/34118.

教育行业①	制造行业②	医疗行业③	电子政务④	交通行业⑤
某大学遭境外网络攻击，相关网络设备（网络服务器、上网终端、网络交换机、电话交换机、路由器防火墙等）被控制，并被窃取了超过140 GB的高价值数据	某电子制造公司受到勒索软件攻击，导致1 500台服务器和12 000台计算机被攻击者加密，受影响设备占比约20.8%，攻击者勒索1 500万美元	某医院系统被植入勒索病毒，医院系统瘫痪，黑客要求支付价值约30万元人民币的比特币才能恢复正常	某市公安数据库遭入侵，居民的姓名、地址、出生地、身份证号码、照片、手机号等大量个人信息遭到泄露	某航空公司相关信息系统遭到网络武器攻击，多台重要服务器和网络设备被植入特种木马程序，部分乘客出行记录等数据被窃取

图1-4 我国近年典型网络安全攻击案例

1.2.2 网络安全立法不断完善，监管呈常态化趋势

全球主要国家网络安全立法加速，自2020年以来，全球主要国家和地区已生效或制定中的网络安全领域立法有100多部，聚焦关键信息基础设施保护、供应链安全、网络犯罪等内容。表1-2所示的是2020—2023年全球主要国家和地区的网络安全立法概况。

表1-2 2020—2023年全球主要国家和地区网络安全立法举例

类　　别	法　律　名　称
网络安全管理	中国：商用密码管理条例(2023)、证券期货业网络安全管理办法(2023)、电力行业网络安全管理办法(2022)、医疗卫生机构网络安全管理办法(2022)、网络产品安全漏洞管理规定(2021)
	美国：网络基础设施安全指南(2022)、网络事件信息共享指南(2022)
	欧盟：数字市场法(2022)
	英国：民用核能网络安全战略(2022)、电子通信(安全措施)条例(2022)

---

① 教育行业案例：http://society.people.com.cn/gb/n1/2022/0905/c1008-32519603.html.

② 制造行业案例：https://baijiahao.baidu.com/s? id=1741773950369561250.

③ 医疗行业案例：https://www.thepaper.cn/newsDetail_forward_2009020.

④ 电子政务案例：https://zh.wikipedia.org/wiki/%E4%B8%8A%E6%B5%B7%E5%85%AC%E5%AE%89%E6%95%B8%E6%93%9A%E5%BA%AB%E6%B3%84%E9%9C%B2%E4%BA%8B%E4%BB%B6.

⑤ 交通行业案例：http://finance.people.com.cn/n1/2021/1101/c1004-32269793.html.

类　　别	法　律　名　称
关键基础设施保护	欧盟:NIS 2指令(2023)
	澳大利亚:关键基础设施法案草案(2022)
	美国:关键基础设施网络事件报告法(2022)
	智利:网络安全和关键信息基础设施框架法草案(2022)
	中国:关键信息基础设施安全管理条例(2021)
	加纳:关键信息基础设施保护条例(2021)
供应链安全	中国:关于开展网络安全服务认证工作的实施意见(2023)
	美国:供应链网络安全指南(2022)
	欧盟:网络弹性法案草案(2022)
	英国:供应链网络安全指南(2022)
	新加坡:网络安全服务提供商许可框架(2022)
网络信息内容治理	中国:互联网信息服务深度合成管理规定(2022)、互联网信息服务管理办法(2021)、关于加强互联网信息服务算法综合治理的指导意见(2021)
	美国:将社交媒体用于公共事务目的的官方用途(2022)
	欧盟:欧盟处理恐怖主义内容在线传播条例(2022)、数字市场法(2022)
	英国:算法透明度标准(2021)
防治网络犯罪	中国:反电信网络诈骗法(2022)
	美国:优化网络犯罪度量法(2022)
	危地马拉:预防和保护网络犯罪法(2022)
	澳大利亚:打击网络犯罪国家计划(2022)
	南非:网络犯罪法案(2021)
个人信息保护	韩国:个人信息保护法(修正案)(2023)
	俄罗斯:个人数据法修订案(2022)
	印尼:个人信息保护法(2022)
	中国:个人信息保护法(2021)
	巴西:个人数据保护法(2020)
	埃及:个人数据保护法(2020)
	新西兰:隐私法(2020)
数据利用与安全保障	欧盟:数据法(2023)、数据治理法(2022)
	英国:数据共享治理框架(2022)
	新加坡:数据保护基本要素计划(2022)
	中国:数据出境安全评估办法(2022)、数据安全法(2021)
	阿联酋:健康数据跨境传输指导意见(2021)

　　我国网络安全制度体系也在不断完善,自《中华人民共和国网络安全法》实施之后,我国相继颁布《中华人民共和国数据安全法》《中华人民共和国个人信息保护法》《关键信息基础设施安全保护条例》等法律法规,出台《网络安全审查办法》《云计算服务安全评估办法》等政策文件,建立网络安全审查、云计算服务安全评

估、数据安全管理、个人信息保护等一批重要制度，制定并发布300余项网络安全领域国家标准，基本构建起网络安全政策法规体系的"四梁八柱"。

同时，网络安全监管常态化。公安部作为网络安全监管的重要职能部门之一，履行网络安全监管职责，持续开展网络安全监督检查和行政执法工作，有力确保网络和数据安全，保障数字经济有序运行。自2018年以来，公安部已连续几年开展"净网"专项行动，瞄准侵犯公民个人信息、网络诈骗等违法犯罪行为重拳出击，依法严打严管涉案人员、团伙和企业。此外，关键信息基础设施、重要信息系统也是开展网络安全监督检查的重点领域，国家常态化开展网络安全隐患排查工作，确保网络安全问题整改到位。

1.2.3　企业网络安全治理能力与数字化发展要求不匹配

"治理"这一概念是20世纪90年代在全球范围逐步兴起的，治理理论的主要创始人之一詹姆斯·罗西瑙（J. N. Rosenau）认为，治理是通行于规制空隙之间的那些制度安排，或许更重要的是当两个或更多规制出现重叠、冲突时，或者在相互竞争的利益之间需要调解时才发挥作用的原则、规范、规则和决策程序。

在治理的各种定义中，全球治理委员会于1995年对治理作出如下界定：治理是或公或私的个人和机构经营管理相同事务的诸多方式的总和。它是使相互冲突或不同的利益得以调和并且采取联合行动的持续的过程。

管理与治理的差异主要体现为：管理主要聚焦如何经营业务，而治理则是确保能够恰当地经营业务。管理工作的主要目的是提高经济效益，即从有限的投入中获得最大限度的产出；而治理指的是一种由目标支持的活动，治理首先强调的就是目标的正确性，即做正确的事，往往需要高级管理层的参与。

治理与管理不是对立的，一个组织既需要管理，也需要治理。根据前文介绍，我们了解到网络安全已不再是单纯的技术问题，传统安全建设已无法满足企业数字化建设要求，一方面，企业需要将安全工作覆盖、匹配复杂的业务应用场景，针对不同的业务特点制定相应的安全策略并及时响应各种复杂环境下出现的安全事件；另一方面，随着网络安全问题带来的威胁和损失日益增加，提前预判、预处置网络安全的需求不断增加，要进一步助推网络安全风险技术的迭代升级，进而促使网络安全治理趋于主动，这就需要有一套强有力的网络安全治理体系，才能构建数字化转型的网络安全屏障。

安永在《数字化浪潮下国有企业网络安全管理战略转型》分析报告中指出，企业数字化转型过程中面临的网络安全治理挑战主要来自以下几方面：

1. 传统的安全工作以事件驱动为主，导致安全建设过于碎片化

企业在安全建设方面通常只有在发生安全事件后才会开始推动工作，缺乏内部的自我驱动力。网络安全建设滞后导致响应时效不足，投入难以见成效，这不仅给企业带来经济损失，还对声誉造成无法挽回的影响。

企业缺少完善、体系化的网络安全规划，因此其安全建设工作显得碎片化。从短期角度看，在日常工作中各个团队（如业务团队、IT团队、安全团队、风险团队和合规团队）之间缺乏协调联动，统筹性不足。从长远角度看，在网络安全建设方面缺乏明确的发力点和侧重点，缺少充分的顶层建设考虑。在数字化变革背景下，零敲碎打式的安全建设已经无法应对复杂多变的业务场景需求；数字化发展要求企业更加关注网络安全并开展持续性、系统性的网络安全建设。

2. 安全建设过于注重引入技术产品，而忽略了提升治理能力和培养人员技能

在企业的网络安全实践中，通常会将主要精力投入到引入安全设备上，而忽略整体安全能力的建设。然而，在面对复杂的安全环境时，仅依靠叠加安全设备是不够的。治理能力不足使得企业难以形成统一、完善且自上而下有效执行的安全管理体系，例如：制定并执行相关政策、标准及流程存在难以推动等问题。人员技术水平跟不上技术发展步伐，导致运维管理不到位、处理事件缺乏应对措施、利用率和转化率低等问题出现，甚至可能导致防护措施失效。

1.3 漏洞治理

前文介绍了网络空间安全威胁不断升级，网络勒索、供应链安全等事件频发，以防火墙、堡垒机等为代表的传统边界防护模式逐渐"失灵"，基于边界的传统安全架构不再可靠，传统的"打补丁""局部整改"或"事后补救"式的管理手段已经不能满足未来经济社会的安全发展需求。网络安全攻击不仅对组织自身甚至对国家、社会和公众造成重大危害，而漏洞是这些安全事件发生的主要触发点之一。漏洞治理是组织必须做好的网络安全基础工作，组织围绕产品全生命周期构筑全供应链的端到端漏洞治理保障体系，是降低现网风险、保障业务连续运行的重要手段。

同时，高风险漏洞和安全事件成为立法监管的加速剂，中国及欧美等国家或区域陆续发布相关法规统筹管理漏洞，漏洞风险关乎国家安全，已成为国家网络安全战略的重要部分，治理漏洞风险是维护国家安全和保障网络安全的必然要求。

对组织来说，漏洞治理的成熟度是组织数字化治理水平和软件工程能力的直接

体现，与组织的可持续发展密切相关。组织需要和各利益方持续协同管理漏洞，否则可能面临系统瘫痪、信息泄露等风险，对自身长久运营、业务发展、商业竞争及品牌形象等方面产生影响，成为组织发展瓶颈，甚至影响其长远发展。本节将从漏洞的概念、产生的原因和影响，漏洞的典型案例以及漏洞治理的业界共识和各利益相关方协同漏洞处理机制等方面展开论述。

1.3.1 漏洞的概念

"漏洞"一词的解释主要有两种：一是小孔或缝隙，二是法律、法令、条约或协议中制定得不周密的地方。如果法律条文有缺陷，犯罪分子可能利用法律漏洞逃避处罚；如果企业内部控制有缺陷，员工可能利用公司条例漏洞挪用公司财物造成公司经济损失。

随着互联网技术的高速发展，在互联网领域，"漏洞"是指计算机系统在设计、编码、运行等环节中安全方面的缺陷，使得系统或其应用数据的保密性、完整性、可用性等面临威胁。

中华人民共和国国家标准《信息安全技术　网络安全漏洞标识与描述规范》（GB/T 28458—2020）将漏洞定义为"网络产品和服务在需求分析、设计、实现、配置、测试、运行、维护等过程中，无意或有意产生的、有可能被利用的缺陷或薄弱点。这些缺陷或薄弱点以不同形式存在于网络产品和服务的各个层次和环节中，一旦被恶意主体所利用，就会对网络产品和服务的安全造成损害，从而影响其正常运行"。欧盟网络安全局（European Network and Information Security Agency，ENISA）定义安全漏洞为"攻击者可以利用的弱点，以损害资源的机密性、可用性或完整性"。美国国家标准及技术研究发布的标准NIST SP800—16将漏洞定义为"信息系统、系统安全程序、内部控制或实施中可能被威胁源利用或触发的弱点"。这一定义强调，漏洞可能存在于信息系统的不同组件中，包括系统本身、其中的安全程序、内部控制以及这些控制的实施等。该定义还强调，漏洞可以被威胁源（如黑客或恶意内部人员）利用或触发。换句话说，漏洞不仅仅是理论上的弱点，而且是攻击者可以利用它来危害信息系统安全的弱点。

ISO/IEC 27001信息安全管理体系标准中漏洞部分主要指的是组织在实施信息安全管理体系过程中可能存在的漏洞，包括技术和非技术方面：

技术方面的漏洞主要涉及组织的信息系统、网络设备、软件等方面，例如，未及时修补漏洞、弱口令、未加密的敏感数据传输等。

非技术方面的漏洞则涉及组织的人员、流程等方面，例如，人员的安全意识不足、授权不明确、审计不足等。

本书将漏洞定义为软硬件的弱点，它可被发现并利用，并能损害资产的安全性，即对保密性、完整性和可用性造成影响。简单来说，漏洞需具备弱点、可利用、损坏安全性三个典型特征，如图1-5所示。

弱点	可利用	损坏安全性
• 弱点：首先，漏洞是一种弱点或者缺陷，这是漏洞的第一个特征。 • 系统：其次，这个弱点是在一个系统中，这个系统可以是产品、网络、应用、某种控制手段、某种实现方式、某种案例策略。 • 对系统的定义取决于不同视角：运营视角/供应商视角/攻防视角	• 可被利用：可被恶意利用，这是漏洞的第二个特征。这个特征也决定了漏洞和普通缺陷的区别。 • 被动利用：漏洞跟普通缺陷不同，它不会像普通缺陷那样，只要条件具备，就会自动触发。漏洞利用往往需要攻击者主动和精心准备，偶然触发的概率较低	• 造成损失：漏洞一旦被利用，就一定会产生安全事件，这是漏洞的第三个特征。 • 资产损失：具体的安全损失往往按照CIA分类，即资产的保密性、完整性和可用性遭到破坏

图 1-5　漏洞典型特征

1.3.2　历史上著名的安全漏洞事件

网络安全漏洞历史可以追溯到计算机的早期发展阶段。在那个时代，人们主要使用大型机来处理数据，攻击者必须在物理上接触到计算机才能进行攻击。随着互联网技术的发展与普及，攻击者的手段也愈发多样，如蠕虫病毒、勒索软件等。

早在1971年蓝盒子漏洞便揭示了早期电话系统的设计漏洞，暴露了基于音调信令通信缺乏身份验证和加密的弱点。随着计算机技术的崛起，莫里斯蠕虫于1988年成为历史上首个利用应用程序漏洞在互联网上传播的计算机蠕虫，引发了全世界对网络安全的深刻反思。2010年震网病毒（Stuxnet）专门瞄准工业控制系统，利用微软和西门子的系统漏洞攻击伊朗核设施，这标志着网络攻击从简单的传播和干扰演变为直接破坏关键基础设施。2014年心脏滴血漏洞（Heartbleed）直接影响了加密通信的基础，攻击者通过OpenSSL库中的漏洞，能够读取服务器内存中的敏感信息，威胁了全球范围内的加密通信。WannaCry勒索病毒在2017年以其迅速传播和广泛影响成为焦点，通过利用Windows漏洞进行感染，并以勒索手段获取赎金。2021年Apache Log4Shell漏洞则彰显了软件组件的普遍性，被认为是过去十年中影响最大、最严重的漏洞，引发了对软件供应链和广泛集成的安全性的深刻拷问。图1-6所示的是历史上著名的安全漏洞事件时间轴。

1965—1979年	1980—1999年		2000—2017年	2018年至今	
计算机早期雏形	个人电脑爆炸式增长		虚拟化/云/移动的演进（新老技术交织）		
1971年，美国信息技术公司AT&T的工程师发现电话系统信号验证缺陷，利用"蓝盒子"模拟特定频率的信号欺骗系统，拨打免费电话	1988年，Morris利用了大号Unix系统中的程序漏洞创造了蠕虫病毒，并在互联网上进行复制传播感染大约6 000台Unix服务器（占当时服务器总数的1/10），造成大量网络服务系统崩溃或瘫痪	2010年，震网病毒感染USB闪存驱动器传播，同时利用微软和西门子产品的7个最新漏洞进行攻击，使用默认密码来控制软件，定向破坏伊朗核设施，给关键工业基础设施带来了严重威胁	2014年，"心脏滴血"漏洞席卷全球，攻击者利用Heartbeat扩展中的编程缺陷，通过非法输入实现缓冲区溢出，从而获取服务器或客户端中的敏感信息。受影响的网站包括社交媒体、电子邮件服务、在线银行等	2017年5月，WannaCry勒索病毒席卷全球，波及150多个国家。该病毒利用Windows操作系统中"永恒之蓝"漏洞进行传播，对计算机磁盘加密，造成大量数据资产损失	2021年，陈兆军向Apache软件基金会披露了Log4Shell漏洞，该漏洞利用Lor4j允许向任意LDAP和JNDI服务器发出请求的特性，可触发任意代码执行，或泄露敏感信息

图1-6　历史上著名的安全漏洞事件时间轴

1. 蓝盒子漏洞

蓝盒子漏洞最早于1971年被美国信息技术公司的工程师发现。美国信息技术公司使用一种称为蓝盒子（blue box，图1-7）的电子设备生成北美长途电话网络内使用的带内信号音调，来发送线路状态和被呼叫号码信息的音调。这导致非法用户——通常被称为"蓝盒子发烧友"，无需使用网络公司提供的拨号设备，就可以拨打长途电话，这些电话费将被计入另一个号码或完全被视为未完成的呼叫。

早期的电话系统使用了一种基于音调信令的设计，这是为了传递指令和调度呼叫。然而，这个设计中存在缺陷，缺乏对用户的强制身份验证和通信的加密，允许攻击者通过生成特定频率的音调（由蓝盒子产生）来欺骗系统，攻击者可以模拟特定的信令以操纵电话网络，也可以相对容易地冒充其他用户，进而实施欺诈，这就破坏了电话网络的保密性和完整性。

图1-7　计算机历史博物馆中收藏的蓝盒子

2. 莫里斯蠕虫

1988年11月2日，美国康奈尔大学的一名研究生罗伯特·莫里斯（Robert Morris）创造了一个名为"Morris worm"（莫里斯蠕虫）的计算机蠕虫病毒，这是历史上第一个利用应用程序漏洞在互联网上传播的恶意软件（图1-8）。莫里斯最初的目的是通过测试蠕虫病毒来了解互联网的规模和安全漏洞，蠕虫病毒利用了许多已知的安全漏洞，如Unix系统中sendmail、Finger、rsh/rexec等程序的已知漏洞以及薄弱的密码，可以自行复制和传播到其他计算机系统中。但是，编程错误导致蠕虫病毒的破坏力远远超出了莫里斯的预期，它使同一台计算机重复被感染，每次感染都会造成计算机运行变慢直至无法使用，导致拒绝服务。

图1-8　写有莫里斯蠕虫源代码的软盘

蠕虫病毒的速度和规模让它很快就在互联网上蔓延开来，大约6 000台Unix计算机系统受到了影响，网络服务崩溃，甚至有些系统彻底瘫痪，这造成了大量的经济损失并产生了不必要的工作量。当时，互联网还不够成熟，安全防范意识也比较薄弱，因此该蠕虫病毒造成了较大的影响。美国的政府审计办公室估算出蠕虫病毒造成的损失为1 000万至1亿美元。这次事件也成为了一次警示，提醒人们在未来的网络安全防范中需要更加重视网络安全漏洞的修补和防御。莫里斯也因为蠕虫病毒造成的经济和计算资源损失最终被判入狱。

3. 震网病毒

2010年6月，震网病毒（Stuxnet）首次被发现，它是一种Windows平台上的计算机蠕虫，被称为有史以来最复杂的网络武器。"震网"定向明确，具有精确制导的"网络导弹"能力。它是专门针对工业控制系统编写的恶意病毒，也是已知的第一个以关键工业基础设施为目标的蠕虫。

震网病毒有三个模块：一个蠕虫病毒，负责执行与攻击主要载荷相关的所有例程；一个链接文件，负责自动执行蠕虫的传播副本；一个rootkit组件，负责隐藏所有恶意文件和进程，防止震网病毒被检测到。

震网病毒利用当时微软和西门子公司产品的7个最新漏洞进行攻击。这7个漏洞中，有5个漏洞针对Windows系统（其中有4个属于零日漏洞），2个针对西门子SIMATIC WinCC系统。这些漏洞允许Stuxnet在未经用户明示允许的情况下，通过USB存储设备传播，攻击被感染网络中的其他WinCC计算机，并在感染系统时不留下痕迹。此外，Stuxnet还利用了硬编码的用户名和密码等工程控制系统的弱点，一旦进入系统，它将尝试使用默认密码来控制软件。该病毒不再以刺探情报为己任，而是能根据指令定向破坏伊朗核设施等要害目标的可用性。Stuxnet被广泛认为是一种"高级持续性威胁（Advanced Persistent Threat，APT）"，这种攻击具有高度的复杂性和针对性，且攻击者通常需要长时间持续访问受害者系统，以达到其攻击目的。

4. 心脏滴血

2014年4月，OpenSSL发布安全公告，在OpenSSL 1.0.1版本至OpenSSL 1.0.1f Beta1版本中存在漏洞，该漏洞中文名称为心脏滴血，英文名称为HeartBleed。其中Heart是指该漏洞位于心跳协议上，Bleed是因为该漏洞会造成数据泄露，即HeartBleed是在心跳协议上的一个数据泄露漏洞。

OpenSSL是为网络通信提供加密以保护数据完整性的一种安全协议，是实现传输层安全和安全套接字层协议的开放源代码库，包括主要的密码算法、常用的密钥和证书封装管理功能以及SSL协议。

"心脏滴血"实质是一个缓冲区溢出漏洞，产生原因在于OpenSSL的Heartbeat扩展没有对输入进行适当验证，缺少边界检查。攻击者可以追踪OpenSSL所分配的64 KB缓存，将超出必要范围的字节信息复制到缓存当中再返回缓存内容，这样受害者的内存内容就会以每次64 KB的速度泄露，造成机密性损失。

5. WannaCry勒索病毒

2017年5月，被称为近年来影响范围最广泛、"最嚣张"的WannaCry勒索病毒席卷全球。据统计，全球共有150多个国家、超30万台终端被感染，波及政府、学校、医院、金融、航空等各行各业。多所高校、大型企业和政府机构"中招"，被勒索支付高额赎金才能解密恢复文件，重要数据遭到严重破坏。

WannaCry勒索病毒实质上是一种勒索性质的恶意软件（图1-9），它通过加密（锁定）数据并要求以比特币加密货币支付赎金来攻击运行Microsoft Windows操作系统的计算机。它也被认为是一种网络蠕虫，因为它还包括一种自动传播的传输机制，此传输代码扫描易受攻击的系统，然后使用EternalBlue漏洞获取访问权限。同时它也具有复制性，使用DoublePulsar工具安装并执行其自身的副本。

EternalBlue是Microsoft实现其服务器消息块（Server Message Block，SMB）协议的漏洞，该协议由黑客组织"影子经纪人"（The Shadow Brokers）发布。DoublePulsar是一个后门工具，也是由该组织于2017年4月14日发布的。

图1-9　WannaCry勒索病毒界面

恶意软件会扫描开放445文件共享端口的Windows机器，尝试利用永恒之蓝SMB漏洞、局域网感染等网络自我复制技术，使病毒可以在短时间内呈爆发态势。同时，该病毒与普通勒索病毒不同，它不会对电脑中的每个文件都进行加密，而是通过加密硬盘驱动器主文件表(MFT)，使主引导记录(MBR)不可操作，通过占用物理磁盘上的文件名、大小和位置的信息来限制对完整系统的访问，破坏计算机资产的可用性和完整性。

6. Apache Log4Shell漏洞

Log4Shell是流行的Java日志框架Log4j2中的一个零日漏洞，涉及任意代码执行。该漏洞自2013年以来一直未被注意到，并于2021年11月24日由阿里云安全团队陈兆军向Apache软件基金会披露。Apache软件基金会给Log4Shell的CVSS严重性评分为10，因为数百万台服务器可能容易受到该漏洞的攻击。Lunasec的Free Wortley将其描述为"灾难性的设计失败"。

Log4j是Apache的一个开源项目，是一个基于Java的日志记录框架。Log4j2是Log4j的后继者，被大量用于业务系统开发，记录日志信息。很多互联网公司，包含耳熟能详的公司的系统都在使用该框架。

Apache Log4j2组件存在一个重大缺陷，在其开启了日志记录功能后，凡是在可触发错误记录日志的地方，插入漏洞利用代码，即可利用成功。特殊情况下，若该组件记录的日志包含其他系统的记录日志，则有可能造成间接投毒。通过中间系统，组件间接读取了具有攻击性的漏洞利用代码，亦可间接造成漏洞触发。这个漏洞被安全专家称为"史诗级"和"核弹级"漏洞，影响范围特别广泛，已超过2 000个厂家与软件确认受影响，如Steam、苹果的云服务受到了影响，推特和亚马逊也遭受了攻击，元宇宙概念游戏"Minecraft我的世界"数十万用户被入侵。黑客仅需简单构造一段报文，即可通过该漏洞实现对网络设备的远程控制，造成敏感数据泄露和服务中断等重大安全事件，对数字资产的保密性、完整性和可用性均造成了巨大损坏。

Log4j的潜在影响远不止于此，它被集成在全球成千上万的软件组件中，包括许多国家的关键基础设施，并且攻击者对漏洞的利用通常在系统集成或系统运维比较靠后的阶段，导致使用常规的扫描方法很难识别这类漏洞，此漏洞引发的攻击将存在长尾效应。

1.3.3　漏洞产生的原因

实际上，漏洞是无法完全避免的，原因在于软件、系统或网络设计中的缺陷、错误或疏忽无法彻底避免。这些缺陷、错误或疏忽可分为以下几类：

1. 编程错误

程序员在编写代码时，可能会出现错误，例如，代码逻辑错误、边界条件错误、缓冲区溢出、空指针引用、未初始化变量等等。这些错误可能会导致程序行为不可预测，从而导致漏洞，为攻击者提供了入侵的机会。

2. 设计缺陷

程序员在软件和系统的设计阶段可能没有充分考虑到安全性，导致存在设计缺陷，例如，权限管理不当、访问控制不严格、数据传输和存储未加密等等。这些设计缺陷可能会导致攻击者可以轻易获取系统中的敏感数据。

3. 系统配置错误

系统管理员可能未正确配置防火墙、用户权限等其他安全设置，或是采取了开放不必要的服务及使用弱密码等不安全的操作。这些错误可能会导致攻击者可以轻易地入侵系统。

4. 第三方库漏洞

软件可能依赖于第三方库，如果这些库存在漏洞，但由于制造商或开发者未能及时发布修复补丁，或用户未能及时进行已有的安全更新，那么攻击者可能会利用这些漏洞攻击软件。

5. 社会工程学

除了存在于计算机系统中的安全缺陷，漏洞最大的问题其实来源于"人"本身。例如，攻击者通过电话欺骗、网页诱导、钓鱼邮件等手段，可能获取用户的敏感信息，进而利用这些信息发起进一步的攻击。

1.3.4 漏洞的利用与危害

全球研究表明，近三分之二的企业遭受过网络攻击，大约一半的企业遭遇过数据泄露事件。Skybox Security 发布的《2023年脆弱性和威胁趋势报告》显示，漏洞数量急剧增加，攻击速度持续提升，影响逐步升级。威胁方以更敏感的资产为目标，破坏性指数级增加。

国家信息安全漏洞库（China National Vulnerability Database of Information Security，CNNVD）发布的《2022年度网络安全漏洞态势报告》显示，2022年新增漏洞近2万5千个，创历史新高，保持连年增长态势。超高危级漏洞占比呈持续上升趋势，虽然漏洞修复率大幅提升，但漏洞威胁形势仍然严峻。报告认为新漏洞的激增有多种原因。一方面，软件和硬件供应商在更严格的法规和政策的约束下，可能越来越善于识别和披露其产品中现有的安全漏洞；另一方面，快速的技术变革导致产品开发过程中出现更多错误，从而导致更多的漏洞被引入。

随着组织内部漏洞的增加，外部威胁仍持续加剧。如世界经济论坛指出，网络威胁行为者的准入门槛降低、攻击手段更具侵略性、网络安全专业人员匮乏以及管理机制零散，所有这些都在加剧风险。网络犯罪目标和手段的范围急剧扩大，网络攻击在2022年创下历史新高，给全球企业、政府和机构造成了越来越大的损失。对攻击者而言，利用漏洞带来的价值是驱使其进行攻击等恶意活动的动力，攻击者利用漏洞的典型场景如下：

1. 攻击者利用漏洞传播病毒或其他恶意软件

攻击者可以利用安全漏洞来传播病毒或其他恶意软件，具体方式可能因漏洞类型、攻击者技术水平和攻击目标而异。图1-10是典型传播病毒或恶意软件的方式。

2. 攻击者利用漏洞进行网络攻击活动

2022年6月22日，西北工业大学发布《公开声明》称，该校遭受境外网络攻击，国家计算机病毒应急处理中心与360公司联合技术团队进行溯源，揭露了美国国家安全局（National Security Agency，NSA）对中国网络目标实施了上万次的恶意网络攻击，控制了相关网络设备（网络服务器、上网终端、网络交换机、电话交换机、路由器、防火墙等），并疑似窃取了高价值数据。与此同时，NSA还长期对中国的手机用户进行无差别的语音监听，非法窃取手机用户的短信内容，并对其进行无线定位。

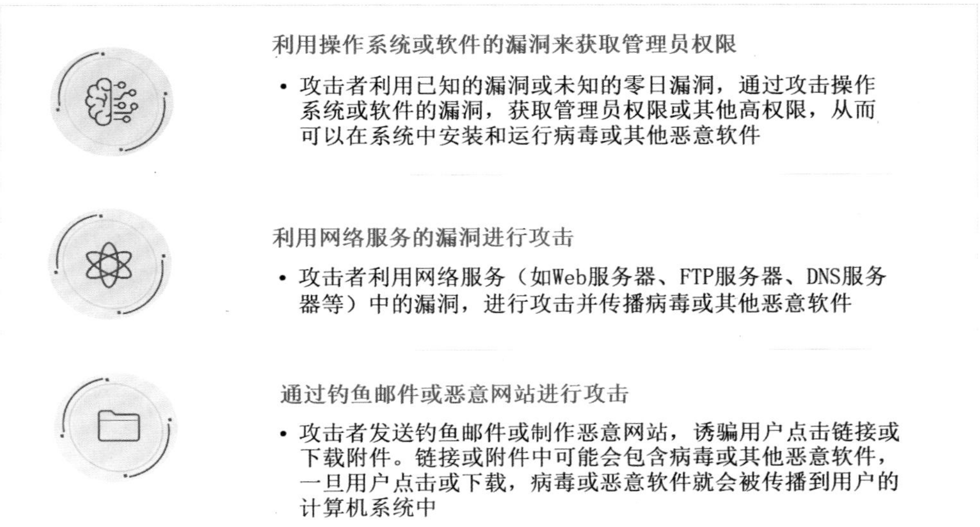

利用操作系统或软件的漏洞来获取管理员权限
- 攻击者利用已知的漏洞或未知的零日漏洞,通过攻击操作系统或软件的漏洞,获取管理员权限或其他高权限,从而可以在系统中安装和运行病毒或其他恶意软件

利用网络服务的漏洞进行攻击
- 攻击者利用网络服务(如Web服务器、FTP服务器、DNS服务器等)中的漏洞,进行攻击并传播病毒或其他恶意软件

通过钓鱼邮件或恶意网站进行攻击
- 攻击者发送钓鱼邮件或制作恶意网站,诱骗用户点击链接或下载附件。链接或附件中可能会包含病毒或其他恶意软件,一旦用户点击或下载,病毒或恶意软件就会被传播到用户的计算机系统中

图 1-10 典型传播病毒或恶意软件的方式

该攻击活动使用了超过40种NSA的专用网络攻击武器装备,并利用掌握的针对SunOS操作系统的两个"零日漏洞"利用工具,选择了中国周边国家的教育机构、商业公司等网络应用流量较多的服务器为攻击目标,攻击成功后,安装NOPEN木马程序,控制了大批"跳板机"。另外,对西北工业大学办公内网主机进行入侵的"酸狐狸"武器平台,则针对IE、FireFox、Safari、Android Webkit等多平台上的主流浏览器漏洞开展远程溢出攻击,获取目标系统的控制权。

随着网络空间的博弈持续升级,数字攻击面持续增长将成为常态化趋势,安全漏洞数量仍在快速增长,其中严重和高危性漏洞的数量占比进一步提升。组织应该为此做好充分准备,不仅要更全面地发现威胁隐患,还要认真思考如何建立完善的网络安全治理体系,才能部署正确的安全措施和策略,以保护其环境和系统能够应对不断增长的网络攻击面。一次数据泄露就可能导致严重的声誉和财务损失,漏洞管理已不再只是另一种IT支出,它应该是一个关键的业务目标。

3. 黑色产业链利用漏洞牟取暴利

黑色产业链是指由黑客、犯罪组织、恶意软件开发者和黑市销售者等组成的网络犯罪产业链。这些黑色产业链通过交易漏洞信息或攻击工具,盗取资产敏感信息并进行勒索或出售等方式来牟利。

漏洞与黑色产业链之间存在紧密的关系。黑色产业链通常会利用计算机系统、软件或硬件中的漏洞来实施非法、恶意的活动,黑客可以将漏洞出售给其他犯罪组织或黑市销售者以获取利润。其中有一个名叫Shadow Brokers的神秘组织,曾于

2016 年和 2017 年泄露了多个美国国家安全局开发的网络武器，其中就有利用 Windows 漏洞和 SWIFT 银行网络漏洞的攻击工具被黑色产业链卖家贩卖。

同时，黑色产业链也会促进漏洞的产生和发现。黑色产业链中的高额利益刺激许多黑客寻找漏洞，黑客可以在地下市场或在线平台出售或购买漏洞信息。这种黑色交易行为会导致漏洞信息得到更大范围的扩散，最终导致攻击产生更大规模的破坏。

从某种意义来说，漏洞和黑色产业链之间是相互依存的，可以说漏洞的价值促进了黑色产业链的发展，而黑色产业链的存在则加速了漏洞的研究和发现。为了确保系统和网络的安全，需要各方共同努力，通过法律、监管、技术等措施来打击黑色产业链。

1.3.5　漏洞治理的业界共识

尽管漏洞将会长期客观存在，它随软件和系统产生，是不可避免的。但漏洞一旦被发现，是可以被修补的。因此，对组织而言不应该追求"没有漏洞"，而是建立起针对漏洞及其风险进行主动管理的机制，发现漏洞后能够有效响应，能够持续对漏洞进行识别、验证、修补，并建立业务流程以支持对漏洞进行有效的风险消减。

实际上，业界对处置漏洞存在许多错误的观念。例如，有观点认为产品不能有漏洞，将漏洞等同于质量缺陷，如果供应商产品存在漏洞就代表产品质量不合格；还有观点认为若在网络中扫描发现了漏洞，则应要求供应商对所有的漏洞立即清零，甚至认为应该免费处置漏洞，这些错误认知产生的原因是将漏洞认为是"质量缺陷"导致的。组织对漏洞的管理应该基于风险，漏洞处置的先后顺序是以风险的优先级来决定的，综合考虑网络的防护情况、漏洞当前被利用情况等因素。图 1-11 列举了典型对待漏洞的错误认知与正确认知。

漏洞与传统的质量缺陷不同，具体来说漏洞不等同于传统质量缺陷。质量需要满足要求，因此要求其在一段时间内相对是静态的、确定的、可验收的，如果不能快速消减该质量风险，将一定会产生不利于网络运营的结果，且发生概率和风险结果是可以依据质量标准得到度量的；而安全漏洞是系统设计中存在的潜在缺陷，其衍生的安全风险是基于该缺陷而产生的攻防对抗，是基于技术演进、攻击向量、网络暴露、安全基线而不断变化的，该风险发生的概率和风险结果是无法得到准确度量的。产品质量可以很好，但安全漏洞仍然有可能持续存在。这个问题在软件进入生命周期后期尤为明显：一方面版本质量通过长时间在网运行检验，十分稳定；但另一方面由于底层组件无法及时更新换代，往往已知漏洞会越积越多。因此，定期的补丁更新和软件版本升级，是解决安全漏洞的基础实践。

✘ 错误认知

不能有漏洞	漏洞全清零	修复要免费	未修复上报
• 产品不能有漏洞 • 有漏洞代表产品质量不合格	• 使用漏洞管理工具扫描出的漏洞必须全部清零	• 产品/服务提供商任何时间都要负责免费修复产品漏洞	• 产品/服务提供商需要告知所有的漏洞，哪怕尚未有修补方案的漏洞也要提前通知

✔ 正确认知

漏洞是不可避免的	漏洞处置基于风险	漏洞修补与处置分离	修补后披露
• 软件、系统和网络设计中的缺陷、错误和疏忽，其本质是"人性的缺陷"，且随着技术和攻防的对抗等演进，不是漏洞的问题也会变成问题	• 漏洞处置先后顺序以风险评估结果来确定，取决于网络防护环境、漏洞当前被利用情况等因素	• 漏洞的发现与消减是一个持续的过程，是网络安全对抗的本质 • 在产品生命周期内发布漏洞修补方案和漏洞公告是厂商的职责 • 漏洞的现网处置基于风险决策，设备商提供技术支持，但是否修补取决于产品/服务使用者	• 除了少数已出现利用事件的高危漏洞外，厂商对漏洞应"先修补再披露"是业界共识 • 披露漏洞的同时需提供修补方案，否则对用户是一种伤害，也无助于缓解用户面临的网络安全风险，反而会带来漏洞信息泄露的风险

图 1-11　典型对待漏洞的错误认知与正确认知

在漏洞治理的过程中，组织不能依靠单一角色，需要利益相关方共同应对风险和挑战。根据国际事件响应与安全组织论坛（Forum of Incident Response and Security Teams，FIRST）发布的《多方漏洞协调与披露指引与实践》，漏洞处置的利益相关方涉及漏洞发现者、用户、供应商、协调方等多方主体。这些利益相关方各司其职，承担相应的职责，共同构建健康的网络空间环境。

1. 建立坚实的流程和关系基础

所有各方，特别是供应商，都应建立并发布可操作的公共漏洞协调和披露政策及期望，包括披露的时间表和阈值；供应商应考虑跟踪第三方组件的使用情况，以更好地了解上游和下游的依赖关系。

2. 保持清晰一致的沟通

各方应清晰、安全地沟通和协商期望和时间表；漏洞发现者应提供清晰的文档和工件来支持漏洞验证；供应商应以人类和机器可读的格式提供与漏洞修复和缓解相关的明确建议和公告。

3. 建立和维持信任

供应商应在安全修补程序发布之前严格测试更新；供应商可以建立漏洞赏金计

划，以在发布之前主动识别漏洞。

4. 将利益相关者的风险降至最低

供应商可以按预定的时间表发布修复程序；在没有明确证据证明事先公开披露（包括积极利用）的情况下，利益相关者应向供应商提供合理的禁止期，以调查和制定修复措施。

5. 快速响应、及早披露

供应商应分析情况并建立优先补救时间表；在可能的情况下，供应商可以联系发现者，以确定早期披露的范围并执行损害控制；供应商应向用户提供有关漏洞和潜在缓解措施的通信（如发布临时公告）。

6. 在适当的时候使用协调员

协调员可以帮助连接研究人员、供应商和其他利益相关者，特别是涉及多方（供应商）或难以联系一方（供应商）时，协调员的作用更加凸显。

本章小结

本章首先介绍了数字化转型的背景和特征，深入分析了人类历史上工业演进的各阶段，强调了当前工业4.0时代以数字化为基础，通过物联网、云计算、人工智能等技术实现智能化的重要性。中国在数字经济发展规划中也积极响应这一趋势，强调加速企业数字化转型升级的关键性。

其次，随着数字化转型的推进，企业面临着前所未有的网络安全挑战和机遇，本章进一步分析了数字化转型带来的网络安全风险和威胁，涵盖了网络攻击不断升级、网络安全法规完善、企业网络安全治理与数字化发展要求不匹配等方面。数字化转型已经深刻改变了各行业，从移动支付到智能交通等方面取得了显著成果。但与此同时，网络攻击呈现多样化趋势。网络安全已经成为国家战略层面的重要议题，全球各国纷纷加大相关立法和监管力度。

最后，本章深入探讨了漏洞治理的核心概念、重要性和方法。在漏洞的定义、分类、产生原因、危害和治理方面，本章呈现了学术和产业界的共识，特别强调了漏洞治理需要基于风险，涉及漏洞发现者、用户、供应商、协调方等多方主体的共同努力。通过对历史上著名安全漏洞事件的分析，凸显了漏洞治理的重要性，同时也揭示了网络攻击的演进和加剧。在数字化时代，各方应共同努力，构建健康的网络空间环境，以更好地适应数字化发展的要求。

2 漏洞立法趋势及法律法规要求

　　随着数字化进程加速，数字化、智能化已经深刻融入经济社会生活的各个方面，网络安全威胁也随之向经济社会的各个层面蔓延，网络安全的重要性随之不断提高。有效的漏洞管理可以及时地发现漏洞并遏制漏洞利用事件的发生，能显著降低组织面临的风险，而国家制定漏洞的法律法规可有效使网络产品的提供方和网络运营方等责任主体履行相应的职责和义务，从而保障产品、网络和网络系统安全、稳定地运行，并规范漏洞的发现、报告、修补和发布等行为，明确各类主体的责任和义务，从而防范网络安全重大风险，保障网络安全。

　　本章将对中国、欧盟、美国和英国等其他国家/区域的漏洞立法趋势、背景、目的及相关法律法规要求进行详细介绍。

2.1 漏洞的治理与立法趋势

1. 以漏洞管理为基础,主动防御和网络态势感知的治理路径渐趋明朗

恶意攻击者,无论是国家行为体还是企业或个人,都有利用漏洞的趋势,漏洞管控已与国家层面的威胁态势感知和执法保障能力相关,国际上有关漏洞管控的最佳实践和立法机制日渐丰富。未来以漏洞为核心的主动防御和网络态势感知治理路径将渐趋明朗,同时从国家立法层面将对漏洞管理提出更加明确的要求。例如,美国网络安全与基础设施安全局(Cybersecurity and Infrastructure Security Agency,CISA)发布了《2023年至2025年战略计划》,将"加强关注网络空间的防御和弹性,增加联邦系统抵抗网络攻击能力,增强CISA主动监测能力,增加重要网络安全漏洞的公开透明度与修复能力,实现技术生态的默认安全(Security-by-Default)"作为四大战略目标之一。

2. 对漏洞的要求愈加清晰和明确

各国漏洞相关立法从原则性规定逐渐细化为具体的管理办法或者安全要求,涵盖漏洞管理的全生命周期,包括漏洞挖掘、漏洞发现、漏洞分析、漏洞修复、漏洞披露、漏洞消减等方面,有的国家甚至会明确规定采取漏洞修补或防范措施的时间。如中国《网络产品安全漏洞管理规定》要求网络产品提供者应当在两日内向工信部网络安全威胁和漏洞信息共享平台报送相关漏洞信息。欧盟《关于在欧盟实现统一高水平网络安全措施的指令》(NIS 2指令)(on Measures for a High Common Level of Cybersecurity across the Union,NIS 2 Directive)要求欧洲网络安全局(ENISA)建立欧洲漏洞数据库,企业可以在该数据库自愿披露和登记公开已知的漏洞。欧洲网络安全共同标准(European Union Common Criteria,EUCC)是欧盟的网络安全认证方案,旨在取代现有的高级官员组信息系统(Senior Officials Group Information Systems Security,SOG-IS),目的是加强对网络和信息系统安全的监管,特别是针对能够用于监视、间谍或其他破坏网络或其中设备的工具的出口控制。

3. 构建多方协同漏洞处置机制

在漏洞管理的过程中,需要利益相关方如漏洞发现者、用户、网络产品(服务)提供者、网络运营者、漏洞信息共享平台、开源社区等多方主体各司其职,承担相应的职责,共同构建健康的网络空间环境。从出台的漏洞相关法律法规来看,

适用范围均明确了漏洞相关方参与角色，并规定了其责任与义务。如欧盟 NIS 2 指令第 21（2）（d）详细说明了进行协调风险评估的重要性，以确定特定于供应商、服务提供商及其网络安全解决方案和流程的漏洞。中国《网络产品安全漏洞规定》主要对网络产品（含硬件、软件）提供者，网络运营者，从事网络产品安全漏洞发现、收集、发布等活动的组织或个人，漏洞收集平台四类责任主体进行管理约束。

4. 倡导协同漏洞披露机制

如果漏洞发现者不等厂商采取行动，也不与其协商，便将识别的漏洞信息全部公布于众，可能会导致漏洞被威胁者利用。而协同漏洞披露可帮助漏洞厂商或网络运营者处理已发现的漏洞，以及最小化漏洞被利用带来的风险。因此，各国出台的漏洞相关法律法规倡导协同漏洞披露机制，使安全专业研究人员或者漏洞发现者通过专门的、体系化的漏洞汇报途径向机构提交潜在的漏洞，厂商须对漏洞开展评估和验证，并公开发布漏洞评估结果和修补措施（临时修补方案和最终修补版本）。网络运营者根据厂商或漏洞信息共享平台发布的漏洞信息和修补措施进行及时评估和处置。同时，立法还鼓励个人和组织发现并报告漏洞，例如，欧盟在《欧盟协调漏洞披露政策》4.5 节中，建议通过国家或欧洲漏洞赏金计划为安全研究人员制定积极参与漏洞披露研究的激励措施。中国《网络产品安全漏洞管理规定》第七条也鼓励产品提供者建立网络产品安全漏洞奖励机制，对发现并通报所提供网络产品安全漏洞的组织或个人给予奖励。美国国家电信和信息管理局和 FIRST 颁布的《漏洞多方协同披露指南》，该指南考虑了不同情况下漏洞的协同披露场景，目的是帮助改善并建立不同利益相关者间的多方漏洞协同披露机制。

2.2 中国漏洞相关立法现状

中国法律体系分为四层架构（图 2-1），由上至下分别为法律、行政法规、部门规章/司法解释和行政规范性文件，其中部门规章/司法解释主要是细化法律具体要求，行政规范性文件为各行政机关依照法定权限、程序对法律要求的具体执行。本书将这四层法律体系简称为法律法规。后文将针对与漏洞有关的法律法规展开介绍，并补充介绍其他与漏洞相关的法律法规及配套文件。

第一层	**法律**	国家主席签发（主席令）
第二层	**行政法规**	国务院签发（国务院令）
第三层	**部门规章/司法解释**	部委行署首长签发（部长令）
第四层	**行政规范性文件**	行政机关签发（红头文件）

图 2-1　中国法律体系层级架构

2016 年开始，我国网络安全基础立法取得重大突破，在 2017 年 6 月 1 日《网络安全法》正式实施后，各有关部门相继发布和出台的一系列行政法规、部门规章/司法解释、行政规范性文件，重在衔接立法构筑的制度和规则。国务院签发《关键信息基础设施安全保护条例》和《网络安全等级保护条例（征求意见稿）》，丰富漏洞相关的行政法规。行业监管部门积极落实国家网络安全监管要求，先后制定出台部门规章和管理规定，进一步细化落实本行业、本领域安全制度。根据《网络安全法》关于漏洞管理有关要求，工业和信息化部、国家互联网信息办公室、公安部联合制定了《网络产品安全漏洞管理规定》，工业和信息化部制定了《网络产品安全漏洞收集平台备案管理办法》，是漏洞相关法律法规的有力支撑。在中国法律体系中，与漏洞相关的法律法规按发布时间线如图 2-2 所示。

□ 法案名称	网络安全法	网络安全等级保护条例（征求意见稿）	网络产品安全漏洞管理规定	关键信息基础设施安全保护条例	网络产品安全漏洞收集平台备案管理办法
□ 发布时间	2016年11月7日发布 2017年6月1日实施	2018年6月27日发布	2021年7月12日发布 2021年9月1日实施	2021年7月30日发布 2021年9月1日实施	2022年10月25日发布 2023年1月1日实施
□ 主要管理对象	网络产品和服务提供者、网络运营者等	网络服务提供者	网络产品提供者、网络运营者、任何组织或者个人	任何个人和组织	设立漏洞收集平台的组织或个人

图 2-2　中国漏洞相关立法发布时间线

2.2.1　网络安全法

在国际网络安全立法变革的背景下，我国自党的十八大以来，以习近平同志为核心的党中央从总体国家安全观出发，就网络安全问题提出了一系列新思想新观点新论断，对加强国家网络安全工作作出重要部署。后续党中央的多次会议及全国人民代表大会也在不断建议和推进网络安全相关立法工作。

为响应号召并落实党中央相关决策和网络安全相关战略，2017 年 6 月 1 日，《中华人民共和国网络安全法》（下文简称《网络安全法》）正式实施，成为我国第一部全面规范网络空间安全管理方面问题的基础性和综合性法律。《网络安全法》的制定与发布有效解决了日益凸显的网络安全问题，例如，网络侵入、网络攻击等非法活动，非法获取、泄露甚至倒卖公民个人信息，侮辱诽谤他人、侵犯知识产权等。

《网络安全法》提出制定网络安全战略，明确网络空间治理目标、网络空间主权的原则，并明确了网络产品和服务提供者、网络运营者的安全义务和法律责任，是网络安全领域"依法治国"的重要体现，对保障我国网络安全有着重大意义。从立法背景来看，网络安全已经成为关系国家安全和发展、关系广大人民群众切身利益的重大问题。中国也是面临网络安全威胁最严重的国家之一，迫切需要建立和完善网络安全的法律制度，提高全社会的网络安全意识和网络安全保障水平。

《网络安全法》全文共7章79条，表2-1所列条目均对漏洞管理有明确要求。

表2-1　《网络安全法》漏洞相关条款

分　类	具　体　要　求
网络产品和服务提供者的义务	第二十二条　网络产品、服务应当符合相关国家标准的强制性要求。网络产品、服务的提供者不得设置恶意程序；发现其网络产品、服务存在安全缺陷、漏洞等风险时，应当立即采取补救措施，按照规定及时告知用户并向有关主管部门报告。网络产品、服务的提供者应当为其产品、服务持续提供安全维护；在规定或者当事人约定的期限内，不得终止提供安全维护。网络产品、服务具有收集用户信息功能的，其提供者应当向用户明示并取得同意；涉及用户个人信息的，还应当遵守本法和有关法律、行政法规关于个人信息保护的规定
网络运营者承担的义务	第二十五条　网络运营者应当制定网络安全事件应急预案，及时处置系统漏洞、计算机病毒、网络攻击、网络侵入等安全风险；在发生危害网络安全的事件时，立即启动应急预案，采取相应的补救措施，并按照规定向有关主管部门报告
网络安全认证、检测和风险评估须遵守国家规定	第二十六条　开展网络安全认证、检测、风险评估等活动，向社会发布系统漏洞、计算机病毒、网络攻击、网络侵入等网络安全信息，应当遵守国家有关规定
法律责任	第六十条　违反本法第二十二条第一款、第二款和第四十八条第一款规定，有下列行为之一的，由有关主管部门责令改正，给予警告；拒不改正或者导致危害网络安全等后果的，处五万元以上五十万元以下罚款，对直接负责的主管人员处一万元以上十万元以下罚款： （一）设置恶意程序的； （二）对其产品、服务存在的安全缺陷、漏洞等风险未立即采取补救措施，或者未按照规定及时告知用户并向有关主管部门报告的； （三）擅自终止为其产品、服务提供安全维护的
	第六十二条　违反本法第二十六条规定，开展网络安全认证、检测、风险评估等活动，或者向社会发布系统漏洞、计算机病毒、网络攻击、网络侵入等网络安全信息的，由有关主管部门责令改正，给予警告；拒不改正或者情节严重的，处一万元以上十万元以下罚款，并可以由有关主管部门责令暂停相关业务、停业整顿、关闭网站、吊销相关业务许可证或者吊销营业执照，对直接负责的主管人员和其他直接责任人员处五千元以上五万元以下罚款

网络产品安全漏洞管理规定

《网络产品安全漏洞管理规定》根据《网络安全法》中漏洞管理有关要求,由工业和信息化部、国家互联网信息办公室、公安部联合制定,于2021年9月1日生效。主要目的是维护国家网络安全,保护网络产品和重要网络系统的安全稳定运行;规范漏洞发现、报告、修补和发布等行为,明确网络产品提供者、网络运营者,以及从事漏洞发现、收集、发布等活动的组织或个人等各类主体的责任和义务;鼓励各类主体发挥各自技术和机制优势开展漏洞发现、收集、发布等相关工作。

《网络产品安全漏洞管理规定》的出台推动网络产品安全漏洞管理工作的制度化、规范化、法治化,提高相关主体漏洞管理水平,引导建设规范有序、充满活力的漏洞收集和发布渠道,防范网络安全重大风险,保障国家网络安全。定义的三类主体类型的法律责任如表2-2所示。

表2-2 《网络产品安全漏洞管理规定》各类主体的法律责任

主体类型1	网络产品提供者	网络运营者
接收	建立安全漏洞信息接收渠道,留存安全漏洞信息接收日志不少于6个月	
验证、评估	发现或者获知所提供网络产品存在安全漏洞后,应立即采取措施并组织对漏洞进行验证,评估漏洞的危害程度和影响范围	发现或者获知其网络、信息系统及其设备存在安全漏洞后,应当立即采取措施,及时对安全漏洞进行验证并完成修补
修补	应当及时进行修补	
通知、报送	对属于其上游产品或者组件存在的安全漏洞,应当立即通知相关产品提供者	
	对于需要产品用户(含下游厂商)采取软件、固件升级等措施的,应当及时将网络产品安全漏洞风险及修补方式告知可能受影响的产品用户,并提供必要的技术支持	
	应当在2日内向工信部网络安全威胁和漏洞信息共享平台报送相关漏洞信息。报送内容应当包括存在网络产品安全漏洞的产品名称、型号、版本以及漏洞的技术特点、危害和影响范围等	

主体类型2	从事漏洞发现、收集、发布等活动的组织或者个人
发布	1. 不得在网络产品提供者提供网络产品安全漏洞修补措施之前发布漏洞信息；认为有必要提前发布的，应当与相关网络产品提供者共同评估协商，并向工业和信息化部、公安部报告，由工业和信息化部、公安部组织评估后进行发布。 2. 不得发布网络运营者在用的网络、信息系统及其设备存在安全漏洞的细节情况。 3. 不得刻意夸大安全漏洞的危害和风险，不得利用安全漏洞信息实施恶意炒作或者进行诈骗、敲诈勒索等违法犯罪活动。 4. 不得发布或者提供专门用于利用网络产品安全漏洞从事危害网络安全活动的程序和工具。 5. 在发布网络产品安全漏洞时，应当同步发布修补或者防范措施。 6. 在国家举办重大活动期间，未经公安部同意，不得擅自发布网络产品安全漏洞信息。 7. 不得将未公开的网络产品安全漏洞信息向网络产品提供者之外的境外组织或者个人提供。 8. 法律法规的其他相关规定
管理	加强内部管理，防范网络产品安全漏洞信息泄露和违规发布
主体类型3	**任何组织或者个人**
备案	设立的网络产品安全漏洞收集平台应当向工业和信息化部备案
禁止行为	不得利用网络产品安全漏洞从事危害网络安全的活动，不得非法收集、出售、发布网络产品安全漏洞信息；明知他人利用网络产品安全漏洞从事危害网络安全的活动的，不得为其提供技术支持、广告推广、支付结算等帮助

2.2.3 网络产品安全漏洞收集平台备案管理办法

2022年10月25日，工业和信息化部根据《中华人民共和国网络安全法》《中华人民共和国数据安全法》《网络产品安全漏洞管理规定》，印发了《网络产品安全漏洞收集平台备案管理办法》（以下简称《办法》），并于2023年1月1日起施行，以规范网络产品安全漏洞收集平台备案管理。这一管理办法通过清晰的法律依据、适用范围、备案方式、信息要求和其他规定，为国内网络产品安全漏洞收集平台的规范运营提供了详细的指导和规定。《办法》共十条，明确了《网络产品安全漏洞管理规定》中网络产品安全漏洞收集平台备案要求的适用范围，即相关组织或者个人设立的收集非自身网络产品安全漏洞的公共互联网平台，仅用于修补自身网络产品、网络和系统安全漏洞用途的除外。漏洞收集平台备案通过工信部网络安全威胁和漏洞信息共享平台开展，采用网上备案方式进行。《办法》规定，拟设立漏洞收集平台的组织或个人，应当通过如实填报网络产品安全漏洞收集平台备案登记信息，主要包括表2-3所示内容。

表2-3 《网络产品安全漏洞收集平台备案管理办法》漏洞相关要求

序列	登 记 信 息 内 容
1	漏洞收集平台的名称、首页网址和互联网信息服务(ICP)许可或备案号,用于发布漏洞信息的相关网址、社交软件公众号等互联网发布渠道
2	主办单位或主办个人的名称或姓名、证件号码,以及漏洞收集平台主要负责人和联系人的姓名、联系方式
3	漏洞收集的范围和方式,漏洞验证评估规则,通知相关责任主体修补漏洞规则,漏洞发布规则,注册用户的身份核实规则及分类分级管理规则等
4	通过工业和信息化部通信网络安全防护管理系统,取得网络安全等级保护备案相关材料
5	依据有关国家标准和行业标准,实施平台管理等情况
6	有关主管部门要求提交的其他需要说明的信息

为落实《网络产品安全漏洞管理规定》有关要求,工业和信息化部网络安全管理局组织建设的工业和信息化部网络安全威胁和漏洞信息共享平台（National Vulnerability DataBase，NVDB）于2021年9月1日正式上线运行。

根据《网络产品安全漏洞收集平台备案管理办法》,网络产品提供者应当及时向平台报送相关漏洞信息,鼓励漏洞收集平台和其他发现漏洞的组织或个人向平台报送漏洞信息。平台包括通用网络产品安全漏洞专业库、工业控制产品安全漏洞专业库、移动互联网APP产品安全漏洞专业库、车联网产品安全漏洞专业库和信创政务产品漏洞专业库共五个子库,支持开展网络产品安全漏洞技术评估,督促网络产品提供者及时修补和合理发布自身产品安全漏洞。

除了国家主导的漏洞收集平台,企业也积极参与漏洞收集平台的建设。如360漏洞云情报平台是360安全团队推出的漏洞情报服务平台,该平台协助组织、企业和安全专业人员更好地理解和应对网络安全威胁。

2.2.4 其他漏洞相关法规

公安部于2018年6月27日发布了《网络安全等级保护条例（征求意见稿）》,对网络安全等级测评等网络服务提供者作出要求。条例要求网络服务提供者不得非法使用或擅自发布、披露在提供服务中收集掌握的系统漏洞等网络安全信息。

国务院于2021年7月30日公布了《关键信息基础设施安全保护条例》,并于2021年9月1日起施行。该条例明确规定未经国家网信部门、国务院公安部门批准或者保护工作部门、运营者授权,任何个人和组织不得对关键信息基础设施实施漏洞探测、渗透性测试等可能影响或者危害关键信息基础设施安全的活动。对基础电信网络实施漏洞探测、渗透性测试等活动,应当事先向国务院电信主管部门报告。

2.3　欧盟漏洞相关立法现状

　　欧盟法律体系（图2-3）包括主要法律（Primary Law）和次要法律（Secondary Law），其中主要法律指欧盟条约，是欧盟成员国之间具有约束力的协议，规定了欧盟目标、欧盟机构规则、决策方式以及欧盟与其成员国之间的关系。而次要法律则包括法规、指令、决定、建议、意见、授权法案、实施法案等，其中建议和意见不具有约束力。

主要法律	欧盟条约(EU treaties)	欧盟成员国之间具有约束力的协议规定了欧盟目标、欧盟机构规则、决策方式以及欧盟与其成员国之间的关系
次要法律	法规(Regulations)	一旦生效，就自动、统一地适用于所有欧盟国家，无需转化为国家法律。它们对所有欧盟国家具有完全约束力
	指令(Directives)	指令要求欧盟国家实现一定的结果，但不强制要求实现方式
	决定(Decisions)	明确规定对象的决定仅对他们具有约束力
	建议(Recommendations)	使欧盟机构能够表达自己的观点并提出行动方针，而不会对目标对象施加任何法律义务
	意见(Opinions)	是一种允许欧盟机构发表声明的工具，而不对意见的主题施加任何法律义务
	授权法案(Delegated acts)	使欧盟委员会能够补充或修改欧盟立法的非必要部分
	实施法案(Implementing acts)	使委员会能够在由欧盟国家代表组成的委员会的监督下制定条件(conditions)，确保欧盟法律得到统一实施

具有约束力　不具有约束力

图2-3　欧盟法律体系分类

　　近年来，欧盟网络威胁环境也发生了巨大改变，2020年至2021年间发生的多起网络攻击表明，发生在欧盟的网络勒索攻击和网络间谍活动越来越普遍，并且它们给整个经济和社会的所有部门都带来了越来越大的风险。这些网络安全事件的规模与过去不同，造成的影响和损失都是空前的。欧盟委员会于2020年12月16日发布了《欧盟网络安全战略》（EU Cyber Security Strategy），试图通过不断加强欧盟网络安全战略顶层设计，完善快速反击机制等途径，以回应这些新的挑战。2021年3月，欧盟委员会发布《关于欧盟数字十年网络安全战略的结论》（Council Conclusions on the EU's Cybersecurity Strategy for the Digital Decade）文件，全面推动欧盟新网络安全战略的实施。

　　本书洞察欧盟漏洞相关的网络安全法律法规，以已生效的立法和正在制定中的草案为主线进行介绍，以下为欧盟各法律法规根据发布时间线展开的概览图（图2-4）。

□法案名称	欧盟网络安全法	网络安全条例	网络安全韧性法（CRA）草案	NIS 2指令	欧盟网络团结法草案	EUCC实施法案
□发布时间	2019年6月27日实施	2022年3月发布 2024年1月7日生效	2022年9月15日发布	2022年12月14日发布 2023年1月16日生效	2023年4月18日发布	2023年10月3日发布 2024年第四季度生效
□主要管理对象	厂商、运营者等	欧盟机构、团体和办事处等	厂商	运营者	国家CSIRT	ICT产品、服务和流程

图2-4　欧盟漏洞相关立法发布时间线

2.3.1　欧盟网络安全法

《欧盟网络安全法》（EU Cybersecurity Act）是欧盟为改善欧盟内部网络安全而发起的一项立法倡议。该法案于2019年4月17日签署通过，并于2019年6月27日正式实施，这是新时期欧盟网络安全治理的里程碑事件。它的主要目标是通过建立与网络安全相关的产品、服务和流程认证框架，提高欧盟的网络安全能力和复原力。该法案指定欧洲网络安全局（ENISA）为永久性的欧盟网络安全职能机构，明确ENISA的任务目标是：采用欧洲网络安全认证系统的框架，在发展欧盟统一认证方面发挥核心作用，负责支持认证进程，并向成员国提供指导，确保欧盟ICT产品、服务或流程具有足够的网络安全水平，同时，为了建立统一的欧盟网络市场，实现"一次认证，全域通行"。该法案让不同成员国的认证产品得到相互认可，降低产品认证费用，使产品快速走向市场，也使成员国更容易开发具有互操作性的产品。

ENISA除了负责制定具体网络安全认证方案外，还需协助会员国和联盟机构制定和实施漏洞披露政策，通过分析网络威胁、漏洞和安全事件以支撑会员国和联盟机构识别新兴的网络安全风险并做好预防。此外，该法案将报告和处理之前未发现的网络安全漏洞的规则作为整个欧盟网络安全认证体系应包含的要素之一，网络安全认证计划应达到的安全目标包括识别和验证ICT产品、服务和流程不得包括已知漏洞，使用最新版本的软件和硬件，具备安全升级机制。

1. 主要条款

认证制度的核心条款是法案第51条至第57条。

第51条规定了认证制度要实现的10项安全目标，主要是保障数据的保密性、完整性、可获得性。

第52条将认证结果分为3个等级，分别是基本（basic）、重要（substantial）、高级（high）。

（1）基本等级：应用或设备被保护，可减缓网络事件已知的基本风险的影响。

（2）重要等级：减缓已知的安全风险以及具备有限技能及资源的行为人进行的事件和网络攻击带来的风险。

（3）高级等级：减缓具备显著技能和资源的行为人进行的最先进的网络攻击带来的风险。

2. 认证内容

第54条规定了认证制度应包含的22个要素，其中包括之前未发现的网络安全漏洞的处理方法。法案提出的认证框架是自愿的，在适当的情况下可能具有强制性，并将需要证明如下内容：

（1）服务、功能、数据的机密性、完整性、可用性和隐私性。

（2）这些服务、功能和数据只能被授权的人员和/或授权的系统和程序访问和使用。

（3）用来识别所有已知的漏洞并处理任何新漏洞的流程。

（4）产品、流程、服务旨在确保安全，其配备了最新的软件、没有任何已知的漏洞。

（5）最小化与网络事件相关的其他风险，例如，生命或健康风险。

2.3.2　NIS 2 指令

2023年1月16日，《关于在欧盟实现统一高水平网络安全措施的指令》（NIS 2指令）正式生效，欧盟成员国需要在2024年10月17日前完成转化。由于欧洲的网络威胁提高了公民和企业对于加强网络安全的需求，关键部门和基础设施保持安全和弹性也至关重要。NIS 2指令取代了《网络和信息系统安全规则》（NIS指令），以确保更多的部门和实体采取网络安全风险管理措施，从而提高欧洲的网络安全水平。NIS 2指令大大扩展了属于其范围的关键实体的部门和类型，包括公共电子通信网络和服务的供应商、数据中心服务、废水和废物管理、关键产品的制造、邮政和快递服务以及公共管理实体。这些规则还更广泛地涵盖了医疗保健部门，包括医药的研究和开发、医药产品的制造。NIS 2指令旨在保护欧盟关键基础设施、供应链、国家安全，保护经济命脉，建设有韧性、绿色和数字的欧洲。

NIS 2指令的出现是对之前的NIS指令中发现的不足之处的回应，以及欧盟对不断变化的网络威胁和数字时代的认识。通过采取更为全面的措施，欧盟致力于建立一个更加强大、适应性更强的网络安全框架，以确保其成员国在网络空间中更加安全和有抵抗力。

NIS 2指令要求成员国完成一组特定目标，但不要求具体实现手段和国家立法措施。"指令"是国家网络安全最低限度的指导基线，每个成员国自己决定如何通过国家法律确保遵守。成员国在NIS 2指令生效后有21个月的时间将该指令转化为国家法律。为帮助在国家和欧盟层面加强网络危机管理方面的信息共享与合作，该指令简化了事件报告义务，对报告、内容和时限作出了更精确的规定。此外，对国家当局的监管措施、执法要求更加严格，行政处罚清单也更加严格，包括对违反网络安全风险管理和报告义务的罚款。

NIS 2认为"漏洞管理"是国家网络安全战略的重要组成部分，其中"促进漏洞协同披露"和"建设EU漏洞库"是NIS 2的关键举措。图2-5展示了漏洞管理在NIS 2的整体架构。

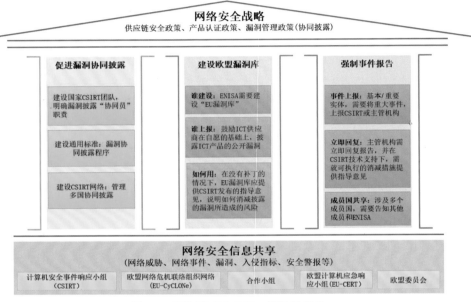

图2-5　漏洞管理在NIS 2的整体架构

NIS 2指令共9章46条，内容包括加强关于安全要求和事件报告的现有规则，加强处罚措施等，其中与漏洞相关的条款如表2-4所示。

表2-4　NIS 2指令漏洞相关条款要求

分　类	具　体　要　求
欧盟安全监管框架协同	漏洞披露协同和欧洲漏洞注册列表 • 各国CSIRT作为漏洞披露协调员 • 欧洲漏洞注册列表（自愿披露、注册；相关方查阅）

分　类	具　体　要　求
建立漏洞披露机制	• 实体建立"协同漏洞披露机制",规定报告方和厂商之间的流程,确保漏洞在被公开披露前被修复 • 成员国应该解决漏洞研究者可能的刑事责任 • 成员国应该确保NIS 2实体可以"自愿"交换相关漏洞的信息,提升网络安全水平 • 成员国应指定CSIRT作为厂商和报告方的协调人,任务是通知相关实体、支持报告方、协商披露时间 • 成员国通过CSIRT网络跨国协同 • ENISA应建立"漏洞注册中心",各实体、供应商、CSIRT、其他机构都可以"自愿"披露漏洞以便用户消减漏洞 • 现有漏洞注册不在欧盟境内,所以ENISA要与境外组织合作,成为CVE的根授权机构 • 成员国可以与第三国建立合作机制共享威胁、事件、漏洞、工具和方法信息,但要遵守数据保护法 • 欧盟层面建立自愿的信息共享机制(威胁和漏洞),消除竞争法、责任法带来的不确定性,并鼓励非NIS 2实体加入这个信息共享机制

"事件报告"是整个NIS 2的关键基石,通过建立重大事件相关的组织和能力、重大事件上报和通知、重大事件根因分析和交流合作来提升整个欧盟的网络安全能力。

1. 建立漏洞事件相关的组织和能力

（1）建设组织：成立(网络安全)国家主管机构,国家CSIRT组织。

（2）建设能力：国家CSIRT承担"威胁检测、事件应对、分析取证、信息分享"的职责,ENISA指导、合作小组分享网络安全最佳实践（包括意识提升、培训演练、标准规范）。

欧盟网络危机联络组织网络（Cyber Crises Liaison Organisation Network, EU CyCLONe）负责安全事件/危机的防备水平,提升态势感知能力,协调危机管理,讨论应急计划。

2. 漏洞事件上报和通知

（1）强制报告：基本/重要实体,需将其重大影响事件上报主管机构或CSIRT。

（2）共同应对：主管机构/国家CSRIT需立即回复,并就可执行的消减措施提供指导意见；如若涉及多个成员国,需通知其他成员国和ENISA。

3. 漏洞事件根因分析和交流合作

（1）根因分析：基本/重要实体,在事件发生1个月后向主管机构/CSIRT提交最终报告,需要包含：① 事件说明；② 根因分析；③ 消减措施。

（2）学习分享：单点联络机构,每6个月向ENISA提交1份总结报告(事件/威胁/未遂事件)的匿名和汇总数据；ENISA 每 6 个月向合作小组和 CSIRT 网络，通报其收到的调查发现；CSIRT 网络就"事件/未遂事件/风险/漏洞"相关信息进行交流；合作小组就最佳实践进行交流（包括威胁、事件、漏洞、未遂事件）。

2.3.3 EUCC 实施法案

欧盟 EUCC 实施法案(Implementing Regulation on the Adoption of a European Common Criteria-based Cybersecurity Certification Scheme)于 2024 年 1 月 31 日发布，以提高 ICT 产品、服务及流程的网络安全保障透明度，并计划最早于 2024 年第 4 季度落地执行。随着欧盟网络安全领域立法的持续推进，欧洲网络安全共同标准（European Common Criteria，EUCC）认证将逐步从自愿性认证转变为针对部分产品的强制法规要求。

EUCC 漏洞处理流程是基于 ISO/IEC 30111 和 ISO/IEC 29147 进行展开，这两个标准会在后续进行详细讲解。因此，根据漏洞处理的流程，EUCC 在漏洞处理流程各阶段要求如表 2-5 所示。

表 2-5　EUCC 漏洞处理流程各阶段要求

阶　段	关　键　要　求
总体原则	参照 ISO/IEC 30111 处理漏洞
准备	厂商要公开其联系方式和接收漏洞的方法
漏洞接收	无论是外部还是内部发现的漏洞都需要上报给发证机构(Certification Body，CB)
	漏洞分析小于等于 90 天完成并反馈
漏洞验证	漏洞分析需要存档保存 5 年
	判定是否有漏洞
	提供漏洞影响分析报告(Impact Analysis Report，IAR)和补丁修复方案
	基于攻击潜力计算给出是否受影响
	基于漏洞影响分析报告，给出可能的攻击等级
	变更等级评估
	漏洞详细信息在传递过程中保护机制
漏洞修复	快速评估流程：补丁管理(补丁开发、交付和部署)通过认证
	通用评估流程：不认证补丁管理机制，补丁评估完成后才能部署
发布/发布后	漏洞要在在线存储库中公开披露(证书被撤销后)
	调查漏洞的根因以及相同或类似漏洞影响产品排查
漏洞披露	使用 ISO/IEC 29147 标准开展漏洞披露
	需要建立向发证机构(CB)和国家网络安全认证机构(National Cybersecurity Certification Authority，NCCA)披露已确认的漏洞
	建立向发证机构(CB)和国家网络安全认证机构(NCCA)披露内容决策流程

　　EUCC实施法案共有11个章节，分别从ICT产品认证、PP的认证、监督、漏洞管理和披露、信息留存、信息披露和保护等方面进行要求，其中与漏洞相关的具体内容如表2-6所示。

表2-6　EUCC实施法案漏洞相关要求

分　类	具　体　要　求
第一章&第二章 一般规定、ICT产品认证	厂商提交认证申请时,应向发证机构(CB)及测评机构ITSEF提供以下信息: 1. 厂商用于呈现以下信息的链接: • 指南及建议:指导最终用户对产品的安全配置、安装、部署、运行及维护 • 向最终用户提供安全支持的期限(尤其是网络安全更新相关) • 厂商/供应商联系信息、最终用户&安全研究人员向厂商上报漏洞的方法 • 所参考的公开漏洞库及相关网络安全通告 • 在证书有效期内,厂商应确保以上信息对最终用户的可用性、公开性 2. 厂商的漏洞管理及漏洞披露流程
第五章 监督、不符合、不合规活动、证书持有者不合规后果	发证机构的监督活动: 1. 监督可能影响其所认证产品的漏洞信息。 2. 证书有效性监督: • 告知证书持有者已认证ICT产品或PP的不符合项,并要求证书持有者采取修复措施 • 发证机构(CB)基于证书持有者是否可在其规定的期限内提供有效修复措施,判断证书是否持续有效/暂停/撤销 3. 证书维护:在原证书有效期内,并满足相关条件下,证书持有者可申请要求对其证书进行审查,在完成相关审核后,发证机构(CB)将: • 确认原证书持续有效 • 撤销原证书 • 撤销原证书,并签发新的证书(认证范围相同,仅延长有效期) • 撤销原证书,并签发新的证书(认证范围不同) 证书持有者的义务: 1. 可能影响已通过认证产品的漏洞信息; 2. 所认证的保障要求; 3. 配合发证机构(CB)/信息技术安全评估机构(Information Technology Security Evaluation Facilities,ITSEF)、国家网络安全认证机构(NCCA)(若必要)的监督活动。 证书持有者不合规行为包括: 1. 未履行相关承诺及义务:包括其应开展的自我监督活动、认证交付件/认证样本须在证书到期后保留5年等; 2. 不满足漏洞管理披露要求(法规第六章)
第六章 漏洞管理和披露	• 厂商必须建立漏洞接收、上报和处理的管理机制 • 必须90天完成分析并提出修复方案,否则证书将被撤销;90天无法完成分析,证书将被暂停

EUCC认证相较于通用认证（Common Criteria，CC）更加关注漏洞管理、获证后的证书维护等要求。在厂商提交ICT产品认证申请时，应向发证机构及安全评估机构提供包括漏洞管理在内的链接信息，以及漏洞管理及漏洞披露流程。在后期监督方面，国家网络安全认证机构每年进行抽查，发证机构主要从漏洞的方面，监控获证产品，厂商则需配合国家测评机构、发证机构的监督。同时，EUCC实施法案要求ICT产品证书持有者对证书进行持续维护，包括建立漏洞接收、上报和处理的管理机制，以在要求的期限内进行漏洞的上报和处理。

2.3.4 其他正在制定的立法（截至 2024 年 2 月 21 日）

1. 网络安全条例

2022年3月，欧盟委员会发布《网络安全条例》提案（Proposal for a Regulation of the European Parliament and of the Council Laying Down Measures for a High Level of Cybersecurity at the Institutions，Dodies，Officers and Agencies of the Union，以下简称《条例》），旨在增强欧盟相关机构应对网络威胁、事件的复原力和响应能力，并确保在全球恶意网络活动不断增加的情况下，建立一个有弹性、安全的欧盟公共管理体系，推动构建欧盟网络安全治理、风险管理和控制的法律框架。

《条例》含6章共25条，从提高网络安全水平、完善机构职能及其运作规则、明确应对风险的合作与报告义务等方面提出要求，其中与漏洞相关要求包括消除漏洞和网络威胁信息的保障措施，对外进行网络威胁和漏洞方面的合作，规求欧盟机构、团体和办事处的信息共享职责和通知义务，以确保网络威胁、漏洞和事件的有效处理。

2. 网络韧性法案

欧盟委员会主席冯德莱恩在2021年9月的国情咨文中宣布了网络安全韧性法（Cyber Resilience Act，CRA）倡议，于2022年9月15日发布草案，目前尚未正式发布。CRA草案是首部对数字产品提出通用网络安全要求的立法，旨在为欧盟数字产品（软件和硬件）制定共同的网络安全标准，通过提高产品全生命周期韧性、安全事件响应时间、制定欧洲网络安全防御方法，提高欧洲的网络防御能力。该法案对于制造商、进口商、分销商都提出了网络安全的要求，其中对制造商要求最高。法案的制定规范了制造商不及时提供修复漏洞的补丁问题，促使制造商加大安全设计和开发方面投资，并使得产业客户在选择安全产品的时候能获取足够的信息。

具体来说，CRA适用于任何可直接或间接连接到另一设备或网络的具有数字元素的产品。这基本涵盖了欧盟市场上所有可联网的硬件和软件数字产品，包括任何软件或硬件产品及其远程数据处理解决方案，单独投放市场的软件或硬件组件。它明确了具体产品安全要求，以及监管机构、制造商、评估机构及其他利益相关人的责任和义务，共有八个章节，其中对漏洞提出了明确的要求。例如，对含数字要素产品提出安全更新要求，明确进口商、分销商、制造商在漏洞治理方面的法定义务，细化制造商漏洞披露、漏洞追溯、漏洞感知、漏洞修补过程中的具体要求。例如，制造商需在生命周期内端到端考虑网络安全（含漏洞管理），将面临来自渠道伙伴第三方组件及客户的诉求和压力，需要做好产品全流程的网络安全评估与认证管理。

3. 欧盟网络团结法

2023 年 4 月 18 日，欧盟委员会发布《欧盟网络团结法》（the Cyber Solidarity Act）的草案，旨在促进欧盟范围内团结合作，以应对网络安全应急事件。

《欧盟网络团结法》中创建了泛欧安全运营中心（Security Operations Center，SOC）组成的“网络盾”，构建国家 SOC 和跨国 SOC 的共享机制，还创建了“统一的网络应急机制”来支撑各成员国及个别第三国更好地侦查、准备、响应重大网络安全事件。

2.3.5　补充阅读：欧盟协调漏洞披露政策

2022 年 4 月 13 日，欧洲网络安全局（ENISA）发布《欧盟协调漏洞披露政策》（Coordinated Vulnerability Disclosure Policies in the EU）报告，报告称目前漏洞披露已成为致力于加强欧盟网络安全弹性的网络安全专家关注的焦点，报告全面概述了欧盟成员国和美国、日本、中国在协调漏洞披露（Coordinated Vulnerability Disclosure，CVD）的现状和主要措施，概述欧盟在实施 CVD 政策时面临的各种挑战并提出了具体建议。

目前欧盟各成员国在制定以及执行 CVD 政策方面的进展不尽相同，在建议措施章节主要包括：

（1）修订刑法和网络犯罪指令，为参与漏洞发现的安全研究人员提供法律保护。

（2）在为安全研究人员建立任何法律保护之前，定义明确区分“道德黑客”和“黑帽”活动的具体标准。

（3）通过国家或欧洲漏洞赏金计划，或通过促进和开展网络安全培训，为安全研究人员制定积极参与 DVD 研究的激励措施。

除上述内容外，还针对法律和经济挑战提出了其他建议：

关于法律挑战的建议：国家刑法应该对安全研究人员提供免责的可能性，会员国可以修订其刑法，为参与发现脆弱性的研究人员创造法律确定性和必要的"安全港"，同时也承认道德黑客行为。修订"网络犯罪指令"，以便为参与发现脆弱性的安全研究人员提供法律确定性，并允许界定各成员国的共同规则和程序，以便在欧洲建立一个协调的漏洞披露共同程序。

（1）关于经济挑战的建议：成员国需要促进旨在鼓励安全研究人员积极参与CVD制定，并在欧盟一级建立支持，例如，成立欧洲委员会自由和开放源码软件审计项目予以推动。欧盟必须提供适当的资金支持和方案，使欧盟的CVD政策可行，建立一个非营利和资源充足的国际实体促进跨境协调的实现。

（2）报告最后指出，欧盟应该就如何制定CVD政策、公布各国的最佳做法和挑战以及公布各国可据以起草其政策的模板，向各国提供明确的指导并发布最佳实践。此外，ENISA需要开发和维护一个欧盟漏洞数据库，这项工作将补充现有的国际漏洞数据库。

2.4 美国漏洞相关立法现状

在美国法律中，联邦和各州都自称法律体系，其中美国联邦的法律体系分为四层，分别是美国宪法、法律、法规、普通法，具体如表2-7所示。除此之外，行政命令（Executive Order）是由美国总统签署的官方指令，通常用于管理联邦政府的运作和指导行政官员的行为。它本身并非法律，无需经过国会批准，若它具有宪法基础且不与现行立法产生直接冲突，则具有类似法律的效力。

表2-7 美国联邦法律体系分类

法 律 体 系	效 力
美国宪法（US Constitution）	美国范围内具有最高法律效力，其他法律法规、普通法都需要遵守美国宪法
法律（Statutes）	一般由立法机关（legislature）制定，如民事诉讼法（Civil Procedure Law）
法规（Regulations）	一般基于国会/法律的授权，由执法机关（executive）制定
普通法（Common Law）	由司法机关（judiciary）基于判决先例制定

自20世纪80年代起，计算机开始在美国普及，漏洞安全问题也随之而来，因此美国国土安全部（Department of Homeland Security，DHS）开始主导漏洞治理实践工作，并通过《爱国者法案》《2002年关键基础设施信息保护法》《商业与政府信

息技术和工业控制产品或系统的漏洞裁决政策和程序》等法律手段和制度对漏洞实施严管严控，随着《2015网络安全信息共享法》《2017反黑客保护能力法案》《2018网络漏洞公开报告法案》等法案颁布，网络漏洞治理逐渐向"共享合作"方向演变发展。2018年11月，美国时任总统特朗普签署《网络安全和基础设施安全局法案》，批准国土安全部下的国家保护与计划局（National Protection and Programs Directorate，NPPD）重组为网络安全与基础设施安全局（CISA），以识别威胁、共享信息并协助事件响应，保护国家网络和关键基础设施安全。美国在CISA成立后形成了统筹协调和精细化的治理格局，逐渐发展为以CISA的指导为核心的漏洞治理政策。美国基于漏洞治理领域先发优势，经过多年的发展，在漏洞的发现收集、验证评估、修复消控、披露和跟踪上建立了完善的漏洞治理体系，下面将举例分析美国漏洞治理的法律法规，其发布时间线如图2-6所示。

口法案名称	网络安全信息共享法	漏洞公平判决程序章程	关于加强国家网络安全的行政命令	关键基础设施网络事件报告法	信息安全控制：网络安全物项	提高联邦网络上的资产可见性和漏洞检测
口发布时间	2015年12月18日发布	2017年11月15日发布	2021年5月12日发布	2022年3月15日发布	2022年5月26日发布	2022年10月3日发布
口主要管理对象	政府机构、企业以及公众等	漏洞相关组织	漏洞相关组织	关键基础设施领域实体	美国实体	联邦民事机构及所有企业

图2-6　美国漏洞相关立法发布时间线

2.4.1　网络安全信息共享法

《2015网络安全信息共享法》是美国关于网络安全信息共享的第一部综合性立法，也是奥巴马政府最重要的网络安全综合性立法成果。该法案授权政府机构、企业以及公众之间可以在法定条件和程序下共享网络安全信息，并将网络安全信息界分为"网络威胁指标"(cyber threat indicator)和"防御措施"(defensive measure)两类信息。

所谓"网络威胁指标"是指描述或识别以下情形的必要信息：

（1）恶意侦查，包括看起来是为了收集与网络安全威胁或安全漏洞相关的技术信息的通信流量异常。

（2）突破安全措施或者探侦安全漏洞的方法。

（3）安全漏洞，包括看起来显示安全漏洞存在的异常活动。

（4）使合法访问信息系统或信息系统所存储、处理或传输信息的用户不经意使得安全措施失效或安全漏洞被探侦的方法。

（5）使合法访问信息系统或信息系统存储、处理或传输的信息的用户无意中破坏安全控制或利用安全漏洞的方法。

（6）恶意的网络命令或控制。

（7）安全事件所造成的实际或可能的损害，包括特定安全威胁所泄露信息的描述。

（8）其他并非法律禁止披露的网络安全威胁的属性。

（9）上述情形的任意组合。

所谓"防御措施"是指检测、防止或减轻信息系统或信息系统所存储、处理或传输信息的已知或者可能的网络安全威胁或安全漏洞的行为、设备、程序、签名、技术或其他措施。但应排除破坏、瘫痪、提供未经授权访问或实质性危害信息系统或者信息系统数据的措施，只要系统或者数据不属于实施该措施的私主体、不属于向实施该措施的私主体授权提供同意或者这些经提供同意的其他主体或联邦主体。CISA围绕"网络威胁指标"和"防御措施"建立了美国网络安全信息共享的基本法治框架。

值得注意的是，鉴于共享网络威胁信息的敏感性，该法并未强制要求企业共享网络威胁信息，而是规定除合同另有约定外，企业可以自愿决定是否与其他企业及联邦政府共享网络威胁信息（包括漏洞信息）。

2.4.2 关于加强国家网络安全的行政命令

2021年5月12日，美国总统拜登签署《关于加强国家网络安全的行政命令》（Executive Order on Improving the Nation's Cybersecurity，以下简称《行政命令》），旨在采用大胆举措提升美国政府网络安全现代化、软件供应链安全、事件检测和响应以及对威胁的整体抵御能力。该行政命令承认美国需要彻底改变其处理网络安全和保护国家基础设施的方式，对网络事件的预防、检测、评估和补救是国家和经济安全的首要任务和必要条件，也是拜登政府网络安全政策的核心。同时明确指出联邦政府必须以身作则，所有联邦信息系统应达到或超过该命令规定和发布的网络安全标准和要求。

《行政命令》的出台是美国政府对2021年发生的SolarWinds供应链攻击、微软Exchange漏洞攻击，以及Colonial Pipeline输油管道等一连串备受瞩目的重大网络安全事件的响应之一，这些事件使美国震惊地发现，其公共和私营部门实体越来越多地面临来自国家行为者和网络犯罪的持续且日益复杂的恶意网络攻击。这些事件也充分暴露了美国网络安全防御能力的严重不足。在签署《行政命令》之前，拜登政府以及国会已拨款10亿美元，用于改善联邦政府的IT基础架构并使其现代化。《行政命令》充分体现了拜登政府试图采取关键步骤来解决美国在上述事件中所暴露出的安全问题的决心，明确指出需要作出大胆改变并进行大量投资，为联邦政府提出一系列全面行动，以改善并捍卫支撑美国重要机构以及国家网络的安全性。

涉及安全漏洞的相关条款如表2-8所示。

表2-8　《关于加强国家网络安全的行政命令》漏洞相关条款

分　类	具　体　要　求
建立网络安全审查委员会	设立了一个由政府和私营部门领导共同主持的网络安全审查委员会,该委员会负责审查和评估影响联邦信息系统或非联邦系统的重大网络事件、威胁活动、漏洞、修复活动和机构响应。委员会成员包括联邦官员和私营企业的代表,具体包括国防部、司法部、美国网络安全与基础设施安全局(CISA)、美国国家安全局(NSA)和美国联邦调查局(Federal Bureau of Investigation,FBI)的代表,以及国土安全部长确定的适当私营网络安全或软件供应商的代表
使《联邦政府应对网络安全漏洞和事件的行动手册》标准化	为联邦部门和机构的网络事件响应创建了标准行动手册。最近的事件表明,用于识别、补救和恢复网络安全漏洞和事件响应程序因机构而异,阻碍了牵头机构更全面地分析各机构的漏洞和事件的能力。该行动手册将确保所有联邦机构达到一定的门槛,并准备采取统一的步骤来识别和减轻威胁。标准化响应过程确保了网络安全漏洞和事件应急响应更协调和集中化记录,可以帮助机构进行更加成功的应急响应。该标准行动手册应包含所有对应的NIST标准;可以被所有联邦文职行政部门(Federal Civilian Executive Branch,FCEB)使用;在事件响应的所有阶段阐明进度和完成情况,同时允许一定的灵活性,以便用于支持各类应急响应活动
加强联邦政府网络中网络安全漏洞的检测能力	联邦政府应动用一切适当资源和权力,最大限度地及早发现其网络中的网络安全漏洞和事件。联邦文职行政部门(FCEB)应部署端点检测与响应(Endpoint Detection and Response,EDR)计划,以支持在联邦政府基础设施内的网络安全事件主动检测、主动网络扫描、遏制和修复以及事件响应。联邦政府应在网络安全方面发挥领导作用,而强大的政府范围端点检测和响应部署以及强大的政府内部信息共享至关重要

2.4.3　美国CISA发布约束性操作指令《提高联邦网络上的资产可见性和漏洞检测》

2022年10月3日,美国网络安全与基础设施安全局（CISA）发布约束性操作指令《提高联邦网络上的资产可见性和漏洞检测》（Improving Asset Visibility and Vulnerability Detection on Federal Networks）,以指导联邦文职行政部门（FCEB）能更好地解释其网络内容。约束性操作指令(Binding Operational Directives,BOD)是为保障美国联邦信息安全而发布的强制性指令,对联邦政府及各部门具有约束力,并由美国国土安全部负责监督执行。本指令对联邦行政机构、部门而言是强制性指令,CISA认为对于任何组织机构而言有效管理网络安全风险的基本前提是持续且全面的资产可见性,因此本指令关注两个核心行为资产发现（Asset Discovery）和漏洞检测（Vulnerability Enumeration）。资产发现是可见性的基础,组织机构可以利用资产发现识别其网络中的可寻址IP资产，并找到与其关联的IP地址（主机）。漏洞检测则负责发现并报告这些资产中的可疑漏洞，通过识别主机属性（如操作系统、开放端口、应用等），将其与已知漏洞信息匹配来验证资产是否符合安全政策的要求。根据本指令的规定，在2023年4月3日之前，FCEB应当针对其联邦信息系统采取以下措施：① 每7天执行一次至少覆盖整个机构IPv4空间的自动资产发现；② 每14天针对已发现资产进行漏洞检测；③ 完成发现后72小时内自动将漏洞检测结果汇总至持续诊断与缓解系统（Continuous Diagnostics and Mitigation，CDM）；④ 在收到CISA要求后的72小时内启动资产发现和漏洞检测程序，并在收到要求后的7日内向CISA提交可用结果。为使CISA自动监测机构的扫描性能，指令规定在CISA发布性能数据漏洞检测要求后6个月内，FCEB应当收集并向CDM报告有关数据。2023年4月3日前，机构和CISA将更新CDM配置使得CISA分析师能访问目标级漏洞检测数据。

虽然该指令是对联邦民事机构提出的强制性要求，但CISA同时督促所有企业，包括私营实体和州政府，审计并执行严格的资产和漏洞管理计划。

2.4.4　美国漏洞披露管理相关政策规定

美国将漏洞披露上升到国家安全层面，并一直将漏洞管理作为网络安全国家战略的关键要素，其在未知漏洞保护和利用上的处理等级完全不亚于实体军事武器。早在2013年12月，《瓦森纳协定》就将漏洞和一些入侵软件列入军用物资进行管制。随后，美国商务部也出台相关实施规则草案，将漏洞纳入美国2022年10月13日发布的《出口管理条例》（Export Administration Regulations，EAR）新规的管控范围。无论是国家行为体还是企业或个人都有利用漏洞的趋势，漏洞披露上升到与国家安全和国家利益密切相关的高度。

1. 漏洞公平判决程序章程

2017年11月15日，美国联邦政府发布年度报告《漏洞公平裁决程序》（Vulnerabilities Equities Process，VEP），表明了美国政府对漏洞披露利弊的综合权衡。VEP实质上是美国政府针对信息安全漏洞，由多部门协调处理的一套行政过程，目标是在决定披露或者保留漏洞时，能平衡情报收集、调查事项和信息安全保障三方面的影响，作出对整体利益最好的决策，主要规制对象是新发现且未公开的漏洞。VEP的基本做法是将美国各机构获得的漏洞信息在政府内部进行分享和评估，然后根据漏洞具体情况来决定是否告知企业，以便它们发布安全补丁和保护用户安全，或者保留该漏洞用于情报活动，以谋求更大利益。美国政府宣称最终他们会披露约90％的软件漏洞。

2. 关键基础设施网络事件报告法

2022年3月15日，美国总统拜登签署的《2022年综合拨款法》（Consolidated Appropriations Act of 2022）中，正式通过《2022年关键基础设施网络事件报告法》（Cyber Incident Reporting for Critical Infrastructure Act of 2022），要求关键基础设施领域实体在有理由相信网络事件发生后72小时内，以及因勒索攻击支付赎金后24小时内，向国土安全部报告。该法所管辖的实体涵盖关键基础设施部门（即PDD-21）中符合CISA定义的实体，包括关键制造业、能源、金融服务、食品和农业、医疗保健、信息技术和运输。在进一步定义覆盖实体时，CISA将考虑一些因素，如损害一个实体可能导致的国家和经济安全后果、该实体是否是恶意网络行为者的目标，以及侵入这样一个实体是否能够破坏关键基础设施。该法要求报告网络事件需提交以下信息：① 网络事件的描述；② 被利用的漏洞和已实施的安全防御措施，以及用于实施该法所规定的网络事件的战术、技术和程序（如有）；③ 有理由相信应对该事件负责的行为者的身份或联系信息（如有）；④ 被认为或有理由认为被未经授权的人访问或获取的信息类别（如有）；⑤ 受影响实体的名称和其他信息，包括实体的注册信息等；⑥ 联系信息以及实体的授权服务供应商（如有）。

3. 信息安全控制：网络安全物项

2022年5月26日，美国《联邦公告》以最终规则的方式，正式公布美国商务部工业和安全局（Bureau of Industry and Security，BIS）发布的《信息安全控制：网络安全物项》（Information Security Controls: Cybersecurity Items），该规则一经公布即生效。《信息安全控制：网络安全物项》基于维护美国国家安全和反对恐怖主义的宗旨，就美国实体对相关国家及地区分享网络安全漏洞设立许可申请，是美国强化网络安全漏洞出口管制的重要一步。《信息安全控制：网络安全物项》的最终目的在于，既足以保护美国国家安全，又不会对美国公司的正常网络经营活动造成不利影响。中国亦在受限国家之列，中国政府最终用户将无法直接获得美国软件供应商提供的涉及"入侵软件"的"网络安全条目"或"数字组件"的漏洞披露以及网络事件响应相关的信息。其中提到的"政府最终用户"是指提供任何政府职能或服务的国家、地区或地方部门、机构或实体，包括代表此类实体行事的实体和个人，即中国政府将无法直接获得美国软件供应商的漏洞披露以及网络事件响应相关的信息。

2.5 英国漏洞相关立法现状

随着数字化和网络化的飞速发展，英国面对的网络安全风险愈发严峻。在信息系统安全领域，漏洞治理的关键性逐渐显现。英国脱欧后对网络安全风险和漏洞治理的关注进一步加强，并将其置于信息安全战略的核心位置，以适应新的法律环境。

尽管在法律中尚未设定具体的漏洞治理框架，但英国的漏洞治理受到一系列法律法规的影响。英国数字、文化、媒体和体育部（Department for Culture，Media and Sport，DCMS）于2021年12月20日正式向英国议会提交《产品安全和电信基础设施法案》（Product Security and Telecommunication Infrastructure Act），以更好地保护公民、网络和基础设施免受不安全的可联网消费产品带来的危害。

英国国家网络安全中心（National Cyber Security Centre，NCSC）也在漏洞治理方面发挥了积极的作用，NCSC于2016年发布了漏洞管理指导旨在为组织评估和考虑漏洞威胁程度提供指导。NCSC通过将漏洞响应和处理作为网络安全最低标准的基础，通过积极的措施和合作来提高整体网络的抗风险能力。

英国漏洞相关法律法规的发布时间线如图2-7所示，下文将围绕英国电信安全实施准则、英国国家网络安全中心漏洞相关指南、政府网络安全战略重点展开讲解。

口法案名称	NCSC漏洞管理指南	NCSC安全开发和部署指南	NCSC漏洞扫描工具和服务指南	政府网络安全战略 2022—2030	英国电信安全实施准则
口发布时间	2016年9月23日发布	2018年11月22日发布	2021年1月19日发布	2022年1月25日发布	2022年12月1日发布并实施
口主要管理对象	漏洞相关组织	漏洞相关组织	漏洞相关组织	政府机构等公共部门	厂商、运营者

图2-7　英国漏洞相关立法发布时间线

2.5.1 英国电信安全实施准则

《电信安全实施准则》（Telecommunications Security Code of Practice）是一份为英国电信网络和服务提供商提供安全指导的文件，旨在降低网络遭受安全威胁的风险。该文件是根据2021年英国《电信安全法案》（Telecommunications Security Act）制定的，建立了一个由三层架构组成的新的安全框架，包括强化公共电信提供商的总体安全定义；规定具体的安全措施；为大中型公共电信网络和服务提供商提供了技术指导。《电信安全实施准则》第二部分匹配了电子通信条例的结构，解释支撑它们的关键概念，以帮助供应商执行与法规中特定法律要求相关的技术措施，并在第三部分规定了具体的技术指导措施。实践准则适用于大中型的公共电子通信网络和服务提供商，根据供应商规模建立技术措施的分层制度，大型电信运营商需要在2024年3月31日开始满足相关技术要求。

其中漏洞相关的要求如表2-9所示。

表2-9　《电信安全实施准则》漏洞相关条款

分　类	具　体　要　求
漏洞披露	• 运营商应在合同中要求:供应商在感知到可能引起安全入侵的任何安全事件或者识别到可能导致这些安全入侵风险加大的安全事件,应该在48小时之内通知运营商 • 运营商验证供应商应有一个漏洞披露策略,这至少应包括一个公众联系点 • 运营商应在合同中要求供应商在30天内发现并报告可能导致安全入侵英国的任何安全事件的根因,并纠正任何发现的安全弱点 • 供应商提供公开披露安全问题的渠道,这些安全问题与漏洞管理流程相关 • 供应商对安全问题的修复应当是透明的(在客户没有意识到安全问题存在的情况下,大多数安全问题都被修复,这使得客户难以判断风险) • 合同应允许供应商共享安全漏洞的细节,以支持识别和降低在公共通信网络或业务中发生安全入侵的风险
漏洞追溯	• 供应商分析和识别漏洞产生的根因,能够详细给出漏洞的信息(比如漏洞来源、根因、如何和何时正确解决漏洞) • 合同应要求供应商在合理的时间期限内通知、提供正常更新并完成可能对运营商网络或服务带来风险的所有漏洞的修补;这包括漏洞影响的所有产品 • 运营商应在合同中要求:供应商应提供单独的重要安全补丁(和业务特性更新包独立),以最大化补丁部署的速度 • 供应商有漏洞修复流程,可以确保漏洞在所有受影响产品/版本中得到修复 • 漏洞应在合适时间期限内得到及时修复
供应商管理	• 在处理安全事件时, 运营商和供应商的事件管理流程应相互支撑 • 运营商应在合同中要求供应商支持运营商调查导致安全入侵发生的安全事件,可能导致这些安全入侵风险加大的安全事件 • 合同应要求供应商提供产品/版本使用的主要第三方组件以及依赖的细节,包括开源组件、时间期限、支持级别(第三方组件、开源组件漏洞管理) • 运营商和供应商之间应该有一个清晰的文档化的共享责任模型 • 如果供应商不能在合理的时间期限内解决安全弱点,运营商应和供应商之间有一个中断条款,允许运营商退出合同并免受罚款 • 合同中应要求设备商共享"安全声明",如何产生安全的设备,以及确保在生命周期内维护设备安全;"安全声明"应覆盖VSA(天生漏洞少、漏洞生命周期管理)

2.5.2 英国国家网络安全中心漏洞相关指南

英国国家网络安全中心（NCSC）成立于 2016 年，隶属于政府通信总部（Government Communications Headquarters，GCHQ）。作为一个新的政府部门，NCSC 合并了通信电子安全小组（Communications-Electronics Security Group，CESG）（GCHQ 的信息安全部门）、网络评估中心（Centre for Cyber Assessment，CCA）、英国计算机应急响应小组（the UK's national Computer Emergency Response Team，CERT UK）以及国家基础设施保护中心（Centre for the Protection of National Infrastructure，CPNI）的网络相关职责，其使命是保护英国免受网络威胁的影响，提供网络安全领域的专业建议和支持。NCSC 致力于协助政府、企业和个人提升网络安全水平，应对日益复杂的网络威胁。该机构通过发布指南、提供培训、分享威胁情报以及参与国际合作，为构建更加安全的数字环境作出贡献。NCSC 还与私营部门、学术界和其他政府机构密切合作，共同应对网络威胁，保障英国国家网络安全。

1. NCSC漏洞管理指南

《漏洞管理指南》（Vulnerability Management）由 NCSC 于 2016 年 9 月 23 日发布，旨在为组织漏洞管理提供指导，以降低遭受网络威胁的风险。主要包括以下部分：

（1）漏洞评估：如何使用自动化的漏洞评估系统（Vulnerability Assessment System，VAS）来识别组织的 IT 资产中的漏洞，并给出实施建议。

（2）漏洞分级：如何根据漏洞的严重性、影响和可利用性，将漏洞优先级分为三级，并给出了分级标准和流程。

（3）漏洞修复：如何根据漏洞的优先级，制定和执行修复计划，包括应用补丁、修改配置或采取缓解措施，并给出了修复策略和示例。

2. NCSC漏洞扫描工具和服务指南

《漏洞扫描工具和服务指南》（Vulnerability Scanning Tools and Service)由 NCSC 于 2021 年 1 月 19 日发布，旨在为组织提供选择、实施和使用自动化漏洞扫描工具的建议。主要包括以下四个步骤：评估现有的漏洞管理计划，了解漏洞扫描如何与之集成；根据资产的种类和特点对扫描器的类型进行选择；确定要扫描的目标和时间，根据业务需求和风险水平进行优先级排序；根据技术和安全要求对购买标准进行评估。

3. NCSC安全开发和部署指南

《安全开发和部署指南》（Secure Development and Deployment Guidance）由

NCSC 于 2018 年 11 月 22 日发布，在软件开发过程中不可避免地存在各种缺陷，该指南的第八个原则强调了建立全面的安全漏洞处理计划的重要性，以下是主要内容：

（1）落实漏洞管理流程：实施漏洞管理流程，及时部署补丁和解决已知漏洞。维护安全债务清单，追踪开发过程中累计的安全债务，随着产品成熟逐步解决。

（2）投资于安全技能：确保产品团队具备识别和解决安全问题的必要技能。

（3）进行根本原因分析：对安全事件进行事后分析，找出根本原因。通过解决根本原因来缓解整个类别的漏洞，而不是采用头痛医头，脚痛医脚的方式。

（4）提供漏洞披露途径：建立清晰、可访问的流程，允许用户和研究人员负责任地报告安全问题，并鼓励这种行为。

（5）将安全调查结果反馈到测试过程中：将安全问题纳入测试流程，创建相应的安全测试，确保这些问题不会再次发生。

2.5.3 政府网络安全战略 2022—2030

2022 年 1 月 25 日，英国政府内阁办公室正式发布专门针对公共政府部门的首部网络安全战略——《政府网络安全战略 2022—2030》，战略涉及多项具体安全保障措施，并设立两大关键性战略目标：一是致力于为英国政府部门的网络安全弹性夯下坚实基础，并辅以国家网络安全中心的《网络评估框架》（Cyber Assessment Framework，CAF）；二是批准并推动英国各政府部门通过共享数据、专长和能力，实现"一体化防御"。

英国是全球最早将网络安全提升至国家战略高度的国家之一，早在 2009 年 6 月就发布了首份国家网络安全战略文件，用以指导和加强国家网络安全建设。随着网络安全威胁的发展变化及其对国家安全威胁的不断增长，英国政府发布更新了《政府网络安全战略 2022—2030》，在总结以往经验教训的基础上，不断适应新形势进行优化调整，为公共部门、私营部门和第三部门之间的"全社会"努力设定安全目标。

此次发布《政府网络安全战略 2022—2030》，首次明确强调了政府机构等公共部门战略涉及的安全保障措施和要求，实现政府机构间的一体化的安全防护，包括：

（1）设立新的政府网络协调中心，以协调英国全国公共部门的网络安全整体协同工作，该中心将直接隶属英国内阁办公室。

（2）推出新的、更详细的保障机制，包括评估各部门计划和漏洞，旨在提供更详细的网络健康状况。

（3）迅速识别和调查对公共部门系统发动的攻击，并协调响应工作，确保相关数据得到共享。

（4）采用分层模式（Tiered Profile）负责响应政府部门面临的各种威胁。

《政府网络安全战略2022—2030》的发布，旨在树立英国作为网络大国的权威，具体规定了政府在面对不断变化的网络风险时将如何建立和保持其韧性。其核心目标是：到2025年政府的关键职能在网络攻击面前得到显著加强，2030年前整个公共部门的所有政府机构都能抵御已知的漏洞和攻击方法。

2.6 其他国家漏洞相关立法现状

为了应对日益严峻的网络安全挑战，全球各国正在不断建立和更新其国内法律，并通过国际合作应对网络威胁。

亚洲各国在漏洞治理方面的立法进展不一，部分国家如日本、韩国、新加坡等制定了较为完善的网络安全法律法规。日本于2014年通过了《网络安全基本法》，旨在加强日本政府与民间在网络安全领域的协调和运作，以更好应对网络攻击。韩国于2019年发布《国家网络安全战略》，文件中提出六大战略课题，包括提高国家重点基础设施安全、提高网络攻击应对能力、基于信任和合作实施管理、建立网络安全产业发展基础、构建网络安全文化和引领网络安全国际合作。新加坡于2018年通过了《网络安全法2018》，该法是落实新加坡网络安全战略的重要举措，旨在建立关键信息基础设施所有者的监管框架、网络安全信息共享机制、网络安全事件的响应和预防机制、网络安全服务许可机制，为新加坡提供一个综合、统一的网络安全法。

2022年7月4日，新加坡网络安全局（Cyber Security Agency of Singapore，CSA）发布了《关键信息基础设施网络安全实践守则》（Cybersecurity Code of Practice for Critical Information Infrastructure），明确关键信息基础设施运营者的最低要求以确保关键信息基础设施网络安全。《守则》在安全检测方面，要求协助关键信息基础设施运营者识别恶意活动或潜在漏洞。

2022年4月2日，澳大利亚正式发布《2022年安全立法修正案（关键基础设施保护法）》（Security Legislation Amendment（Critical Infrastructure Protection）Act 2022），加强了具有国家意义的系统（Systems of National Significance，SoNS）对于网络安全义务的要求，要求进行漏洞评估以识别漏洞进行补救等，提高国家关键基础设施框架的安全性和弹性。

非洲部分国家或地区存在数字鸿沟、面临技术发展不平衡等挑战，对漏洞相关要求立法尚不完备。

2.7　漏洞相关执法案例

法律的生命力在于执行。随着全球网络安全相关立法陆续出台，相应的执法活动亦在稳步展开。我国《网络安全法》自实施以来，一方面存在服务于特定时期的政策导向，由单部门或多部门在重点治理领域开展重点执法活动；另一方面存在由主管机关开展定期化、常态化网络安全检查、巡查活动。表2-10是近年来国内外典型漏洞处罚案例，这些案例说明无论是网络产品提供者、网络运营者、漏洞发现者，还是漏洞收集平台都应该时刻保持敬畏之心，提升合规意识，切实履行法律责任和义务。

表2-10　近年国内外典型漏洞处罚案例

案　　例	概　　述	启　　示
思科向美国政府出售带漏洞的软件而遭罚款①	思科前雇员于2008年10月向思科报告其销售的视频监控管理器存在多个安全漏洞,但思科并没有发布补丁,同时继续向全球客户(包括美国政府机构)出售该视频监控管理器软件包。后雇员按照美国《虚假申报法案》举报思科明知其产品存在漏洞仍故意销售给政府机构的欺诈行为,思科为此支付860万美金达成调解	需及时修复漏洞。利用现有技术尽量避免和识别漏洞,特别是公知的或可合理预见的漏洞及高风险漏洞,通过内部或者外部途径得知漏洞后应当立即修复。根据漏洞的严重程度和修复难度,采取临时补救措施和长期修复计划;

---

① 思科案例：https://www.zdnet.com/article/cisco-to-pay-8-6-million-for-selling-vulnerable-software-to-us-government/#ftag=RSSbaffb68.

案　例	概　述	启　示
Equifax未采取保护措施导致1.47亿消费者遭遇数据泄露①	（1）2017年，因某个数据库中存在Apache Struts框架未修复漏洞，Equifax泄露近1.5亿人的个人信息及财务数据。该公司不仅在补丁发布几个月后尚未修复此关键漏洞，且在发现数据泄露后数周都未公布此事；（2）2019年7月，这家信用评级机构同意支付5.75亿美元（可能升至7亿美元），就"未能采取合理措施保护自身网络"的过错，与美国联邦贸易委员会（Federal Trade Commission，FTC）、消费者金融保护局（United States Consumer Financial Protection Bureau，CFPB），以及全美50个州及地区达成和解	发现漏洞后需及时通知，避免构成恶意隐瞒和合同欺诈。一旦发现漏洞，供应商应该尽快通知用户
南通市某水利工程管理所未落实安全保护义务②	南通市公安局港闸分局民警在例行检查中发现南通市某水利工程管理所的水闸自动化开关系统有3个高风险漏洞，其中主机漏洞1个、弱口令2个，容易被不法分子攻击控制权限，存在严重安全隐患。经查，该水利工程管理所未制定与网络运营相关的内部安全管理制度和操作规程，未有效采取防范计算机病毒和网络攻击、网络侵入等技术措施。依据《网络安全法》第21条、第34条、第59条规定，港闸警方对该水利工程管理所予以警告，责令限期整改，落实网络安全等级保护制度	关键信息基础设施运营者需制定安全管理制度和操作规程，并采取有效技术措施，及时对高风险漏洞进行处置，防范发生重大网络安全事故
美国华硕因安全问题接收FTC20年安全审计③	2016年2月，美国华硕家用路由器存在安全问题被黑客将接收FTC20年安全审计，原因是华硕发现安全漏洞后未及时修复；在对固件升级后未通知用户有可用的固件升级	

① Equifax案例：https://www.secrss.com/articles/26549.
② 南通市某水利工程案例：https://www.sohu.com/a/319758940_260204.
③ 华硕案例：https://www.wosign.com/News/2016-0301-01.htm.

续表

案　例	概　述	启　示
国泰航空因漏洞未修补被处以500 000英镑的顶格罚款①	2020年3月，英国信息专员办公室（Information Commissioner's Office，ICO）宣布将对国泰航空处以500 000英镑的顶格罚款。该公司未能针对面向互联网的服务器修补已有10年以上的已知漏洞，并且在处理敏感数据的服务器上使用了过时的不再受支持的操作系统，导致客户信息泄露	
某"白帽子"非法获取计算机信息系统数据被追究刑事责任②	2016年1月18日，世纪佳缘报警称有900多条有效数据被非法获取。事件为某"白帽子"发现世纪佳缘网站存在SQL注入漏洞，在测试中获取了4 000多条信息。基于《中华人民共和国刑法》285条第2款，某"白帽子"非法获取计算机信息系统数据罪最终被追究刑事责任	第三方组织或个人在需要得到网络运营者授权的情况下，对网络产品、服务或系统进行渗透测试，从而帮助网络运营者发现网络产品、服务或系统中存在的漏洞。同时第三方组织也应当对"白帽子"黑客进行内部管理，防止黑客利用获取到的网络运营者的数据信息从事违法犯罪活动； 第三方组织或个人发现漏洞后应选择向国家信息安全漏洞共享平台、国家信息安全漏洞库等漏洞收集平台报送有关情况

本章小结

在全球范围内，不同国家对漏洞治理的态度和立法水平存在着差异。一些国家已经建立了较为完善的法规框架，而另一些国家则仍在逐步完善中。综合来看，全球各国在漏洞治理方面都在不断努力，通过立法和规范来推动漏洞的及时披露和有效治理。随着网络安全形势的不断变化，国际社会需要加强协作，共同应对全球性的网络威胁，促进网络空间的安全与稳定。

各国在漏洞治理立法方面取得的进展和实践为构建更强大的网络安全体系提供

---

① 国泰航空案例：https://finance.sina.com.cn/stock/hkstock/ggscyd/2020-03-05/doc-iimxxstf6608359.shtml.

② 世纪佳缘案例：http://media.people.com.cn/n1/2016/0705/c40606-28523760.html.

了借鉴和参考。新时代的漏洞治理需要政府管理和社会治理相结合。在漏洞治理领域要充分发挥相关社会组织和企业的作用,在以政府为主导的框架下,充分调动社会力量对漏洞治理的积极性。企业也需要在遵守漏洞治理法律的同时,规范自身的漏洞治理流程,积极履行漏洞治理的合规义务,更好地履行漏洞治理责任,降低网络安全风险,在漏洞治理体系中发挥更加积极主动的作用。

3 漏洞相关标准

第2章介绍了漏洞相关的法律法规。漏洞相关的法律法规规定了组织要遵守的法定责任及义务，但无法对组织的具体行为提出量化要求及技术性指导，法律法规中的通用要求在不同的组织中适配落地，还需要通过标准进一步支撑和细化。

在介绍漏洞相关标准之前，本书援引两个标准的定义，以帮助读者理解什么是标准。

WTO/TBT 协议（世界贸易组织/贸易技术壁垒协议）中对标准的定义为："标准是经公认机构批准的、规定非强制执行的、供通用或重复使用的产品或相关工艺和生产方法的规则、指南或特性的文件"；而在中国国家标准 GB/T 3935.1 中对标准的定义更具体："标准是对重复性事物和概念所做的统一规定，它以科学、技术和实践经验的综合为基础，经过有关方面协商一致，由主管机构批准，以特定的形式发布，作为共同遵守的准则和依据"。本章将围绕漏洞相关的国际标准、中国国家标准、美国国家标准等展开介绍。

3.1 漏洞标准的整体介绍

3.1.1 漏洞标准的发展

早在1988年，美国卡内基梅隆大学软件工程研究所的计算机应急响应小组/协调中心（Computer Emergency Response Team/Coordination Center，CERT/CC）就开始致力于漏洞管理和响应，建立了一套完整的漏洞响应流程。此外，一些计算机安全公司，如Symantec、McAfee将漏洞管理的流程融入工具和平台之中，帮助企业识别和修复系统中的漏洞。在此阶段，虽然漏洞管理的标准尚未形成，但是相关的理念、方法及流程已初具雏形。

1995年，美国国家标准与技术研究院（National Institute of Standards and Technology，NIST）发布了一份名为 *Guide to Developing Security Plans for Information Technology Systems* 的指导，其中提到了漏洞管理的概念和实践方法，被视为漏洞管理标准的雏形。随后，国际标准化组织（International Organization for Standardization，ISO）、国际电工委员会（International Electrotechnical Commission，IEC）等标准机构相继制定了各自的漏洞管理标准体系，其中ISO/IEC 30111和ISO/IEC 29147已经成为业界通用的漏洞管理标准。

在中国，2020年国家标准化管理委员会发布了一系列漏洞管理标准，如《GB/T 30276－2020 网络安全漏洞管理规范》《GB/T 30279－2020 网络安全漏洞分类分级指南》以及《GB/T 28458－2020 网络安全漏洞标识与描述规范》等，为中国漏洞的管理提供了必要的标准支撑。

3.1.2 漏洞相关标准概览

漏洞管理是网络安全相关标准的重要组成部分，无论是国内还是国际的网络安全标准，都强调了漏洞管理的重要性，并为此设定了一系列的规范和要求，旨在支撑法律法规的有效落地，防范网络安全风险。

目前主要的国际安全标准组织包括：ISO、IEC、国际电信联盟（International Telecommunication Union，ITU）。

ISO/IEC标准中对组织的漏洞处理流程及漏洞披露提出了系统性的建议，而

ITU标准则推荐了漏洞的公开定义、定级及系统状态评估的语言等行业优秀实践。此外，在不同国家及区域的网络安全标准中均涵盖漏洞相关要求，这在后面的内容中会进一步介绍。

为了让读者更好地了解漏洞相关标准，本书梳理了主流标准中的漏洞要求，围绕漏洞管理生命周期进行整体呈现，如图3-1所示。

图3-1   主要漏洞标准一览

体系化的漏洞标准通常包含治理框架和具体实践指导两部分内容，两者相辅相成。在ISO的漏洞管理系列标准中，ISO/IEC 30111阐述了漏洞治理的方法，而ISO/IEC 29147则对漏洞披露实践给出具体指导；同样，NIST SP 800系列中的《NIST SP 800-40企业漏洞和补丁管理方法》及《NIST SP 800-216漏洞披露指南》也是治理与实践的结合。在国内，国家市场监督管理总局和国家标准化管理委员会也参考了ISO/IEC标准，于2013年和2020年先后发布了两版网络安全漏洞管理规范，以指导企业数字化转型过程中的漏洞管理。

除了ISO、NIST和GB/T中的漏洞管理标准之外，ITU-T也提供了CVE、CVSS等一系列漏洞命名、分级、评估、度量等规范及指导，以支撑漏洞管理要求在组织实践落地。

组织在应用漏洞标准时，也应该考虑将治理框架和落地实践相结合。通常而言，漏洞治理需要充分了解组织漏洞管理的目标、组织、合规性以及漏洞管理生命周期，完成漏洞治理体系建设。而漏洞实践则要在具体漏洞处理流程中识别、分析及处置等环节开展实质性工作。

无论是ISO还是NIST、GB/T的漏洞管理标准均可以指导组织建立完整的漏洞管理体系，组织漏洞管理框架的选取取决于所处的行业、自身情况以及具体合规需求等。在一些跨国企业的漏洞实践中，可能同时参考多种标准，一方面是为了满足监管要求，另一方面自身对漏洞管理体系优化完善有内在诉求。

3.2 ISO/IEC 漏洞相关标准

ISO 成立于1947年2月23日，总部设于瑞士日内瓦，是成员国的国家标准化组织代表组成的国际标准制定机构。截至2022年11月，共有167个会员国，发布超过24 500项国际标准。该组织定义为非政府组织，参加者包括各会员国的国家标准机构和主要公司。

ISO 与负责电子设备标准的 IEC 密切合作，通常 ISO 不负责制定电气和电子工程领域的技术和非技术领域的国际标准，这部分内容由 IEC 负责。ISO/IEC 发布了多个网络安全标准，同时也是漏洞管理领域的权威标准制定者。在《ISO/IEC 30111 信息安全-信息技术-漏洞处理过程》和《ISO/IEC 29147 ISO/IEC 信息技术-安全技术-漏洞披露》两部标准中，分别对漏洞处理和漏洞披露提供了系统性的方法和参考。其他 ISO/IEC 的网络安全标准中也涉及漏洞管理相关内容，例如 ISO/IEC 27000 信息安全管理体系标准族中间接对漏洞管理提出了相关要求。

ISO/IEC 29147 与 ISO/IEC 30111 关联紧密，如图3-2所示，ISO/IEC 29147标准为组织提供了结构化的漏洞报告流程，强调了透明度原则，确保漏洞的安全披露过程得到规范和合理的执行；而 ISO/IEC 30111 则更侧重于漏洞治理相关的组织及内部流程，通过遵循 ISO/IEC 30111 的指南，组织可以建立一个结构化的漏洞处理流程，从而更有效地应对安全漏洞。

3.2.1 ISO/IEC 30111 信息技术-安全技术-漏洞处理过程

1. 标准简介

尽管安全人员与漏洞的博弈持续已久，但是漏洞管理真正成为一门系统性学科的时间并不长。2013年，国际标准化组织才发布了第一部漏洞处理的标准文件 ISO/IEC 30111，针对漏洞管理开展独立、系统性的治理工作，就像在漏洞管理的各个孤岛之间架设桥梁，将漏洞治理、漏洞处置和漏洞披露等标准联结起来，漏洞管理开始有独立运营的组织和机制。

与其他的ISO标准类似，ISO/IEC 30111适用于开发者、厂商、漏洞研究者及评估人员等。它提出了漏洞治理架构的思想，旨在帮助组织从无到有建立漏洞管理体系。

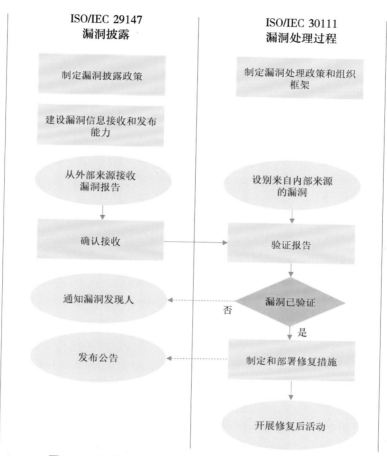

图3-2　ISO/IEC 29147 与 ISO/IEC 30111 的协同工作

2. 核心内容

ISO/IEC 30111主要提供了有关如何处理和修复产品或服务中报告的潜在漏洞的要求和建议，涉及报告的调查并确定优先级、开发、测试和部署修补措施以及改进开发安全等活动。

ISO/IEC 30111第一部分为领导力（Leadership），该总分对策略、组织、角色职责与授权进行了概述，各部分之间的关系如图3-3所示。

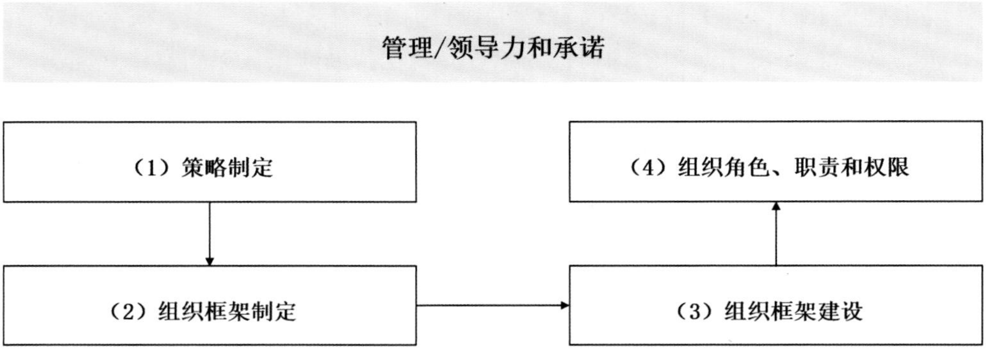

图3-3 ISO/IEC 30111第一部分内容架构

这部分核心的四个内容大致如下：

（1）策略制定：制定策略的目的一方面明确漏洞处理每个环节的责任人，另一方面向外部利益相关人传递漏洞信息的互动意向。它定义了各角色在漏洞处理每个阶段的职责，以及如何处理潜在漏洞的报告。同时策略应当告知受众，当在供应商的产品或服务中发现潜在漏洞时，供应商如何与他们进行交互。

（2）组织框架制定：漏洞管理涉及领域和利益相关方较多，除涉及工程和技术方面的因素外，还涉及其他领域，如客户服务、公共关系。因此，组织框架由厂商负责处理各方面工作的部门来设计、确认和支撑，包括管理层参与到漏洞处理中，履行决策的责任和职权，同时建立外部联系人，负责漏洞的沟通。

（3）组织框架建设：组织应建立计算机安全事故响应小组（CSIRT）或产品安全事故响应小组（Product Security Incident Response Team，PSIRT），并设立外部漏洞发现人和协调人的唯一入口，为外部漏洞发现人提供官方网站或者专用邮箱反馈漏洞信息的渠道，同时该部门协同内部业务人员处理漏洞，并对漏洞信息进行披露。

（4）组织角色、职责和权限：在漏洞管理的过程中需要不同部门的协同，包括业务部门、客户支撑部门以及公共关系部门等。其中，业务部门的产品安全接口人收到PSIRT通知后启动漏洞处理流程，分析和处置漏洞。客户支撑部门负责将漏洞的解决方案通过合适的方法通知受影响的客户。如果漏洞非常严重或影响范围很广，可能还需要公共关系部门参与，准备应对大众新闻媒体的询问。

该标准的第二部分描述了漏洞处理的过程，其目标是快速找到处理漏洞的解决方案，它定义了漏洞全生命周期管理的关键活动，如图3-4所示。

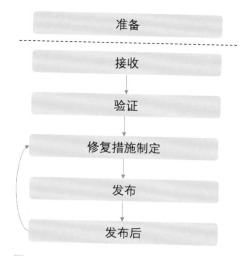

图3-4　ISO/IEC 30111漏洞处理过程摘要

漏洞处理过程中6个关键步骤的具体要求如表3-1所示。

表3-1　漏洞处理流程具体说明

步　骤	说　明
1. 准备	厂商制定策略和流程并建设能力
2. 接收漏洞报告	报告方识别产品或服务中的可能漏洞并通知厂商,厂商确认接收报告
3. 验证报告	厂商基于证据的验证分析、重新报告方所报告的环境和行为,确定是否构成漏洞,并排查受影响的范围和处理优先级
4. 修复措施制定	厂商负责制定漏洞修复措施,开发漏洞修补方案
5. 发布解决方案	发布漏洞公告并告知软件补丁、用户来部署修复方案,减少漏洞带来的影响
6. 发布后续工作	收集用户反馈,在必要时更新修复和缓解信息

2. 标准应用

ISO/IEC 30111侧重漏洞的治理，指导组织在收到漏洞报告后如何进行漏洞调查和补救。而ISO/IEC 29147则更加具体地提供了漏洞全生命周期管理的实践。ISO/IEC 30111已经被英国、中国等国家进行参考。

3.2.2　ISO/IEC 29147 信息技术–安全技术–漏洞披露

1. 标准简介

ISO/IEC 29147是关于产品和服务漏洞披露的要求和建议，通过漏洞披露降低漏洞利用的相关风险，以"最佳实践"的形式指导厂商构建并实施安全漏洞披露制度。

漏洞的官方披露滞后问题是漏洞披露管理中的一大风险，大量漏洞在被官方披露前已在非官方渠道被公开讨论。据统计，自2015年到2017年，有四分之一的软件漏洞是先在社交媒体网络上被讨论，而后才被收录在美国国家数据库中。

为解决官方漏洞披露滞后的问题，ISO/IEC 29147对在漏洞披露过程中漏洞发现者、漏洞厂商以及第三方安全漏洞管理组织所应承担的角色及标准操作，以及厂商应该如何响应外界对其产品和服务的漏洞报告提出要求，从而保护受影响厂商及漏洞提交者的利益。

2. 核心内容

ISO/IEC 29147为供应商提供了从外部获取产品及服务的漏洞信息的五个步骤，包括接收漏洞、漏洞验证、解决方案开发、发布和发布后事项。此标准指导厂商如何在正常的业务流程中加入从外部人员或组织接收漏洞信息以及向受影响的用户下发漏洞解决方案信息的环节，具体要求如表3-2所示。

表3-2　厂商漏洞披露相关要求及具体说明

相 关 要 求	说　　　明
1. 厂商建立的漏洞报告接收及反馈系统所需的必要机制	（1）报告机制：供应商应提供一个或多个技术上最新且可用的机制来接收潜在漏洞的报告。 （2）监控机制：供应商应监控其报告机制，以获取新报告和与现有报告相关的通信。 （3）反馈机制：供应商应在7个工作日内对接收到的漏洞报告进行确认。 （4）确认机制：供应商应对漏洞报告进行初步评估或分类。如果供应商不认为报告存在漏洞，则供应商应通知报告方和其他利益相关方。对于需要进一步调查或被认为是有效漏洞的报告，供应商应开始漏洞处理流程。 （5）沟通机制：在漏洞处理过程中，供应商应与报告者和其他利益相关者进行沟通
2. 厂商发布相关产品和在线服务漏洞通知需要具备的素质	（1）通知应包含某些标识符：① 咨询标识符：咨询文件应标注唯一和一致的标识符；② 漏洞标识符：咨询文件应为咨询文件中涉及的漏洞提供唯一和一致的标识符。 （2）通知应注明首次发布的日期，并可添加其他日期，例如，作为修订历史的一部分，建议应使用明确的日期和时间参考，并应使用ISO 8601。 （3）通知应提供足够的信息，供用户确定是否受到漏洞的影响。 （4）供应商应提供鉴定和核实咨询完整性的能力。 （5）如果要求用户采取行动应用补救措施，则供应商应提供对补救措施的完整性进行验证的能力
3. 厂商的漏洞发布公告应当披露的信息项	（1）披露的漏洞应该包含标识符、漏洞概述、日期和时间、标题、修订记录及使用条款等基本信息。 （2）需要对漏洞波及的产品、漏洞的严重程度以及漏洞修复相关内容进行描述。 （3）应当提供联系方式供读者联系，并且可以对漏洞报告者进行表彰

同时，ISO/IEC 29147对漏洞披露期间涉及多个利益相关方的沟通和信息交换进行了一定的规范，各方协同工作关系如图3-5所示。

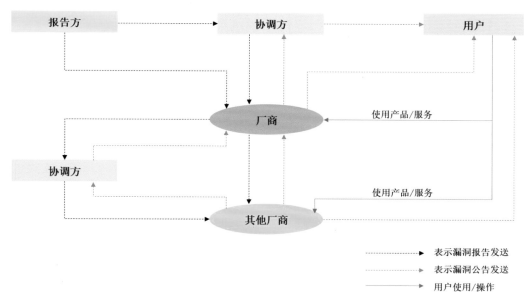

图3-5　漏洞披露信息交换关系示意图

报告方发现漏洞后可向厂商或通过协调方进行报告，漏洞公告由厂商直接发布给用户或通过协调方通知其他厂商或用户。厂商的产品往往会集成其他厂商的第三方组件，如果厂商发现了其他厂商的漏洞也可报告给其他厂商或通过协调方报告。厂商的漏洞报告通常包括产品或服务名称及受影响的版本、漏洞的类别和严重等级、可能的根因、概念验证（Proof of Concept, PoC）代码或其他实质性证据、用于重现漏洞的工具和步骤、范围评估以及披露计划等。

3. 标准应用

从外部个人或组织接收到可能的漏洞报告以及向受影响用户发布漏洞修复信息时，厂商可以参考ISO/IEC 29147优化业务流程，而ISO/IEC 30111则为如何调查、处理和解决这些可能的漏洞报告提供了指导。ISO/IEC 29147主要用于制定漏洞披露的策略，建设漏洞信息接收和发布的能力，而ISO/IEC 30111主要制定漏洞处理策略和组织框架。ISO/IEC 29147主要涉及厂商与报告方之间的交互，而ISO/IEC 30111是关于厂商的漏洞分类、调查和修复等内部流程，不区分漏洞报告来自外部还是内部安全、开发或测试团队。

3.3 ITU-T 漏洞管理相关标准

ITU 成立于 1865 年，是主管信息通信技术事务的联合国机构，负责分配和管理全球无线电频谱与卫星轨道资源，制定全球电信标准。国际电信联盟电信标准化部门（ITU Telecommunication Standardization Sector，ITU-T）是 ITU 的常设机构，负责研究技术、操作和资费问题，并发布相关的建议书，以便在全球范围内实现电信标准化。

ITU-T 汇集来自世界各地的专家，共同制定 ITU-T 推荐标准，ITU-T 推荐标准不具备约束力，但它对各国漏洞相关法律法规及标准的制定提供了有力支撑。这一系列标准主要聚焦于全球信息通信技术（ICT）基础设施，其中 ITU-T X 系列是数据网络、开放系统通信和安全性相关标准的集成。

ITU-T X 系列中的"网络安全信息交互"分组下包括 CVE、CVSS、CWE、CWSS、OVAL、CPE 六大漏洞管理相关推荐标准，具体命名及编号如表 3-3 所示。这些漏洞管理相关推荐标准的雏形多产生于各企业的漏洞管理过程，ITU-T 的研究组对各企业的漏洞管理实践进行洞察，提炼和推荐漏洞管理优秀实践，并提供标准化使用指导，以保证各组织间运行和互通的一致性。

表 3-3　通用漏洞标准及 ITU-T 建议书标号

漏洞标准	中 文 名 称	英 文 名 称	建议书标号
CVE	公共漏洞和暴露	Common Vulnerabilities and Exposures	ITU-T X.1520
CVSS	通用漏洞评分系统	Common Vulnerability Scoring System	ITU-T X.1521
CWE	通用漏洞枚举	Common Weakness Enumeration	ITU-T X.1524
CWSS	通用缺陷评分系统	Common Weakness Scoring System	ITU-T X.1525
OVAL	开放漏洞评估语言	Open Vulnerability and Assessment Language	ITU-T X.1526
CPE	通用平台枚举	Common Platform Enumeration	ITU-T X.1528

3.3.1　CVE 公共漏洞和暴露

1. 标准简介

不同组织对同一漏洞的表述可能不一样，致使漏洞难以进行数据共享及沟通交互。因此，对漏洞命名及描述的标准化工作非常重要，ITU-T X.1520 推荐了 CVE

在实践中的标准化方式。

CVE是公开披露的网络安全漏洞列表，IT人员、安全研究人员查阅CVE获取漏洞的详细信息，进而根据漏洞评分确定漏洞解决的优先级。CVE漏洞信息由CVE组织机构的网站承载[①]，CVE这个组织最初由麻省理工学院在1999年建立，是一个非营利性组织。网站上的CVE信息是公开的，可以在法律许可前提下免费使用。

CVE的发布主体是CVE编号机构（CVE Numbering Authority，CNA），世界上目前约有100个CNA，由来自世界各地的IT供应商、安全公司和安全研究组织组成。任何机构或个人都可以向CNA提交漏洞报告，CNA对应的组织也鼓励人们寻找漏洞，以增强产品的安全性。

2. 核心内容

CVE为公开的信息漏洞和暴露提供了统一规范，包括：

（1）漏洞标识：CVE为每个漏洞赋予唯一编号，这是识别漏洞的唯一标识符。编号格式为"CVE-年份-编号"，例如，CVE-2019-0708代表远程桌面服务/远程代码执行漏洞。

（2）标准化漏洞描述：CVE通过标准化漏洞描述，使得IT人员、安全研究人员可以基于相同的语言理解漏洞信息。

以CVE-2023-28252举例，CVE官方网站展示漏洞的信息如图3-6所示。

3. 标准应用

CVE为漏洞赋予唯一编号并标准化漏洞描述，可帮助IT人员、安全研究人员基于相同的语言理解漏洞信息、确定修复漏洞的优先级并努力解决漏洞。且由于CVE对于漏洞编号的唯一性和描述的规范性，不同的系统之间可以基于CVE编号交换信息，增进组织间关于漏洞信息的相互交流。另外，安全产商还可以将CVE作为基线，评估产品的漏洞检测覆盖范围。

CVE标准制定之后，国际上很多组织机构都采用CVE作为标识漏洞的统一标准。国家信息安全漏洞库（CNNVD）在使用自己的编号标识漏洞的同时也保持了与CVE编号的对应关系。以上文中的CVE-2023-28252漏洞为例，其在CNNVD中对应的编号是CNNVD-202304-845。CNNVD记录的漏洞信息比CVE的漏洞信息更为丰富，CNNVD中除了记录漏洞的基本信息外，还附加记录了漏洞的危害等级、漏洞类型、威胁类型等。

---

① CVE网站：https://cve.mitre.org/.

CVE-ID	
CVE-2023-28252	在国家漏洞数据库（NVD）了解更多信息 • CVSS 严重性评级 • 修复信息 • 易受攻击的软件版本 • SCAP 映射 • CPE 信息

描述

Windows 通用日志文件系统驱动程序特权提升漏洞

参考

注意：提供 参考是为了方便读者帮助区分漏洞。该列表并不完整。

- MISC：Windows 通用日志文件系统驱动程序特权提升漏洞
- 网址：https://msrc.microsoft.com/update-guide/vulnerability/CVE-2023-28252

分配 CNA

微软公司

记录创建日期

20230313	免责声明：记录创建日期可能反映 CVE ID 的分配或保留时间，并不一定表明此漏洞何时被发现、与受影响的供应商共享、公开披露或在 CVE 中更新。

阶段（旧版）

已分配（20230313）

投票（旧版）

评论（旧版）

提议（旧版）

不适用

这是CVE 列表 中的记录，该表提供了公开已知的网络安全漏洞的通用标识符。

使用关键字搜索 CVE：　　　　　　　　　　　　　　　　　　提交

您还可以使用CVE 参考图进行参考搜索。

有关更多信息：　CVE 请求 Web 表单（从下拉列表中选择"其他"）

图 3-6　CVE-2023-28252漏洞信息

3.3.2　CVSS 通用漏洞评分系统

1. 标准简介

对于漏洞管理，除了标准化的描述规范以外，还应该有一致的漏洞评分标准，对信息技术产品漏洞的危害程度进行评估分级。ITU-T 推荐了通用漏洞评分系统（CVSS）作为漏洞严重程度评估的定量测量标准。

CVSS 是由美国国家基础设施咨询委员会（National Infrastructure Advisory Council，NIAC）所开发的，并托管给美国非营利组织国际事件响应与安全组织论坛（FIRST）进行维护。FIRST 的任务是帮助遍布全球的计算机安全事件响应团队。

2. 核心内容

CVSS 是一种用于提供漏洞严重程度的定量测量，用于帮助组织确定所需反应的紧急度和重要性。CVSS 在过往已有多个版本的更新，但随着漏洞数量的增加和新兴威胁的频繁出现，过往的 CVSS 版本已经存在评估的偏差。因此，FIRST 于 2023 年 11 月推出了新版通用漏洞评分系统（CVSS 4.0）以应对上述漏洞管理痛点。此版本为用户提供了更细粒度的基本指标，消除了下游评分的模糊性，简化了威胁指标，并提高了评估特定环境安全要求及缓解控制的有效性。此外，CVSS 4.0 还增加了对物联网和工控网络的适用性，并将相关安全指标和评分添加至补充度量指标组和环境度量指标组。

CVSS 4.0 具体包括三个计入 CVSS-BTE 评分的指标组：基础度量指标、威胁度量指标和环境度量指标，以及一个软件供应商可视情况填写的补充指标组。基本度量指标组表示漏洞固有的、基本的、不随时间和用户环境变化的特性；威胁度量指标组反映漏洞随时间变化但不随用户环境变化的特性；环境度量指标组描述漏洞与特殊用户环境相关的特性。图 3-7 列出了 CVSS 4.0 版中的四个度量指标组所包含的要素，基础度量指标产生从 0 到 10 的分数。

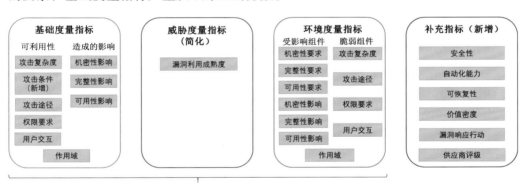

图 3-7　CVSS 4.0 版度量指标

CVSS 标准用于有需要的行业、组织和政府的测量系统，能提供准确且一致的漏洞严重性评分。计算在系统上发现的漏洞的严重性，以及作为确定漏洞修复活动优先级的一个因素是 CVSS 的两个常见用途。美国国家漏洞数据库（National Vulnerability Database，NVD）提供所记录漏洞的 CVSS 得分。

NVD 同时支持多版本通用 CVSS 标准，且提供多版本的计算评分系统，允许用户自行添加威胁度量指标和环境度量指标的分数数据。在线计算评分系统可从 FIRST 的官网上访问[①]，该系统通过上述维度对漏洞进行 CVSS-BTE 评分打分，漏洞的 CVSS 分值代表漏洞的严重程度，其范围为 0.0～10.0，数字越大，漏洞的严重

---

① 通用漏洞评分系统 4.0 版计算器：https://www.first.org/cvss/calculator/4.0.

程度越高。其中，0分表示无危害，0.1~3.9分为低危害，4.0~6.9分为中危害，7.0~8.9分为高危害，9.0~10.0分为致命危害。

中国的CNNVD在评估漏洞等级时采用《CNNVD漏洞分级规范》，该规范将漏洞危害分为低危、中危、高危与危急四个等级，并保持与CVSS的兼容。

以CVE-2023-28252漏洞举例，通过NVD网站可查询漏洞CVSS分值，漏洞CVE-2023-28252的详细信息如图3-8所示，该漏洞基础分数评分为7.8分，为高危漏洞。

图3-8　CVE-2023-28252详细信息

3. 标准应用

CVSS 的评分往往是漏洞扫描工具、安全分析工具不可或缺的信息。而前文提到的 CVE 单纯是漏洞的字典库。IT 人员需结合 CVE 信息和 CVSS 确定漏洞解决优先级。

3.3.3 CWE 通用缺陷列表

1. 标准简介

CVE 对漏洞、攻击、故障等概念的分类较为简单，无法用于识别和分类代码安全评估行业所提供的功能。因此，MITRE 公司将常见的不同类型软件的故障和缺陷抽象、归类，并不断完善缺陷类型及其分类树，于 2006 年创建并首次发布了通用漏洞枚举（CWE）和相关分类标准。明确 CWE 清单内容及分类定义，可以更有效地讨论、描述、选择和使用软件安全工具和服务，并便于在源代码和操作系统中发现这些缺陷，更好地了解和管理与架构和设计相关的软件缺陷。

2. 核心内容

CWE 数据库列出了任何硬件或软件产品的网络弱点，识别并分类漏洞类型、与漏洞相关的安全问题，以及为解决检测到的安全漏洞而可能采取的预防措施。MITRE 公司 2023 年发布了过去两年给软件造成困扰的 CWE 排名前十，这些缺陷会在软件中导致严重漏洞。攻击者通常可以利用这些漏洞来控制受影响的系统、窃取数据或阻止应用程序运行。

为了创建此列表，MITRE 公司分析了 NIST 国家漏洞数据库中在 2021 年和 2022 年发现和报告的 43 996 个 CVE 条目，并重点关注添加到 CISA 已知利用漏洞（Known Exploit Vulnerabilities，KEV）目录中的 CVE 记录，然后根据其严重性和流行程度对每个漏洞进行了评分。排名前十的 CWE 缺陷列举如表 3-4 所示。

表 3-4 CWE 排名前十

序号	ID	内　　容	分数	KEV 中的 CVE	与 2022 年相比排名变化
1	CWE-787	越界写入	63.72	70	0
2	CWE-79	网页生成期间输入的不正确中和（"跨站点脚本"）	45.54	4	0
3	CWE-89	SQL 命令中使用的特殊元素的不正确解析（"SQL 注入"）	34.27	6	0
4	CWE-416	释放后使用	16.71	44	3
5	CWE-78	操作系统命令中使用的特殊元素的不正确解析（"操作系统命令注入"）	15.65	23	1

序号	ID	内　　容	分数	KEV 中的 CVE	与 2022 年相比排名变化
6	CWE-20	输入验证不当	15.5	35	—2
7	CWE-125	越界读取	14.6	2	—2
8	CWE-22	对受限制目录的路径名的不正确限制（"路径遍历"）	14.11	16	0
9	CWE-352	跨站请求伪造（CSRF）	11.73	0	0
10	CWE-434	危险类型文件无限制上传	10.41	5	0

3. 标准应用

各组织的安全团队通常依赖 CWE 的软件缺陷列表作为安全编码实践和设计漏洞管理程序的输入。CWE 还被认为是管理网络供应链风险的关键，因为它可以用来识别和解决企业网络的第三方组件中的潜在安全漏洞。

3.3.4　CWSS 度量指标

1. 标准简介

CWSS 是 CWE 项目的一部分，由美国国土安全部网络安全和通信办公室的软件保障计划共同赞助。由于报告的缺陷数量巨大，相关安全人员往往难以确定修复优先级，且当时使用的评分方法各异，可能存在临时性或可能不适用于软件安全性评估。因此，CWSS 的产生为相关安全人员提供了一种一致、灵活的方式，以统一软件缺陷作为优先级的评估机制。CWSS 与 CVSS 相似，但 CVSS 对软件安全的度量存在局限性。用户可以通过 CWSS 的度量指标，使用业务环境的上下文信息来评价软件功能所面临的风险，以便精准地进行安全决策。

2. 核心内容

CWSS 分为三个指标组：基本发现度量指标、攻击面度量指标和环境度量指标。每个指标组还包含多个因子，用于计算缺陷的 CWSS 分数。CWSS 具体度量指标如图 3-9 所示。

其中，基本发现度量指标组主要关注漏洞的内在风险、漏洞发现置信度及控制强度；攻击面度量指标组主要关注攻击者为攻击该漏洞必须克服的障碍；环境度量指标组主要关注特定环境或运营环境的漏洞特征。

CWSS 可以在最初信息很少的情况下使用，但随着时间推移，漏洞相关信息的质量可以不断提高，因此该漏洞的 CWSS 分数可能会变化。

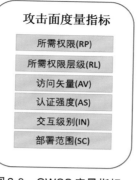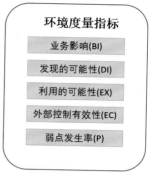

图 3-9　CWSS 度量指标

3.3.5　OVAL 开放漏洞评估语言

1. 标准简介

开放漏洞评估语言（Open Vulnerability and Assessment Language，OVAL）同样是由 MITRE 公司提出的。它是一个国际信息安全社区标准，旨在设计一套基于 XML 格式的描述语言，规范安全检查及评估中的检查或评估项、脆弱点等技术实施细节的定义和描述。OVAL 语言用于实现计算机系统的安全状态评估，并且通过结构化的方法确定系统存在哪些软件漏洞、是否存在安全配置问题，以及是否有解决这些问题的程序或补丁，因此 OVAL 是非常好的系统漏洞威胁情报源。

2. 核心内容

OVAL 主要由 OVAL 语言、OVAL 解释器、OVAL 存储库三部分组成。

OVAL 语言描述包含系统数据定义、数据状态定义和数据状态结果三个步骤：

（1）系统数据定义：用于收集系统数据进行测试；

（2）数据状态定义：判断系统数据(漏洞/配置/补丁)是否符合定义的状态；

（3）数据状态结果：输出系统当前状态评估报告。

前两个步骤可定义为 XML 文件，通过 oscap 工具在待测系统上进行解析运行，输出评估报告，帮助用户快速实现准确、标准化的检测漏洞。

OVAL 解释器收集系统信息，包括已安装软件的版本、授予不同软件的权限、访问类型等，并将这些信息存储在系统特征 XML 文件中。解释器对系统信息进行评估，并与定义进行比较，检查对象的值是否与任何值匹配。

OVAL 存储库是 OVAL 社区讨论、分析、存储和传播 OVAL 定义的平台，目前主流的系统和软件提供商都提供 OVAL 存储库，如 Ubuntu、Debian、Oracle Linux、SUSE 等。

3.3.6 CPE 通用平台枚举

1. 标准简介

通用平台枚举（CPE）也是由美国MITRE公司提出的一套结构化命名标准。它是一套用于描述和识别企业计算机资产中应用程序、操作系统和硬件设备类别的标准化方法。它提供了一个标准的机器可读的格式，利用这个格式可以对IT产品和平台进行唯一编码。CPE字典以XML格式提供，由NIST托管和维护，公众可免费使用。通过NVD官网①查询CPE信息如图3-10所示。

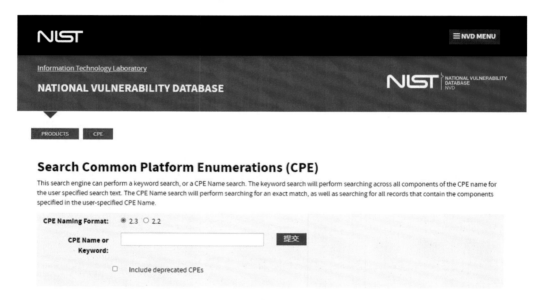

图3-10　NVD网站CPE信息查询页面

2. 核心内容

CPE命名规则基于统一资源标识符（URI）的通用语法，共有7部分，而部分字段可以留空。CPE主要内容格式为：cpe:/<part>:<vendor>:<product>:<version>:<update>:<edition>:<language>。

其中，part：只能采用三个值，"a"表示应用/软件，"h"表示硬件平台，"o"表示操作系统；vendor：供应商；product：产品名称；version：发布版本，由字母、数字组成的字符串；update：产品的特定更新或服务包更新版本，由字母、数字组成的字符串；edition：2.3版本不推荐使用，除非与CPE 2.2版本向后兼容；language：[RFC5646]定义的有效语言标签，并应用于定义所描述产品的用户界面中支持的语言，如en，us等。

---

① NVD官网：https://nvd.nist.gov/products/cpe/search.

例如，在 NVD 官网查询开源软件 Apache log4j 2.17.0 的 CPE 信息如图 3-11 所示，并且可查询其漏洞信息，如图 3-12 所示。

图 3-11　Apache log4j 2.17.0 的 CPE 信息

图 3-12　Apache log4j 2.17.0 关联漏洞信息

3.4　中国漏洞管理相关标准

中华人民共和国国家标准，简称国标，由中国国家标准化管理委员会发布，委员会同时也是在 ISO 和 IEC 代表中华人民共和国的会员机构。

根据《中华人民共和国标准化法》第二条，国家标准分为强制性国家标准和推荐性国家标准。强制性国家标准以"GB"为前缀，推荐性国家标准以"GB/T"为前缀。指导性技术文件以"GB/Z"为前缀，但法律上不是国家标准体系的一部分。强制性国家标准是产品在中国强制性产品认证（CCC 或 3C）认证期间必须经过的产品测试的依据。

在中国的漏洞管理相关标准中，国家先出台了关于网络安全漏洞标识与描述规范，而后出台了网络安全漏洞分级指南及网络安全漏洞管理规范。从图 3-1 中可以了解到，《GB/T 30276－2020 信息安全技术　网络安全漏洞管理规范》是对漏洞管理流程各个阶段的梳理，而网络安全漏洞标识与描述规范和网络安全漏洞分级指南则是对漏洞描述的细化要求，是对整体漏洞管理流程的支持。

3.4.1　GB/T 30276-2020 信息安全技术　网络安全漏洞管理规范

1. 标准简介

《GB/T 30276－2020 信息安全技术　网络安全漏洞管理规范》相较于 2013 年的管理规范，更新了漏洞管理流程，从漏洞管理的角度出发，重新梳理并定义了漏洞管理流程的各阶段，将原来的"预防、收集、消减、发布"管理阶段调整为"漏洞发现和报告、漏洞接收、漏洞验证、漏洞处置、漏洞发布、漏洞跟踪"，并提出各管理阶段中各相关角色应遵循的流程要求。本标准适用于厂商、网络运营者、漏洞收录组织、漏洞应急组织、行业管理部门（漏洞管理部门）和网络安全管理协调部门等进行网络安全漏洞的管理活动。

2. 核心内容

GB/T 30276－2020 规定了网络安全漏洞生命周期各阶段的管理要求，包括漏洞发现、接收、验证、处置、发布、督促等阶段，以及漏洞管理相关角色在生命周期各阶段的管理活动。具体的流程如图 3-13 所示。

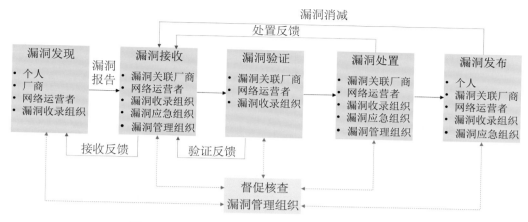

图 3-13　GB/T 30276–2020 漏洞生命周期管理流程

流程中关键活动要求如表 3-5 所示。

表 3-5　GB/T 30276–2020 漏洞生命周期管理流程具体说明

管理阶段	说　　明
1. 漏洞发现	漏洞发现者通过人工或者自动的方法对漏洞进行探测、分析,证实漏洞存在的真实性,并由漏洞报告者将获得的漏洞信息向漏洞接收者报告
2. 漏洞接收	通过相应途径接收漏洞信息
3. 漏洞验证	收到漏洞报告后,进行漏洞信息的技术验证;满足相应要求可终止后续漏洞管理流程
4. 漏洞处置	对漏洞进行修复,或制定并测试漏洞修复或防范措施,可包括升级版本、补丁、更改 配置等方式
5. 漏洞发布	通过网站、邮件列表等渠道将漏洞信息向社会或受影响的用户发布
6. 督促核查	在漏洞发布后跟踪监测漏洞修复情况、产品或服务的稳定性等;视情况对漏洞修复或防范措施做进一步改进;满足相应要求可终止漏洞管理流程

3. 标准应用

GB/T 30276－2020 同样与 ISO/IEC 30111 和 ISO/IEC 29147 保持一致，是一个适用于多个相关方的漏洞生命周期管理流程，但在整体流程中，GB/T 30276－2020 细化了对漏洞管理组织的督促核查职责，确保了漏洞生命周期的管理顺利进行。

3.4.2　GB/T 28458-2020 信息安全技术 网络安全漏洞标识与描述规范

1. 标准简介

《GB/T 28458－2020 信息安全技术　网络安全漏洞标识与描述规范》主要将网络安全漏洞标识与描述作为两方面进行表述，相较于 2012 年的管理规范增加了标识字段表述内容及验证者、发现者、存在性说明和检测方法等描述项内容。另外，标准修改了标识项、名称、受影响产品或服务、相关编号、解决方案等内容，删除了利用方法描述项。

2. 核心内容

GB/T 28458-2020规定了漏洞标识与描述的原则，并将整体框架分为两类，其中一类为标识项，即标识号；另一类为描述项，包括名称、发布时间、发布者、验证者、发现者、类别、等级、受影响产品或服务等必需的属性，并可根据需要扩充相关编号、存在性说明、检测方法、解决方案、其他描述等属性，具体框架如图3-14所示。

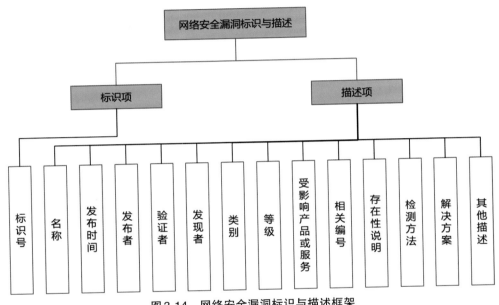

图 3-14　网络安全漏洞标识与描述框架

GB/T 28458-2020根据框架图中各属性规范了具体的表述形式。其中，关于漏洞所属的分类及危害级别需遵循GB/T 30279-2020中的分类及技术分级规定进行划分，具体会在3.4.3节展开讲解。另外，相关编号属性指同一漏洞在不同组织中的编号，以保证漏洞的一致性。

3. 标准应用

中国的漏洞库根据自身漏洞库特点定义了漏洞的标识号，它虽未使用统一的CVE编号，但在描述漏洞时会将其相关的编号如CNVD编号、CNNVD编号、CVE编号等进行关联表示，保证了与国际漏洞表示的兼容性。本标准适用于从事漏洞发布与管理、漏洞库建设、产品生产、研发、测评与网络运营等活动的所有相关方。

3.4.3 GB/T 30279-2020 信息安全技术 网络安全漏洞分类分级指南

1. 标准简介

GB/T 30279－2020 网络安全漏洞分类分级指南主要包括网络安全漏洞分类以及网络安全漏洞分级两部分，相较于2013年版本，删除了漏洞按照空间和时间进行分类的方式，并将漏洞按成因分类的线性框架调整为了树形框架。

2. 核心内容

GB/T 30279－2020基于漏洞产生或触发的技术原因对网络安全漏洞进行树状分类，且指南详细定义了每一类漏洞具体的定义，具体分类如图3-15所示。

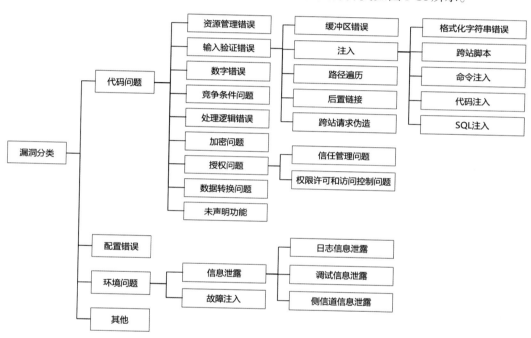

图3-15　网络安全分类导图

网络安全漏洞分级过程主要包括分级指标和分级方法两方面内容。分级指标主要表述了漏洞特征的属性和赋值，包括被利用性指标、影响程度指标、环境因素指标三大类，其中详细说明了各子类型具体的赋值标准。分级方法则主要规定了漏洞技术分级和综合分级的具体实现步骤和实现方法，包括漏洞指标类的分级方法、漏洞技术分级方法和漏洞综合分级方法，整体的分级过程如图3-16所示。

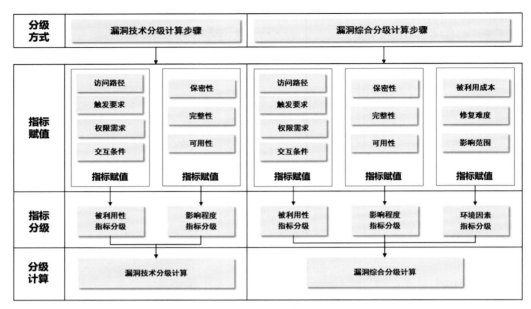

图 3-16　漏洞分级过程示意图

其中，漏洞技术分级反映特定产品或系统的漏洞危害程度，用于从技术角度对漏洞危害等级进行划分，主要针对漏洞分析人员、产品开发人员等特定产品或系统漏洞的评估工作。漏洞综合分级反映在特定时期特定环境下的漏洞危害程度，用于在特定场景下对漏洞危害等级进行划分，主要针对用户对产品或系统在特定网络环境中的漏洞评估工作。漏洞技术分级和漏洞综合分级均可对单一漏洞进行分级，也可对多个漏洞构成的组合漏洞进行分级。

3. 标准应用

本标准适用于网络产品和服务的提供者、网络运营者、漏洞收录组织、漏洞应急组织在漏洞管理、产品生产、技术研发、网络运营等相关活动中进行的漏洞分类和危害等级评估等。

3.5　其他标准中的漏洞管理

3.5.1　NIST 漏洞管理相关标准

美国国家标准与技术研究院（NIST）直属美国商务部，从事物理、生物和工程方面的基础和应用研究，以及测量技术和测试方法方面的研究，提供标准、标准参考数据及有关服务，在国际上享有很高的声誉。NIST是最早探索漏洞管理的机构之一，早在1995年就发布了*Guide to Developing Security Plans for Information Technology Systems*的文档，其中提到了漏洞管理的概念和实践方法，被视为早期漏洞管理标准。后续又在ISO/IEC及ITU-T等标准的基础上加以扩展，形成了独立的漏洞管理体系，广泛应用于以美国为主的众多组织之中。

1. NIST SP 800-40企业漏洞和补丁管理方案

NIST SP 800-40管理方案中主要包括两部分内容，分别是软件漏洞的风险响应方法和企业补丁管理规划的建议。

软件漏洞的风险响应包含以下四个步骤：

（1）补丁部署前准备：补丁部署前需要做多方面的评估与检验，包括考虑补丁的部署优先级，制定详细的部署计划，获取补丁并验证和测试补丁。

（2）部署补丁：补丁部署因更新的软件类型、资产平台类型、平台特性、环境限制而存在较大差异，常见步骤包括补丁分发、补丁验证、补丁安装、更改软件配置和状态、解决出现的问题，具体操作示例如图3-17所示。

图3-17　部署补丁步骤

（3）验证部署：在完成补丁部署后，需验证修补的程序，以确保补丁已成功部署并生效，通常需要自动化手段来实现大规模验证。

（4）监控修复补丁情况：使用自动化手段（如终端管理系统、补丁分发系统、域控制器等）来监控修补程序的部署和部署进度。监控软件的行为在修复补丁后是否发生变化，也可作为减轻供应链风险的分层安全管理措施的一部分，有助于检测、响应和恢复安装的补丁本身受损的情况。

除了对软件漏洞进行风险响应外，NIST SP 800-40还对企业补丁管理规划提出建议：在进行补丁管理实践时提前做好应对问题的准备、简化决策、自动化修补漏洞、尽早开始流程改进。

NIST SP 800-40旨在帮助企业做好补丁管理规划来加强风险管理。该指南对漏洞响应与管理提出了相关建议，与ISO/IEC 29147、ISO/IEC 30111相关要求保持一致，对企业资产梳理、企业系统开发部署、采购软件时的软件维护考虑等方面也提出了建议，企业应提前规划与部署，从源头上减少漏洞的出现，并提高漏洞响应效率。

2. NIST SP 800-216联邦漏洞披露指南

《NIST SP 800-216联邦漏洞披露指南》为管理美国联邦政府内部信息系统的漏洞披露提供了指导方针。该文件遵循《2020年物联网网络安全改进法案》，提供了以下指南：① 接收有关联邦信息系统中潜在安全漏洞的信息；② 与利益相关者进行协调；③ 解决并传播有关此类安全漏洞的信息。

为了定义漏洞披露准则，本文件描述了一个框架，供美国政府建立和维护一个统一的、灵活的漏洞披露和管理流程。该框架可以应用于各个层面，从中央监督机构到各个项目办公室，以及政府系统使用的所有政府开发的、商业的和开源的软件。

该框架的顶层视图如图3-18所示，显示了主要参与者和信息流。联邦协调机构（Federal Coordination Body，FCB）和漏洞披露计划办公室（Vulnerability Disclosure Program，VDPO）是其中两个主要政府实体，两者存在紧密的交互关系。框架还定义了其他行动者包括报告人、公众和外部协调员（External Coordinator，EC）。

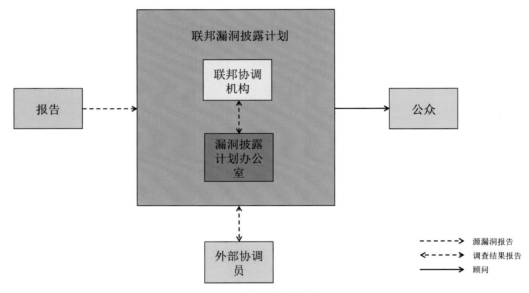

图3-18 漏洞披露协调框架

FCB是一个由合作成员组成的团体，共同为政府机构提供灵活的、高水平的漏洞披露协调，是政府跟踪漏洞的主要机制，并制定漏洞咨询策略。EC是指不在FCB或VDPO内的、接收源漏洞报告的任何漏洞披露实体。

FCB的成员利用其资源和能力来：① 接收源漏洞报告；② 协调和调查，以确定脆弱系统；③ 将发现的报告转给适当的实体；④ 编写关于漏洞的建议。

当FCB成员接收到漏洞报告后，需根据图3-19中的漏洞协同流程进行。

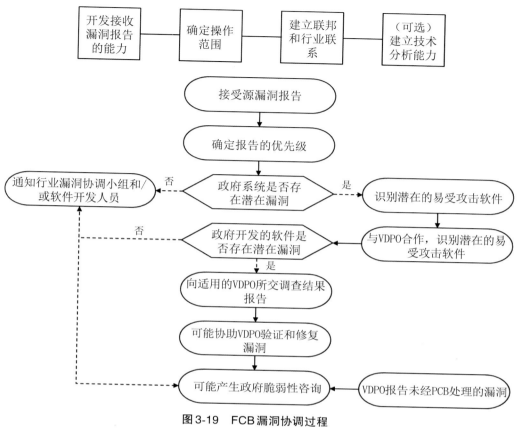

图3-19 FCB漏洞协调过程

另一个政府实体是VDPO，是负责信息技术系统，并与其他参与者协同以识别、处理报告的漏洞并发布建议的运营单位。各机构还应该考虑漏洞相关技术及专业知识等资源的共享，同时确保VDPO与产品和服务充分协同。VDPO在漏洞披露流程中的协同要求如图3-20所示。

多数安全漏洞是在产品发布后被发现的，多个利益相关方会协同参与披露工作，包括发现者、上游供应商、厂商、防御者和用户。在协同披露过程中，发现者使用标准漏洞报告渠道联系厂商，厂商在处理过程中会按需与上下游供应商进行沟通并发布公告。防御者负责制定漏洞缓解措施，通过检测和防御使用户免受漏洞侵害，另外也会要求厂商提供相关测试用例，以检测高风险威胁。用户则需要配合厂商尽快部署补丁或其他缓解措施。

《NIST SP 800-216联邦漏洞披露指南》在最大范围内与行业最佳实践和ISO/IEC 29147、ISO/IEC 30111等标准保持一致，并在此基础上进行补充，该指南侧重于评估已识别漏洞的风险，并鼓励联邦政府的所有相关组织参与收集和评估漏洞披露的协同，创建高效的漏洞披露流程最大限度地减少政府和个人信息的意外暴露、数据滥用和服务损失。

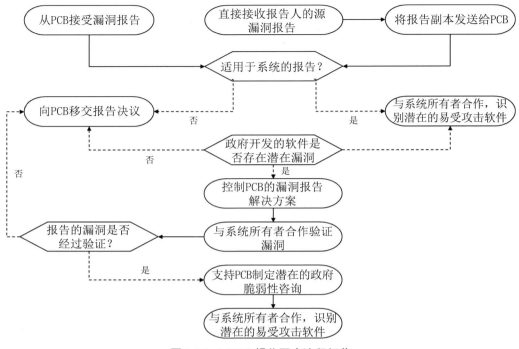

图3-20　VDPO操作职责流程规范

3. NIST SP 800-51 漏洞命名指南

NIST SP 800-51发布了漏洞命名的方案指南，提供了创建及维护统一漏洞名称的标准化方案，以此确保每个漏洞名称的唯一性，同时也增强互操作性。不同的漏洞组织通常引入许多漏洞的系统安全管理工具，如漏洞和补丁管理软件、漏洞评估工具、防病毒软件和入侵检测系统，NIST SP 800-51可帮助不同工具间统一漏洞命名，从而减少因信息差异而带来的额外的时间和资源投入，也避免因缺乏互操作性而导致安全评估、报告、决策和漏洞修补等方面的延迟和不一致。

NIST SP 800-51建议使用两种常用漏洞命名规则，分别是CVE和CCE（Common Configuration Enumeration，通用配置枚举），CVE通用标准中已做过详细介绍，CCE是用于描述计算机及设备配置的标准化语言。除了介绍这两种命名方案之外，还对如何使用漏洞名称向最终用户组织提出了建议，主要包括以下两个方面：

（1）产品和服务的选择和设计：IT产品及服务涉及使用漏洞名称时，应考虑采用CVE和CCE的命名方案，包括组织的内部安全系统中的漏洞名称也应使用权威的CVE和CCE命名，CVE和CCE命名在部分场景下还需要使用到CPE，从而确保与其他软件和服务的互操作性。

（2）漏洞交流和报告：组织在内部漏洞评估和报告中应使用权威的CVE和CCE命名，包括评估报告、给系统所有者的检出漏洞的通知，以及识别主动利用漏洞的警报；同时在漏洞的对外沟通中也应使用CVE和CCE命名，以确保沟通时准确识别相关漏洞和受影响的产品，实现报告的关联和集成，并实现与其他数据存储库中的相关信息的关联；此外，组织在与供应商沟通时也应使用CVE和CCE名称，以方便沟通并检查补丁程序中可能存在的问题。

本标准还提供了软件和服务供应商在其产品和服务中使用漏洞命名方案的建议，包括漏洞名称的创建与使用。

NIST SP 800-51引入了CVE、CCE、CPE等通用标准作为支撑，针对终端用户及软件和服务供应商的分别提供具体的指导。NIST SP 800-51是对通用标准的场景化的应用，使标准具象化，更具有参考性及落地性。

3.5.2 软件供应链安全中的漏洞管理

2021年12月9日，网络中掀起了Log4Shell系列漏洞风波，该漏洞波及范围广、危害性大、利用门槛低，影响了国内外众多大型公司和政府机构。这一"核弹级"漏洞提升了全球对于软件供应链安全的重视。而在软件供应链的漏洞管理中，对软件物料清单（Software Bill of Materials，SBOM）的重视度及其应用推广的紧迫性也上升到前所未有的高度。

尽管SBOM无法解决所有的软件安全问题，但可形成基础的软件物料数据，在此基础上可以构建安全工具和保障措施，进而催生软件漏洞管理的模型及工具，如VEX-漏洞利用交流，在美国国家电信和信息管理局（National Telecommunications and Information Administration，NTIA）及相关企业的努力下逐渐优化并实践应用。

1. 核心内容——SBOM

SBOM是软件的"物料清单"，列出某应用程序的所有组件。在NTIA的定义中，SBOM的最小集包括的内容如表3-6所示。

表3-6　SBOM最小集元素清单

元 素 类 型	元 素 名 称	元 素 说 明
1. 数据字段	供应商名称	创建、定义和识别组件的实体名称
	组件名称	分配给由原始供应商定义的软件单元的名称
	组件版本	供应商使用的用于指定较之前版本软件变更的标识符
	唯一标识符	用于识别组件或作为相关数据库查询密钥的其他标识符
	依赖关系	上游组件X包含于软件Y中的关系描述
	SwBOM数据作者	为组件创建SwBOM数据的实体名称
	时间戳	SwBOM 数据汇编日期和时间的记录
2. 自动化支持	数据格式	支持自动生成、机器可读,跨组织扩展。符合业界主流的三个标准
3. 实践和流程	生成和处理	更新频率;深度;分发和交付;访问控制……

SBOM 的最小集元素帮助使用者清点软件组件及管理漏洞，并监管许可证合规性；SBOM 还可以牵引开发人员或供应商在整个 SDLC 中应用安全软件开发实践。

组织可以通过不同的格式创建和发布 SBOM，目前可认可的交付格式包括 SPDX（软件包数据交换）、SWID Tags（软件识别）以及 Cyclone DX（轻量级物料清单标准）三种。其中，SPDX 是由 Linux 基金会运营的项目，旨在标准化企业共享和使用 SBOM 中信息的方式。SWID Tags 是一种标准化的 XML 格式，可识别软件产品的组成部分并将其与上下文结合。Cyclone DX 则是一个轻量级软件物料清单标准，旨在用于应用安全上下文和供应链组件分析。

2. 核心内容——VEX

漏洞可利用性交换（Vulnerability Exploitability Exchange，VEX）是美国国家电信与信息管理局(NTIA)软件组件透明度的多个利益相关方流程中的一部分。虽然开发 VEX 是为了特定的 SBOM 需求，但它并不仅限于与 SBOM 一起使用。

VEX 为漏洞添加了上下文信息以告知风险管理活动。与 SBOM 和软件供应链安全指南类似，VEX 诞生于美国国家电信与信息管理局软件组件透明度的多利益相关方流程。

软件供应商授权发布 VEX，为用户提供特定产品中的漏洞信息。VEX 支持 4 个主要的状态选项：

（1）未受影响（Not affected）：无需对该漏洞采取补救措施。

（2）已受影响（Affected）：建议采取措施来修复或解决此漏洞。

（3）已修复（Fixed）：这些版本的产品已经包含对该漏洞的修复。

（4）在调查中（Under Investigation）：目前尚不清楚这些产品版本是否受到该漏洞的影响。更新将在以后的版本中提供。

以 SBOM 为例，它推动了机器可读构件和文档的发展，可以更好地实现自动化、准确性并提升效率。在 NIST 的开放安全控制评估语言（OSCAL）中我们也能看到类似的趋势，该语言将传统的基于书面的安全控制和授权文件转换成机器可读的格式。

VEX 正在做类似的事情，避免通过电子邮件发送安全公告或有关漏洞和建议的细节，而是将这些信息转换为机器可读格式，进而可以使用现代化的安全工具进行自动化操作。随着对软件供应链透明度和安全性的越来越重视，我们不难想象这样一个世界：企业软件清单能够在仪表盘和工具中被可视化，同时还有其相关的漏洞和漏洞的实际可利用性，所有这些都是依靠 SBOM 和 VEX 数据呈现的。

2022 年，CISA 发布了两个 VEX 文档，分别是 VEX 用例文档和 VEX 状态说明文档。

（1）VEX 用例文档：提供了 VEX 文件的最小数据元素，与 SBOM 中的最小必须元素定义类似。用例文档中要求VEX文档必须包含VEX源数据、产品细节、漏洞细节和产品状态。其中，产品状态细节需包含产品中的漏洞状态信息，分别为是否受影响、是否修复、仍在调查中。

（2）VEX状态说明文档：要求VEX文件须包含说明，解释为什么VEX文件创建者认为产品的状态不受影响。这使得供应商必须提供产品不受漏洞影响的理由，如组件或易受攻击的代码不存在、易受攻击的代码不能被对手控制或代码不在执行路径中以及产品中已存在内置的缓解措施。

VEX为实现SBOM在漏洞管理领域的重要补充，它为产品供应商提供了关于产品漏洞可利用性的详细说明。通过使用为VEX文件中定义的最少要素及其相关的不受影响的理由字段，软件消费者可以做出风险知情决策，并将漏洞管理纳入其网络安全计划的一部分。这种方法推动了风险意识，并促进了漏洞管理的实施。

3. 标准发展与应用

在美国，美国商务部下属的NITA于2018年12月发起软件组件透明度计划，其目标是定义SBOM基础格式并达成行业共识。之后，美国以总统令形式驱动软件供应链安全建设，推进SBOM相关标准建设和应用。2021年5月，《改善国家网络安全法总统令》中将SBOM定义为包含构建软件中使用的各种组件的详细信息和供应链关系的正式记录。2022年10月，美国国家安全局（NSA）、网络安全与基础设施安全局（CISA）和国家情报总监办公室（ODNI）联合发布保护软件供应链——《供应商推荐实践指南》，要求成立持久安全框架（ESF），提供网络安全指导，以解决对国家关键基础设施的高优先级威胁，在三方软件许可、SBOM、安全开发流程、独立的安全验证、漏洞通知上报等领域做安全加强。

欧洲也已启动SBOM标准和政策的制定，2022年9月《网络安全韧性法CRA》中要求需识别和记录产品中包含的漏洞和组件，包括按照常用和机器可读格式草拟至少涵盖产品顶层依赖关系的软件物料清单（SBOM）。

在中国，虽然在政策法规中目前未明确提及SBOM要求，各监管部门代表的组织多头并进，提出了对于SBOM的要求。在正在批准流程中的TC260《软件供应链安全要求》内，提出软件安全图谱的要求，如图3-21所示。其要素清单中有53项要素，包含SBOM但远多余SBOM。

另外，在中国行业标准中也在逐步完善SBOM相关要求，CCSA TC1/WG5内包含《软件物料清单建设总体框架》、CCSA TC3/WG2内包含《交换机和路由器软件物料规范性技术要求》、CCSA TC8/WG4内包含《软件物料清单构建及应用技术要求》等。

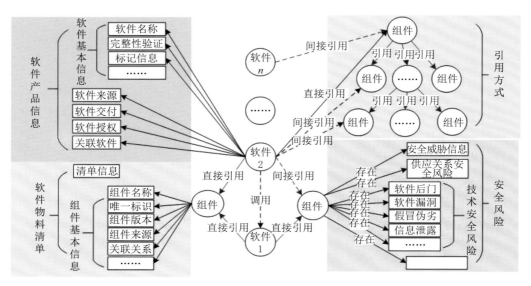

图 3-21   软件供应链安全图谱示意图

3.5.3   通用安全公告框架（CSAF）

安全威胁伴随着物联网的发展，深刻改变了我们保护系统和人员的方式，促使我们思考一种新的网络安全方法，特别是围绕处理漏洞披露问题的供应商公告。

通用安全公告框架（Common Security Advisory Framework，CSAF）是基于最初由互联网安全促进行业联盟开发的通用漏洞报告框架（Common Vulnerability Reporting Framework，CVRF）扩展而来。虽然CVRF标准已被多家技术供应商和MITRE公司采用，但扩展后的CSAF将提供快速支持未来的开发，提高框架的互操作性和实用性，以支持提供结构化的机器可读安全公告。

CSAF的使命是标准化网络安全漏洞问题的自动披露，使个人和组织能够以机器可读格式成功披露和使用安全建议。这种方式下，资产所有者了解漏洞影响、推动及时补救的流程、所需时间大大缩短，漏洞暴露时间也将大大缩短。

1. 安全公告新标准

CSAF 2.0通过标准化、结构化、机器可读安全公告的创建和分发来支持漏洞管理的自动化。CSAF是OASIS Open的官方标准。开发CSAF的技术委员会包括众多公共和私营部门的技术领导者、用户和利益干系人。制造商可以使用CSAF来标准化安全公告的格式、内容、分发和发现。这些机器可读的JSON文档使管理员能够自动将公告与用户的资产数据库甚至供应商的SBOM数据库进行比较和关联。自动化系统可以根据感兴趣的产品过滤漏洞，并根据业务价值和暴露程度确定优先级。这极大地加快了评估过程，并使管理员能够专注于管理风险和修复漏洞。

2. CSAF、VEX和SBOM

VEX是CSAF中的一个配置文件。VEX是在SBOM社区中开发的，制造商可以轻松地利用VEX传达产品漏洞是否受某个漏洞的影响情况。VEX设计为与SBOM配合使用，但使用VEX文档并不一定需要SBOM。

VEX文档必须包含有关影响每个产品的每个漏洞的处置信息。产品可以标记为正在调查、已修复、已知受影响或已知不受影响。对于那些标记为已知不受影响的产品，VEX要求发布商提供该状态的理由。

能够传达漏洞的各种状态（包括正在调查和未受影响）意味着客户无需致电供应商或制造商即可获取该信息，这将减轻客户支持的负担。此外，它使客户能够更好地管理漏洞风险。

与SBOM配合使用时，VEX文档使管理员能够使用资产管理系统快速确定哪些漏洞不可利用，从而使他们能够专注于可能使其业务面临风险的任何漏洞。

3. CSAF工具

CSAF定义了一致性目标，可帮助消费者和生产者找到适合自身需求的工具。OASISCSAF技术委员会还开发了一套CSAF使用工具，包括：

（1）Secvisogram：在线编辑器，用于创建、更新和查看CSAF文档，也可以生成文档的供人阅读版本。

（2）CSAF验证器服务：基于REST的服务，实现CSAF完整验证器目标，根据规范测试给定CSAF文件。

（3）CSAF Provider：CSAF Trusted Provider角色的实现，提供基于HTTPS的简单管理服务，作为静态站点生成器按照标准呈现CSAF文件。

（4）CSAF Checker：根据CSAF标准第7节测试CSAF Trusted Provider的工具，在不考虑指定角色的情况下检查要求。

（5）CSAF Downloader：用于从CSAF提供者处下载公告的工具。

3.5.4　ISO/SAE 21434 道路车辆-网络安全工程

《ISO/SAE 21434道路车辆-网络安全工程》由ISO和SAE两大标准组织于2021年8月31日联合发布。ISO/SAE 21434标准覆盖了汽车电子研发和制造领域的所有相关领域和核心开发活动过程，如信息安全/网络安全管理、需求工程、产品研发、测试验证以及生产和运行维护过程。ISO/SAE 21434共有十五个章节，其中第八章对持续的网络安全活动做出要求，包括网络安全监控、网络安全事件评估、漏洞分析、漏洞管理。此外，ISO21434标准TARA（威胁分析与风险评估）方法，从影响和攻击可行性两个方面，分析和评估汽车网络安全的威胁和风险，已成为产业普遍接受和采用的方法，包括汽车漏洞管理。

本章小结

本章全面介绍了漏洞标准的定义、发展历程以及国际通行的 ISO/ICE 及 ITU-T 漏洞标准，在此基础上又对中国漏洞标准及 NIST 等其他标准进行了概括总结。

ISO/IEC 标准和 ITU-T 标准具有较高的国际权威性和普适性，适用于不同国家和地区的漏洞管理；而中国漏洞相关标准及美国 NIST 标准则具有更强的针对性和实用性，为组织满足对应国家的监管要求提供了具体实践指南。

漏洞相关的法律法规和漏洞管理的标准是相辅相成的，法律法规为漏洞管理提供了法律依据，规定了组织管理漏洞时的法律责任和义务，而标准帮助组织更好地落地和遵守相关的法律法规。

漏洞相关标准针对漏洞的发现、披露、处理、修复和防范提供了统一的规范和指南，为组织的漏洞管理实践提供了行之有效的权威参考，降低了漏洞管理要求在实践落地的难度；同时规范了行业统一的漏洞标识、描述及评级标准，保证了漏洞信息的一致性及可交互，进而提升了全行业漏洞治理水平及效率。

4 漏洞治理模型

◆ **4.1** 漏洞治理思维模型
◆ **4.2** 漏洞治理安全模型
◆ **4.3** 漏洞治理安全框架与指南

　　漏洞治理是一项复杂的安全活动，对于需要规划实施漏洞治理的安全管理人员来说，漏洞治理模型与实践指南是漏洞治理工作顶层设计的参考依据，也是必不可少的指导工具。本章选取了常用的漏洞治理模型与实践指南，介绍模型内容及其在漏洞治理中的应用，为读者提供漏洞治理的理论思维方法与指导实践的参考。

漏洞治理思维模型

本节将介绍PDCA和OODA两种常用的思维模型，通过学习这两种思维模型，可以帮助读者构建闭环管理思维，更加有效与敏捷地应对漏洞和安全风险。

4.1.1 PDCA 模型

PDCA模型[①]也称为循环质量改进模型，是一种用于持续改进和优化的模型。PDCA模型由美国质量管理专家沃特·阿曼德·休哈特（Walter A. Shewhart）于20世纪50年代提出，旨在通过循环反馈的方法逐步改进来提高产品和流程的质量。后来，随着PDCA模型在质量管理方面的广泛应用，PDCA模型被纳入国际标准组织（ISO）的质量管理标准，如ISO9001，要求组织采用PDCA模型的原则来实现持续改进，PDCA模型得到更广泛的认可和应用。

1. 模型阶段

如图4-1所示，PDCA模型由计划（Plan）、执行（Do）、检查（Check）和行动（Act）四个阶段组成。它提供了一个结构化的方法，以确保组织可以通过逐步循环的方式不断改进其工作流程和业务流程，从而实现更高的效率和质量。

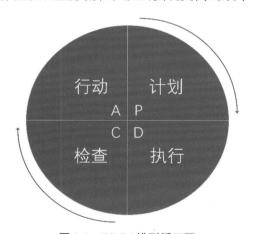

图4-1　PDCA模型循环图

（1）计划阶段：确定需要改进的目标，制定改进的计划。这一阶段需要识别亟

① 杨洁.基于PDCA循环的内部控制有效性综合评价[J].会计研究,2011(4):82-87.

待改善的问题，分析当前状态与问题所在，并以此制定实现改进的计划，确定目标、策略、资源和方法，以便在接下来的循环中执行。

（2）执行阶段：根据制定的计划执行改进措施。这一阶段需要实施改进计划，在实施的过程中需记录各个变更，同时收集过程数据，用于后续分析与循环过程优化。

（3）检查阶段：检查执行的结果，分析执行效果，找出问题。这一阶段需要监测执行结果与过程数据，与计划阶段设定的预期成效进行比较，分析预期结果不符的地方并查明原因。

（4）行动阶段：根据检查阶段的分析结果，采取适当的行动。如果改进已经取得了预期的效果，改进措施可纳入标准流程；如果改进不符合预期，根据问题原因调整工作流程和方法，然后继续下一轮的PDCA循环。

2. 模型特点与应用

PDCA模型强调持续改进，不断优化工作标准与流程，使之更加条理化与系统化。通过不断的循环重复，逐渐提高质量水平，并在新的基础上运行循环，不断地提高运行质量与效果。PDCA模型适用于需要不断重复运行、关注质量的活动，如质量管理、流程改进、项目管理、风险管理等。

通过应用PDCA模型，可以建立一个循环的漏洞治理流程，不断识别、评估和修复系统中的漏洞，持续改进漏洞治理策略和流程，例如组织可以应用以下的PDCA循环来优化漏洞治理策略和流程。

（1）规划阶段：制定漏洞治理策略和流程，包括确定漏洞检测和评估计划、选择合适的漏洞检测工具、确定漏洞修复优先级等。

（2）执行阶段：实施规划阶段制定的计划，执行漏洞检测、评估和修复等活动。在执行过程中，对漏洞检测结果、评估漏洞修复效果、系统安全状态等数据和结果进行记录。

（3）检查阶段：对漏洞治理的执行过程进行评估和检查，判断执行结果是否符合预期，包括对漏洞扫描和评估结果、漏洞修复有效性、系统安全状态等结果的判断。若漏洞治理不符合预期，分析并查明漏洞治理过程中存在的问题。

（4）行动阶段：根据检查阶段的结果，采取适当的行动来改进漏洞治理过程，例如调整漏洞扫描和评估计划、漏洞处理标准和流程。通过持续的循环与改进，不断地优化和提高漏洞治理流程。

4.1.2 OODA 模型

OODA 模型[①]是一种用于快速决策和行动的循环模型，由美国空军军官和军事战略家约翰·包以德(John Boyd)于20世纪50年代末至60年代初期提出，旨在不断变化的场景中提高决策的敏捷性并在竞争中取得优势。OODA 模型最初应用于军事领域，后来在商业决策等领域也得到广泛应用。

1. 模型阶段

如图4-2所示，OODA 模型由观察（Observe）、判断（Orient）、决策（Decide）与行动（Act）四个阶段组成，通过不断循环的过程，使决策者能够更好地适应变化的竞争环境。

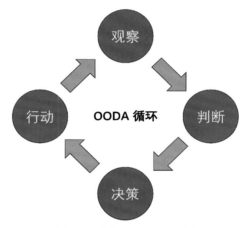

图 4-2　OODA 模型循环图

（1）观察阶段：观察当前情况，收集各种用于形势判断和分析的信息。这一阶段需要利用各种信息源、技术和工具，观察环境中的细节和变化，提取与记录有价值的信息。

（2）判断阶段：基于观察阶段所收集到的信息，快速构建决策模型。这一阶段需要深入分析收集的信息，判断当前局势，结合经验、目标和预期效果等要素，构建解决问题的决策方案。

（3）决策阶段：基于判断阶段构建的决策方案作出决策。这一阶段需要评估决策方案的风险和收益，制定详细的行动计划，并制定风险应对措施。

（4）行动阶段：将决策阶段所确定的方案付诸实践，并进行绩效评估和对比。这一阶段根据执行决策得到的反馈信息，与预期结果进行对比，调整并优化观察和判断的方法。通过不断迭代和循环的方法，得到更明断的决策与更优越的结果。

---

① What is the OODA loop? https://www.techtarget.com/searchcio/definition/OODA-loop.

2. 模型特点与应用

OODA模型强调快速观察与响应，具有灵活、迅速和适应性强的特点，在敏捷决策与处置中不断优化策略。OODA模型适用于各种不断变化、竞争激烈的博弈与决策场景，如军事战略、商业决策、风险管理等。

通过应用OODA模型，可以提高漏洞治理策略的敏捷性，在持续的观察与相应的实战中提高组织的漏洞治理能力，例如，组织可以应用以下的OODA循环来优化漏洞治理的策略：

（1）观察阶段：收集有关漏洞的信息和数据，如安全监控系统日志、漏洞扫描和评估结果、安全情报等，用于分析和判断安全形势和潜在威胁。

（2）判断阶段：对收集到的漏洞信息进行分析和理解，评估漏洞的严重程度及其影响，结合治理经验和组织现状，制定漏洞治理策略。

（3）决策阶段：根据漏洞治理策略，确定漏洞治理计划，包括确定漏洞修复优先级、选择漏洞修复措施、评估漏洞修复的成本与风险等。

（4）行动阶段：执行制定的漏洞治理计划，包括漏洞修复、改进系统安全配置等，降低漏洞安全风险。此阶段需记录漏洞治理结果与过程数据，与预期结果进行比较，并优化漏洞治理的策略与流程。通过不断观察与响应漏洞威胁，可以不断优化漏洞治理的策略与流程，更加灵活和敏捷地应对漏洞变化，确保漏洞得到及时和有效的处理。

4.1.3 两种模型的比较

本节介绍了PDCA模型和OODA模型两个思维模型，以上两个模型的比较如表4-1所示。

表4-1 漏洞治理思维模型比较

模型名称	模型主要要素	模型适用场景	模型特点与侧重点
PDCA模型	计划、执行、检查、行动	质量管理、项目管理、风险管理、环境管理等	强调持续改进，不断优化工作标准与流程
OODA模型	观察、判断、决策、行动	军事战略、商业决策、风险管理等	强调快速观察与响应，敏捷决策与处置，不断优化策略

4.2 漏洞治理安全模型

本节将介绍几个常用的漏洞治理安全模型，从模型的内容、特点、应用等方面进行介绍，读者可以根据模型特点选择部分或者多个模型，用于组织的漏洞治理建设。

4.2.1 P2DR 模型

P2DR 模型[①]是由美国国际互联网安全系统公司（Internet Security Systems，ISS）提出的，旨在帮助组织有效地进行风险管理和漏洞治理。ISS公司成立于1994年，并于2006年被IBM收购。

1. 模型环节

P2DR 模型是基于时间的动态安全模型，认为系统检测与响应的时间越短，则系统在攻击中暴露产生的安全风险越小。如果攻击者入侵所需的时间大于系统检测与响应的时间，则可以保证系统的安全性。如图 4-3 所示，P2DR 模型包括策略（Policy）、防护（Protection）、检测（Detection）和响应（Response）四个环节，组成了一个动态的安全循环。

（1）策略：策略是模型的核心，通过制定安全策略，提供防护、检测与响应的执行标准与流程。安全策略包括访问控制、密码管理、数据保护等方面内容，其中定义了安全管理的期望与要求，为安全操作提供指导。

（2）防护：采取措施来保护组织的信息资产免受安全威胁和漏洞的影响，可以采取的措施包括物理安全措施、网络安全措施、数据加密、访问控制等。

（3）检测：通过监控和分析系统日志、网络流量、入侵检测系统等手段，发现安全事件和潜在威胁的存在。检测是动态响应的输入，通过不断的监测和分析，通过循环反馈作出有效响应。

（4）响应：在安全事件发生时采取措施来应对和控制事件的过程，一旦检测到入侵行为，响应阶段就开始执行。响应阶段的操作包括应急处置、恢复数据、调查取证、通知相关方等。

---

① 王妍,孙德刚,卢丹.美国网络安全体系架构[J].信息安全研究,2019,5(7)：582-585.

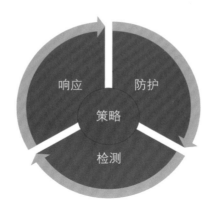

图4-3　P2DR模型示意图

2. 模型特点与应用

P2DR模型强调安全检测与响应的及时性及安全防护措施的有效性，以此降低安全风险和损失，通过调整策略适应安全环境，保证安全措施有效。P2DR模型适用于安全要求严格、需要迅速处置威胁、保证系统安全性的场景。

在漏洞治理的场景中，采用P2DR模型可以提高漏洞响应与处置速度，降低漏洞风险和潜在影响，模型在漏洞治理中的应用可以体现在以下几个方面：

（1）策略方面：组织可以制定漏洞治理策略和流程，明确漏洞治理的目标和责任分工，为漏洞检测与处置提供明确的指导和决策依据。

（2）防护方面：组织可以实施严格的防护措施，如强化安全配置与访问控制，部署安全设备，定期检测与修复系统漏洞，以此增加攻击者入侵系统的难度。

（3）检测方面：组织可以提高漏洞检测能力与速度，如部署态势感知系统、入侵检测系统等，监控网络流量和系统日志，以迅速发现漏洞利用与安全事件。

（4）响应方面：组织可以制定紧急漏洞响应计划，组建应急响应团队，确保在事件发生时能够迅速作出反应。

通过应用P2DR模型，有助于组织在漏洞治理过程中准确识别、快速响应和有效恢复漏洞事件，最小化漏洞的影响，保护系统安全性和可用性。

4.2.2　PDRR 模型

1. 模型环节

PDRR模型由美国国防部提出，用于应对和管理信息安全事件，构建和优化信息安全战略。如图4-4所示，PDRR模型将信息保障分为防护（Protection）、检测（Detection）、响应（Reaction）和恢复（Restore）四个环节，通过环节之间相互的关联和支持，形成闭环的信息安全管理模型，可以更全面地应对安全威胁。

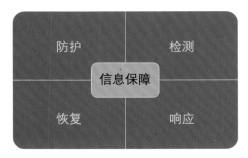

图4-4 PDRR模型示意图

（1）防护：采取安全防护措施，让攻击者无法顺利入侵，保护组织的信息资产安全性。采取的防护措施有部署安全防护设备、实施访问控制、进行数据加密等。

（2）检测：通过监控和分析系统日志、网络流量、入侵检测系统等手段，发现安全事件和潜在威胁的存在，以便及时采取应对措施。

（3）响应：网络攻击发生后立即采取行动，阻止正在进行的攻击，降低攻击产生的影响，防止危害进一步扩大。此阶段执行的操作有隔离受影响系统、修复系统漏洞、阻断攻击地址等。

（4）恢复：采取措施恢复受影响的系统和业务活动，使业务尽快恢复正常运行，或者达到比原来更安全的状态。此阶段执行的操作有还原备份数据、修复受损系统、重建网络连接等。

2. 模型特点与应用

PDRR模型涵盖了预防、检测、响应和恢复四个关键环节，强调快速的检测、响应和恢复，具有主动和积极的防御观念，适用于各类需要迅速应急响应、灾难恢复、保证业务连续性的场景。

在漏洞治理的场景中，采用PDRR模型可以迅速响应漏洞威胁，保证系统连续性，减少攻击对业务造成的影响，模型在漏洞治理中的应用可以体现在以下几个方面：

（1）防护方面：组织可以制定和实施安全策略和措施，配置Web应用防火墙、入侵防御系统等安全设施，减少漏洞利用的可能性。

（2）检测方面：组织可以部署漏洞扫描工具，定期扫描与修复系统漏洞。部署网络监控与入侵检测系统，监控网络安全日志，及时发现漏洞攻击行为。

（3）响应方面：组织可以制定应急响应计划，迅速响应漏洞攻击，分析漏洞来源和影响，确定适宜的修复方法。实时应用补丁、调整配置或其他安全措施，修复漏洞并防止再次被利用。

（4）恢复方面：组织可以通过灾难恢复、数据备份恢复等过程，恢复应用正常运作和安全状态。事后评估总结经验教训，完善漏洞管理策略。

通过应用PDRR模型，组织可以构建全面的漏洞治理流程，快速应对漏洞攻击与威胁，降低漏洞对系统连续性的影响。

 **4.2.3 ASA 模型**

ASA（Adaptive Security Architecture）模型即自适应安全架构模型，其核心理念在于自适应性，旨在实现对不断变化的网络环境和威胁情势的自动适应。该模型由Gartner于2014年首次提出①，ASA强调了安全防护是一个持续、循环的过程，需要细致入微地进行多维度、实时的安全威胁分析。

1. 模型阶段

ASA 模型从防御（Prevent）、检测（Detect）、响应（Respond）和预测（Predict）这四个阶段应对不断变化的安全威胁，自适应地调整安全策略，在面临威胁时作出迅速而有效的应对，图4-5展示了四个阶段的目标与内容。

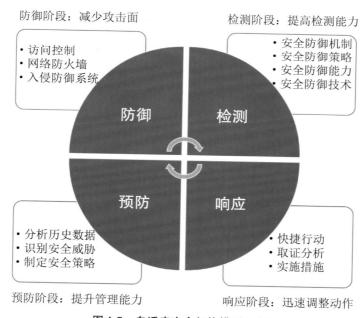

图4-5 自适应安全架构模型示意图

（1）防御：采取积极的措施来阻止威胁的发生，包括实施网络防火墙、入侵防御系统、访问控制等技术手段，以及制定安全策略、培训员工等管理层面的措施。

（2）检测：在威胁发生后及时地检测和识别，从而适应不断变化的安全威胁，同时不断优化自身的安全防御机制、改进安全防御策略、升级安全防御技术、提升安全防御能力。

---

① Gartner. Designing an Adaptive Security Architecture for Protection from Advanced Attacks［EB/OL］.https://www.gartner.com/doc/2665515/designing-adaptive-security-architecture-protection.

（3）响应：在检测到威胁后迅速响应和采取行动，对事件进行调查取证分析，确定事件处置的方法及措施。包括隔离受影响的系统、收集取证信息等步骤。通过及时的响应，组织可以限制威胁的扩散，减轻潜在的影响，并恢复系统正常运行。

（4）预测：对未来可能出现的威胁和攻击进行预测和预防，该阶段更需要自适应、持续性，通过分析历史数据、情报信息提前识别潜在的安全威胁，制定相应的安全策略和措施。

2. 模型特点与应用

ASA模型强调持续对安全威胁进行动态分析，安全策略自适应调整以应对不断变化的安全威胁。检测环节侧重于监控的准确度、时效性等，强调全时监控能力。响应环节强调动作执行，关注响应是否迅速，是否可以遏制威胁、取证溯源。检测与响应相互反馈与影响，促进安全防御措施与规则更新，通过不断的循环重复促进组织防护能力提升。ASA模型适用于复杂的安全环境，需要动态防御和预测攻击的场景，可以使组织能够更加高效地管理漏洞和安全事件，模型在漏洞治理中的应用体现在以下方面：通过应用ASA模型，组织可以进行持续的安全防御，包括更新和修复软件补丁、优化网络安全配置、实施访问控制策略等措施，以减少漏洞被利用的可能性。可以通过分析历史漏洞数据、安全趋势和威胁情报，预测未来可能存在的漏洞问题，制定针对性的防御措施。当检测到漏洞利用或安全事件时，自动触发响应机制。总结分析漏洞治理的过程和经验，调整安全策略以适应不断变化的漏洞威胁。

4.2.4 CARTA 模型

CARTA（Continuous Adaptive Risk and Trust Assessment）模型即持续自适应风险与信任评估模型，由 Gartner 于 2017 年提出[①]，旨在应对快速变化的威胁环境，支持日益复杂的数字化业务需求。

CARTA模型强调风险的持续评估与自适应策略调整，是ASA模型的演进，主要有持续的风险评估、自适应的安全措施、风险导向的决策、可信度评估等四个实践原则，图4-6展示了这几个原则的关注点与防护要点。

---

① Gartner. Use a CARTA Strategic Approach to Embrace Digital Business Opportunities in an Era of Advanced Threats[EB/OL]. https://www.gartner.com/en/documents/3723818.

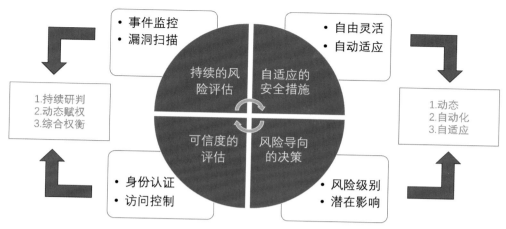

图4-6　持续自适应风险与信任评估模型示意图

（1）持续的风险评估：强调持续的风险评估，实时评估当前风险状况。组织应该采用实时的安全事件监控、漏洞扫描、日志分析等方法，收集不断更新的威胁情报，以便及时发现和评估潜在的威胁和漏洞。

（2）自适应的安全措施：安全措施具有灵活性和自适应性，组织可采用自动化的安全工具和技术，如威胁情报共享、自动化响应、行为分析和机器学习等，以迅速应对不断演变的威胁和攻击手法。

（3）风险导向的决策：在CARTA模型中，风险评估是决策的基础，组织应根据风险级别和潜在影响来分配资源和安全投入，确保安全措施与业务目标相一致，以最大程度地降低风险。

（4）可信度的评估：CARTA模型将可信度评估纳入整个风险评估过程，综合评估身份认证、访问控制、数据完整性等因素，以确定系统、用户和数据的可信度。在动态环境中，可信度评估可以根据不同的环境上下文进行调整，以提高安全性。

2. 模型特点与应用

CARTA模型强调持续的可信度评估与风险评估，通过持续的评估自适应地调整安全策略，适用于业务需求与安全威胁不断变化的场景，组织需要以自动化、自适应、动态的方式调整安全策略，实现安全风险管控。

通过应用CARTA模型，组织可以实施持续的漏洞评估，评估漏洞风险与影响，为自动化决策提供风险评估的参考。根据风险情况确定漏洞处置的优先级与策略，执行自动化的响应机制，如隔离受影响的系统或设备，以减少漏洞的利用和扩散。结合环境上下文，通过可信度评估判断用户、设备及操作行为的风险度，确保业务运行安全。

4.2.5 Zero Trust 模型

Zero Trust 模型即零信任模型，核心思想是"永不信任，始终验证"，旨在最大程度减少潜在的攻击面。Zero Trust 模型最初由约翰·金德瓦格（John Kindervag）在 2010 年提出[1]，随着企业网络环境变化和数字化转型加速，Zero Trust 模型逐渐受到广泛关注并得到快速发展。2020 年，美国国家标准与技术研究院（NIST）发布了《零信任架构》[2]，为 Zero Trust 模型提供了指南和建议，进一步推动模型的普及和发展。

1. 模型原则

Zero Trust 模型对所有的用户、设备或应用采取默认不信任的策略，对用户进行持续认证和动态授权。图4-7展示了 Zero Trust 模型的核心逻辑组件，Zero Trust 模型主要采用以下几个原则。

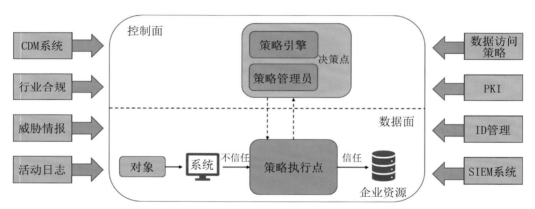

图4-7　Zero Trust模型核心逻辑组件示意图

（1）最小权限原则：对用户、设备和应用授予执行操作必需的最小权限，即使在内部网络也不例外，降低潜在风险。这意味着用户只能访问他们工作所需的资源，而不会被赋予不必要的权限，从而降低了潜在风险。

（2）持续的身份验证：模型要求对每个用户、设备和应用程序进行身份验证，确保通过验证的用户和设备才能访问受保护资源。并且他们的访问权限会根据其身份、角色和上下文进行动态调整。

（3）可信度评估与动态授权：模型强调对用户、设备和应用程序的可信度进行评估，通过持续监测用户与设备行为，结合用户身份、网络环境、终端状态等状态

---

[1] John Kindervag. Forrester Research：Build Security into Your Network's DNA：The Zero Trust Network Architecture".

[2] NIST SP 800-207 Zero Trust Architecture［EB/OL］. https://doi.org/10.6028/NIST.SP.800-207.

进行可信度评估，并根据评估结果动态调整授权。

2. 模型特点与应用

Zero Trust 模型强调持续的身份验证与授权管理，具有较强的安全性和灵活性，实现复杂度与难度较高。模型适用于网络环境复杂、保护敏感数据、防止未授权访问的场景，如移动办公、云计算环境、移动设备安全管理等。

Zero Trust 模型可以为组织提供更强大的安全保障，通过细粒度的访问控制和身份验证，防止未经授权的用户访问敏感资源，减少漏洞暴露引发的数据泄露风险，保护组织的数据安全。

4.2.6 ISCM 模型

ISCM（Information Security Continuous Monitoring）模型即信息安全持续监测模型，旨在通过对信息安全状态、漏洞和威胁的持续监测，支持机构风险管理决策。2011年，美国国家标准与技术研究院（NIST）发布了《联邦信息系统和组织的信息安全持续监测》[①]，提供了模型的标准和指南。2020年，NIST发布了《评估信息安全持续监测计划》[②]，提供了实施模型的风险管理方法。

1. 模型风险管理方法

ISCM模型采用基于风险管理框架（Risk Management Framework，RMF）的评估方法，提出风险管理监测在组织、业务流程与信息系统三个层面制定策略，支持信息安全监测与风险管理活动。

组织层：本层的ISCM项目标准由组织的风险管理策略定义，包括如何评估、响应和监控风险的计划，以及如何监督以确保风险管理策略的有效性。管理人员在本层中定义了安全控制措施、安全状态和其他衡量指标，旨在为风险管理决策提供必要信息，以支持组织的核心任务和业务功能的治理决策。

业务流程层：业务流程的管理人员还应负责监督业务流程的风险管理活动，本层的信息安全持续监测标准制定的因素包括对于组织整体目标而言的核心业务流程的优先级，成功执行既定业务流程所需的信息类别，以及组织范围内的信息安全项目战略。

信息系统层：本层ISCM活动从信息安全角度进行风险管理。这些活动包括确保所有系统级的安全控制措施的正确实施、按需操作、产生预期结果，从而满足系统持续有效的安全要求。本层的ISCM策略还应确保提供系统控制产生的数据与评

---

① NIST SP 800-137 Information Security Continuous Monitoring（ISCM）for Federal Information Systems and Organizations[EB/OL]. https://doi.org/10.6028/NIST.SP.800-137.

② NIST SP 800-137A Assessing Information Security Continuous Monitoring（ISCM）Programs：Developing an ISCM Program Assessment[EB/OL]. https://doi.org/10.6028/NIST.SP.800-137A.

估结果,用于支持组织和业务层面的监控与决策。

ISCM模型中提供了信息安全持续监测策略制定与计划执行的流程,如图4-8所示,流程包括六个步骤,即定义ISCM战略、建立ISCM计划、实施ISCM计划、分析与报告发现、响应发现、审查和更新战略与计划,各步骤的内容如下:

(1)根据风险容忍度定义ISCM战略,保持资产清晰可见,持续感知漏洞情况、最新威胁信息以及业务影响。

(2)建立ISCM计划,确定安全指标、状态监控频率、控制评估频率以及ISCM技术架构。

(3)实施ISCM计划,收集安全指标、评估和报告所需的安全相关信息,尽可能实现数据收集、分析和报告的自动化。

(4)分析收集的数据并报告发现的问题,确定适当的应对措施,收集必要的信息以澄清或补充现有的监测数据。

(5)通过技术、管理和操作方面的缓解方法响应评估结果,或者选择接受、转移/共享、避免/拒绝的方式进行响应。

(6)审查和更新监测计划,调整ISCM战略使得监测能力更加成熟,以提高资产可见性和漏洞监测感知能力,进一步实现数据驱动的组织安全控制,并提高组织的应变能力。

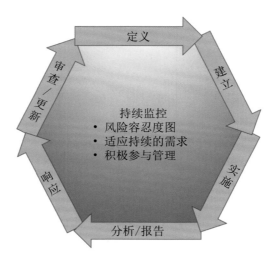

图4-8 信息安全持续监测流程示意图

2. 模型特点与应用

ISCM模型强调持续的信息安全监测、分析、响应和改进,支持风险管理决策,保持信息系统的安全性。ISCM模型适用于业务动态变化,需要持续监测信息安全风险的场景。组织可以更好地识别、评估和处理安全风险,实现对漏洞和威胁的持续监测与应对。

通过应用ISCM模型，组织可以构建自上而下的风险管理和安全控制机制，持续监测系统和应用的漏洞风险，并根据业务、企业架构、漏洞威胁、法规要求等因素的变化持续更新与改进安全策略，提高漏洞治理的效果。

4.2.7 模型比较

本节介绍了P2DR模型、PDRR模型、ASA模型、CARTA模型、Zero Trust模型、ISCM模型等6个漏洞治理安全模型，以上模型的比较如表4-2所示。

表4-2　漏洞治理安全模型比较

模型名称	模型主要要素	模型适用场景	模型特点与侧重点
P2DR模型	策略、防护、检测、响应	安全要求严格，需要迅速处置威胁的场景	强调安全检测与响应的及时性，动态调整策略适应安全环境
PDRR模型	防护、检测、响应、恢复	需要应急响应、灾难恢复、保证业务连续性的场景	强调快速的检测、响应和恢复，具有主动和积极的防御观念
ASA模型	防御、检测、响应、预测	复杂的安全环境，需要动态防御和预测攻击的场景	强调持续对安全威胁进行动态分析，安全策略自适应调整以应对不断变化的安全威胁
CARTA模型	持续的风险评估、自适应的安全措施、风险导向的决策、可信度的评估	业务需求与安全威胁不断变化的场景	强调持续的可信度评估与风险评估，通过需要自适应的调整安全策略
Zero Trust模型	最小权限原则、持续的身份验证、可信度评估与动态授权	网络环境复杂，需要保护敏感数据、防止未授权访问的场景	强调持续的身份验证与授权管理，安全性和灵活性较强，实现复杂度与难度较高
ISCM模型	实施ISCM的三个管理层面、六个策略执行步骤	业务动态变化，需要持续监测信息安全风险的场景	强调持续的信息安全监测、分析、响应和改进，支持风险管理决策

4.3 漏洞治理安全框架与指南

本节选取了几个常用的漏洞治理安全框架与实践指南，可用于指导组织建立和实施有效的漏洞管理计划与安全防护体系建设。具体的实施方式需要根据组织的安全需求和环境来进行调整，企业可结合自身情况，制定符合组织实际情况的漏洞治理计划。

4.3.1　OVMG

OVMG（OWASP Vulnerability Management Guide）[①]即 OWASP 漏洞管理指南，目标是将漏洞管理的复杂过程分解为可以管理并重复的闭环过程，为组织建立漏洞管理计划提供实践指导。OVMG 的首个版本于 2019 年发布，由 OWASP 社区的安全专家、研究人员和从业者合作开发，并不断改进与更新，以反映新兴的安全威胁、技术趋势和实践方法。

1. 模型漏洞管理过程

OVMG 将漏洞管理过程划分为三个闭环过程，分别为检测闭环（Detection Cycle）、报告闭环（Reporting Cycle）和修复闭环（Remediation Cycle），每个闭环又各自包括 4 个漏洞处理活动，如图 4-9 所示。

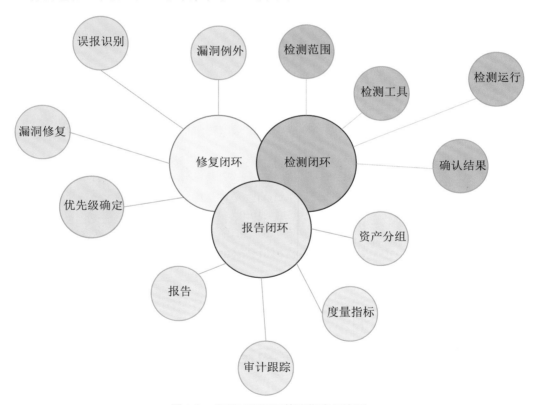

图 4-9　OWASP 漏洞管理指南示意图

（1）检测闭环：检测闭环是漏洞管理过程的起点，也是一个连续循环的开始。检测闭环包括漏洞检测范围、优化工具、漏洞检测运行、检测结果 4 个活动，分解

---

① OWASP Foundation. OWASP Vulnerability Management Guide（OVMG）[EB/OL]. https://owasp.org/www-project-vulnerability-management-guide/.

漏洞检测的过程，提供各活动需要考虑与执行的操作。

（2）报告闭环：报告闭环紧随检测闭环，用于传达漏洞检测和评估结果。报告闭环包括资产分组、度量指标、审计跟踪、报告4个活动，分解报告生成的过程，提供漏洞评估与报告输出中需要考虑与执行的事项。

（3）修复闭环：修复闭环是漏洞管理过程的最后一步，用于处置漏洞风险。修复闭环包括优先级确定、漏洞修复、误报识别、漏洞例外4个活动，分解漏洞修复的过程，提供漏洞修复中需要考虑与执行的事项。

在OVMG中，每个漏洞处理活动都被分解为任务项、输入活动、输出活动、待办项、执行理由5个部分。如表4-3所示，以漏洞优先级确定的活动为例，该活动的任务项为确认漏洞优先级。该任务项的输入活动包括检测范围、资产分组、报告，输出活动包括漏洞修复，任务型中提供了5个待办项以及相应理由。

表4-3 漏洞优先级确定活动内容表

任 务 项	输 入 活 动	输 出 活 动
3.1 优先级确定	1.1 检测范围 2.1 资产分组 2.4 报告	3.2 漏洞修复

#	待 办 项	执 行 理 由
3.1.1	使用报告	要确定修复工作的优先级,需要使用报告中的指标,并根据资产对组织的重要性加以放大
3.1.2	使用趋势分析	哪些领域的趋势正在上升,如何使这些领域正常化？我们需要对这项工作进行优先排序
3.1.3	使用其他来源的信息	随时了解网络安全新闻,如零日漏洞、重大勒索软件漏洞等,这些新闻可能会改变修复工作的优先顺序
3.1.4	应用其他环境因素	组织有每日、每周、每月和每季度的优先事项,根据每个团队的职能,这些优先事项可能是主要的,也可能是次要的。思考如何将漏洞管理纳入其他团队的目标中
3.1.5	与负责人和利益相关方沟通	在2.3.1中,我们讨论了工单系统的使用。可以通过个人的书面和口头沟通来增强其效果,这在很大程度上取决于自身组织文化,但最重要的是对人际关系会有很大帮助,这需要在同事中建立支持

不同的漏洞处理活动之间通过任务项中的输入活动与输出活动的关系产生关

联，检测闭环、报告闭环和修复闭环的活动之间相互连接，形成完整的漏洞管理闭环。

2. 模型特点与应用

OVMG对漏洞管理的各个阶段进行分解，以任务列表的形式描述漏洞管理各阶段执行的操作，为组织漏洞闭环管理提供了可行途径。组织可以使用OVMG提供的方法进行漏洞治理流程建设，实现漏洞全生命周期管理，对漏洞风险进行管控。

4.3.2 IATF

IATF（Information Assurance Technical Framework）即信息保障技术框架[①]，由美国国家安全局制定，旨在为政府和军事部门的信息保障提供标准化的技术指南。

1. 模型原则

IATF框架的核心思想是纵深防御策略，即采用多层次、纵深的安全措施来保障信息安全。如图4-10所示，在框架的核心原则中，强调人、技术和运营三个关键要素，网络和基础设施、区域边界、计算环境和支撑性基础设施四个保障领域。

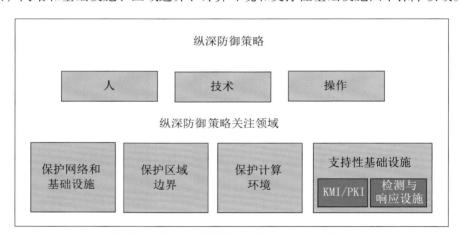

图4-10　信息保障技术框架纵深防御策略示意图

（1）网络和基础设施方面：采取措施确保网络和基础设施能稳定可靠运行，可采取的措施包括合理规划网络、使用安全的技术架构、使用冗余设备等。

（2）区域边界方面：对区域边界的数据流进行有效的控制与监视，可采取的措施包括身份认证和访问控制、入侵检测系统、防病毒网关等。

（3）计算环境方面：保护信息系统中的服务器、客户机及其中安装的操作系统、应用软件等，可采取的措施包括漏洞扫描、安全配置检查、文件完整性保护、

---

① 左晓栋.IATF3.1的变更及其进步[J].网络安全技术与应用,2003(12):52-55.

数据备份等。

（4）支撑性基础设施方面：IATF定义了两种类型的支撑性基础设施，分别是密钥管理基础设施(KMI)/公钥基础设施(PKI)以及检测与响应设施。KMI与PKI提供密钥、授权和证书管理服务，检测与响应设施用于检测系统运行状态，迅速检测与响应异常事件。

2. 模型特点与应用

IATF框架采用纵深防御的指导思想，进行多层次、多安全域划分的安全防护，将复杂的安全保障问题转化为分层分区的安全防护，具有较强的可操作性。人是执行安全策略与保障网络安全的核心，技术是实现网络安全保障的重要手段，运营是维持组织安全态势所需的所有活动。综合人、技术、运营三个因素，针对各个保障领域制定与执行安全策略，从而实现纵深防御的安全保障体系建设。

组织可以采用纵深防御思想，构建信息安全保障体系，针对各安全域制定不同的漏洞防护安全策略，分层部署防护和检测设备，实施层次化的防护措施。

4.3.3　CIS 关键安全控制

CIS关键安全控制（CIS Critical Security Controls）[①]是一套推荐企业采用的网络安全控制措施，提供企业应对网络安全威胁的具体可行的方法。CIS关键安全控制首个版本于2008年发布，由互联网安全中心（CIS）更新与发布，汇聚了各类信息安全专家的安全实践经验，已于2021年发布第八版内容。

CIS关键安全控制将安全控制措施分类形成CIS控制项(CIS Control)，每个CIS控制项中提供相应的CIS保护措施（CIS Safeguard），每一条CIS保护措施中包括有详细描述、资产类别、安全功能以及实施分组(Implementation Group，IG)。其中，资产类别有应用（Applications）、数据（Data）、设备（Devices）、网络（Network）、用户（Users）与无类别（N/A）共6类，安全功能有检测（Detect）、识别（Identify）、保护（Protect）、恢复（Recover）与响应（Respond）共5类，实施分组有IG1、IG2、IG3共3类，从IG1到IG3表示的分组在企业规模、安全专业能力和敏感数据保护要求上递增。

在第八版CIS关键安全控制中，总共提供了18个CIS控制项，分别是硬件资产的盘点和控制、软件资产的盘点和控制、数据保护、企业资产和软件的安全配置、账户管理、访问控制管理、持续漏洞管理、审计日志管理、电子邮件和网络浏览器保护、恶意软件防御、数据恢复、网络基础设施管理、网络监控与防御、安全意识和技能培训、服务提供商管理、应用软件安全、事件响应管理和渗透测试。如图4-

① CIS Critical Security Controls[EB/OL]. https://www.cisecurity.org/controls.

11所示，以CIS控制项中的账号管理项为例，其中包括6条CIS保护措施，分别是建立和维护账户清单、使用唯一密码、停用休眠账户、限制专用管理员账户的管理员权限、建立和维护服务账户清单、账户集中管理，每一条保护措施都有详细描述，并标出了保护措施适用的资产类别、安全功能与实施分组。

2. 模型特点与应用

CIS关键安全控制可操作性强、适用性广、成本效益高。每个控制措施都有详细的操作要求与标准，方便组织直接落地实施。控制措施能适应不同规模和复杂度的企业需求，可以实现渐进式改进。通过优先处理高风险问题，可以帮助组织获得更高的安全收益。通过实施CIS关键安全控制，组织可以评估不同领域的安全控制措施差距，为企业漏洞安全防护体系建设提供具体可行的措施，降低安全漏洞风险。

序号	资产类别	安全功能	标题	描述	IG1	IG2	IG3
5			账号管理	使用流程和工具来分配和管理企业资产和软件的用户账户的凭证授权，包括管理员账户以及服务账户			
5.1	用户	识别	建立和维护账户清单	建立并维护企业管理的所有账户清单。清单必须包括用户和管理员账户。清单至少应包含个人姓名、用户名、开始/停止日期和部门。至少每季度或更频繁地定期验证所有活动账户的授权	●	●	●
5.2	用户	保护	使用唯一密码	所有企业资产应使用唯一密码。最佳做法至少包括为使用 MFA 的账户设置 8 个字符的密码，为不使用 MFA 的账户设置 14 个字符的密码	●	●	●
5.3	用户	响应	停用休眠账户	若条件支持，在账号不活跃45天后，删除或禁用任何休眠账户	●	●	●
5.4	用户	保护	限制专用管理员账户的管理员权限	限制企业资产中专用管理员账户的管理员权限。在进行普通计算活动，如浏览互联网、收发电子邮件和使用生产力套件时，使用用户的非特权主要账户	●	●	●
5.5	用户	识别	建立和维护服务账户清单	建立并维护服务账户清单。该清单至少必须包含归属部门、审查日期和目的。应对服务账户进行审查，以确认所有活动账户均已获得授权，并定期进行审查，至少每季度一次，或更频繁地进行审查		●	●
5.6	用户	保护	账户集中管理	通过目录或身份服务集中管理账户		●	●

图 4-11　CIS控制项–账号管理项内容示意图

4.3.4　ATT&CK 框架

ATT&CK（Adversarial Tactics，Techniques and Common Knowledge）框架[①]即"对抗性战术、技术以及公共知识库"框架，由美国研究机构MITRE公司发布与更新维护，首个版本于2015年发布，2023年已更新至第14个版本。ATT&CK是一个可在全球访问的知识库，包括攻击者在真实世界使用的战术与技术。ATT&CK框架将已知的攻击者采用的战术和技术总结成结构化列表，全面呈现网络攻击者的攻击行为，可帮助组织理解和防御不同类型的网络攻击。

ATT&CK框架针对攻击者的战术提供攻击技术建议，并提供检测和消除这些

---

① MITRE ATT&CK[EB/OL]. https://attack.mitre.org/.

战术的技术。ATT&CK框架描述的知识库维度包括矩阵、战术、攻击技术、攻击过程和缓解措施。ATT&CK框架共分为三大类矩阵，分别是企业、移动平台和工业控制系统。每个矩阵应用于不同的攻击场景，分别包含了相应的战术与攻击技术，每个技术又分别介绍了各自的攻击过程、缓解措施和检测方法。ATT&CK框架各个要素之间的关系如图4-12所示。

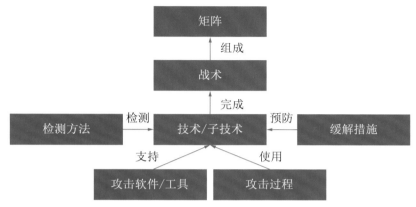

图4-12　ATT&CK框架要素关系图

以企业矩阵为例，包括13项战术，分别是侦察、资源开发、初始访问、执行命令、权限维持、权限提升、防御绕过、凭证访问信息发现、横向移动、数据收集、命令和控制、数据泄露、影响。图4-13展示的是企业矩阵中横向移动战术的组成，该战术包括9项技术，分别是远程服务利用、内部鱼叉攻击、横向工具传送、远程服务会话劫持、远程服务、通过可移动媒体复制、软件部署工具、感染共享内容、使用备用认证材料。对于每项技术，ATT&CK框架中又详细介绍了使用到该技术的攻击过程以及该技术的缓解措施和检测方法。

图4-13　ATT&CK框架企业矩阵横向移动战术组成图

2. 模型特点与应用

ATT&CK框架从攻击者的视角展示网络攻击可能使用的技术和利用方式,内容全面且实用,有较强的实战性。通过ATT&CK框架,安全管理人员可以快速了解不熟悉的技术,选择用于漏洞治理的安全技术。通过模拟攻击,可以更好地防御绕过测试,了解组织缺失的安全能力。ATT&CK框架也可用于组织的安全防护能力的评估改进,全面评估组织对各项攻击技术的检测能力与缓解措施实施情况,了解当前防护状态下漏洞对系统安全的影响,并针对性地进行修复和防御措施的规划和实施。

4.3.5 模型比较

本节介绍了OVMG、IATF、CIS关键安全控制、ATT&CK框架等4个漏洞治理安全框架与指南,以上框架与指南的比较如表4-4所示。

表4-4 漏洞治理安全框架与指南比较表

模型名称	模型主要要素	模型适用场景	模型特点与侧重点
OVMG	检测循环、报告循环、修复循环	漏洞治理流程建设,漏洞风险管控与漏洞全生命周期管理	采用任务列表的形式描述漏洞管理各阶段执行的操作,可操作性强
IATF	纵深防御策略、三个核心要素、四个保护领域	漏洞安全防护策略制定,信息安全保障体系建设	采用纵深防御的指导思想,进行多层次、多安全域划分的安全防护,具有较强的可操作性
CIS 关键安全控制	CIS 控制项、CIS 保护措施	安全控制措施差距评估,漏洞安全防护体系建设	可操作性强、适用性广、成本效益高
ATT&CK 框架	矩阵、战术、攻击技术、攻击过程和缓解措施	安全防护技术选择,模拟攻击和安全测试,安全防护能力评估	攻击技术内容介绍全面实用,有较强的实战性

本章小结

本章首先介绍了 PDCA 和 OODA 两种常用的思维模型,可以帮助读者构建闭环管理思维,更加有效与敏捷地应对漏洞和安全风险。然后介绍了几种常用的漏洞治理安全模型,可以帮助读者管理网络安全风险,制定漏洞治理计划。最后本章介绍了几种可以参考使用的漏洞治理安全框架和实践指南,通过业界总结的指导文件,帮助读者建立和实施有效的漏洞安全防护体系和漏洞治理计划。

5 建立漏洞治理体系

随着漏洞成为网络安全攻防的焦点，组织如何建立针对漏洞主动管理的有效机制并落实漏洞管理法律责任成为企业漏洞治理的关键挑战。

不同行业、不同组织面临的网络安全挑战不同、风险管理目标不同，漏洞治理体系建设也存在差异。组织应确立自身漏洞治理的目标，从政策、组织、流程等方面建立可持续的漏洞治理体系，对漏洞全生命周期进行管理，保障资源的投入，做好能力建设，并通过漏洞治理成熟度评估，了解自身漏洞治理现状与目标之间的差距，规划治理能力提升的改进方向。

5.1 明确安全能力建设目标

　　组织的漏洞治理目标是网络安全能力建设目标的一部分，并得到董事会或高级管理层的支持。本书引入网络安全活动标尺模型帮助组织确定自身网络安全能力建设目标。

　　滑动标尺模型为美国系统网络安全协会（SANS）于2015年提出的一种科学规划网络安全建设投入的模型。通过网络安全滑动标尺模型，组织可以了解自身所处的阶段，以及未来建设时应该采取的措施和投入，一共可以分为五大类：架构安全、被动防御、积极防御、威胁情报和进攻反制。每个分类的投入回报比不同，能够抵御的威胁攻击类型也不同，组织可以根据自身的情况将安全投入放到不同分类中，如图5-1所示。

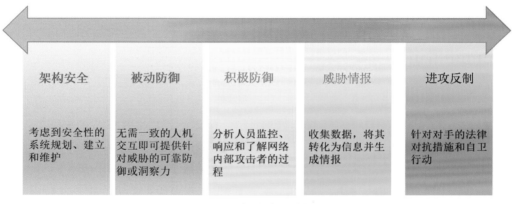

图5-1　网络安全滑动标尺

五个阶段的特点和定义如表5-1所示。

表5-1　网络安全滑动标尺的各阶段特点

阶　段	描　述	定　义
架构安全	网络安全建设的基石	组织在进行系统规划、工程管理和设计时,引入架构安全措施,在设计中构筑安全(Security by Design)、默认安全(Security by Default)融入安全规划,可显著减少漏洞的产生,减少攻击面
被动防御	网络安全建设的起始阶段	在无人员介入的情况下,附加在系统架构之上可提供持续的威胁防御或威胁洞察力的系统。该系统可通过被动防御的方式来保护资产,阻止或限制已知安全漏洞被利用、已知安全风险的发生。被动防御更多依赖静态的规则,因此需要持续的优化升级

阶　段	描　述	定　　义
积极防御	网络安全建设的进阶阶段	对处于所防御网络内的威胁(含漏洞)进行监控、响应、学习(经验)和应用知识(理解)的过程。积极防御阶段注重人工的参与,在这一阶段人工将结合工具对网络进行持续的监督与分析,对风险采用动态的分析策略,与实际网络态势、业务相结合,与攻击者的能力进行对抗
威胁情报	网络安全主动防御建设	通过收集数据,将数据利用转换为信息,并将信息生产加工。威胁情报收集信息,分析并创建有关攻击者的情报。威胁情报需要包含威胁源、攻击目的、攻击对象、攻击手法、漏洞、攻击特征、防御措施等
进攻反制	网络安全建设的高级目标	这是一种提升自身网络安全的进攻行为,属于对抗攻击者的反制措施,这种方式通常在合法性的边缘游走,可能对组织造成负面影响,带来法律风险,因此不建议直接采用这类方法进行防护,但可以引入"主动出击"的思想和合法反制措施,来提升组织自身的防攻击能力

　　组织在确定安全建设目标时,需根据自身所面临的风险以及预算能力,选择适合自己的安全防护建设模式。对于需要进行体系化安全能力构建的组织在进行安全规划时,可优先做好架构安全、被动防御和积极防御三个阶段的防护建设。图5-2展示了不同安全价值目标与投入成本的关系,"架构安全"为组织带来的安全价值很大,而实际成本投入并不高;如果达到"进攻"的目标,产生的安全价值并不高,但投入的成本是巨大的。因此,组织在确定自己的安全能力目标时,需综合考虑来确定适合自己的安全规划投入。

　　组织在网络安全规划与建设中可采纳适用该模型的防护思路,其叠加演进的安全建设思想对现代企业如何科学做好安全预算、优化资源配置、改进建设效果等有着较强的指引价值。

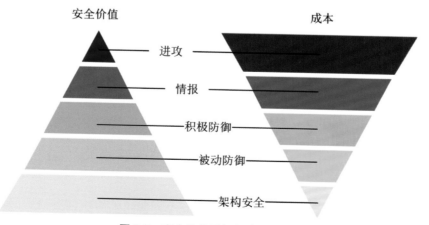

图5-2　安全价值目标与成本关系

5.2 确定漏洞治理目标

漏洞治理被越来越多的组织所重视，上升为其安全战略的重要部分。然而，每个组织因为其所处的行业、在供应链中承担的角色、服务的用户和提供的产品形态等不同，也使其漏洞管理保障体系建设存在差异。在产品或服务的生命周期中，有两种角色尤其关注漏洞的治理，他们分别是产品或服务的提供者和使用者，本节主要针对这两类角色来展开介绍。

1. 厂商（产品或服务的提供者）

厂商负责设计、开发和生产产品或相关服务。作为产品或者服务的创造者，他们首要的责任是确保要提供高质量和安全的产品和服务。因此，他们首先需要关注的是如何在设计和开发阶段就尽可能地减少安全漏洞，包括采用安全的编程实践，例如，进行代码审查、使用自动化的安全测试工具，以及实施"安全第一"的设计原则。此外，作为生产者，对产品和服务的安全有最深层的理解，因此厂商在漏洞治理过程中的重心应该放在漏洞的验证和修复方案提供上。当然，漏洞管理是一个和漏洞利用赛跑的过程，因为厂商还要在快速敏捷的漏洞感知上加大投入，毕竟只有发现了漏洞的存在，才有机会介入并开展后续的验证和修复活动。最后，作为厂商还要建立透明的漏洞披露机制，以便下游客户能够及时处置部署在其网络中的产品漏洞，真正实施风险消减。

2. 运营者（产品或服务的使用者）

这里的运营者专指使用了第三方产品或服务构建自己的业务平台和网络的用户。运营者更需要关注的是时刻了解自己网络的安全态势并能快速作出响应。例如，是否有能力监控网络攻击和漏洞利用的发生？是否能及时感知自营网络中产品和服务的潜在漏洞？有了漏洞，是否有能力快速实施漏洞修复？因此，运营者在漏洞治理中要加大对漏洞感知和漏洞修复部署的能力。例如，通过定期的安全扫描及时发现自营网络中的产品漏洞，通过和上游厂商建立积极的漏洞披露机制，从厂商处第一时间获取漏洞信息等。此外，运营者还需要定期进行安全审计和风险评估，以便了解他们的系统可能面临的威胁，并采取适当的防护措施。他们的重点通常在于网络防护、系统监控和事件响应。

为确保漏洞治理工作的有效落地及实施，不同角色的组织漏洞治理的总体目标和侧重点可能存在差异。例如，对于运营者来说，漏洞治理的目标是降低漏洞检测和修复时间，提升漏洞管理效率和效果，而厂商的目标则是尽可能及时发现漏洞并提供修复方案。但无论组织所处什么角色，漏洞治理目标均可从组织的业务需求、合规及行业要求、优秀实践参考和管理层支持来确定。

（1）业务需求：业务需求直接决定了漏洞治理的重点关注方向。不同组织的业务需求存在差异，以漏洞修补举例，即使是相同漏洞在不同资产上的修复优先顺序不一样，例如，金融机构的金融交易系统作为生产系统，漏洞修补的优先级最高，因此组织安全管理人员需要根据业务需求进行定义和评判。

业务需求的输入应当从自身所面临的安全风险和威胁，包括评估现有系统和流程中潜在的风险、组织经历的历史安全事件以及漏洞造成的影响等方面展开分析。

（2）合规及行业要求：组织在遵循所适用的法律法规要求外，我国部分行业也发布了漏洞相关的管理要求或规范，组织也需要作为漏洞治理目标的输入。例如，国家能源局于2022年底印发了新的《电力行业网络安全管理办法》（国能发安全规〔2022〕100号），要求电力行业应当建立健全网络产品安全漏洞信息接收渠道并保持畅通，发现或者获知存在安全漏洞后，应当立即评估安全漏洞的影响范围及程度，及时对安全漏洞进行验证并完成修补，同时要求行业相关部门及时通报网络安全缺陷、漏洞等风险，以保证企业可以及时排查并采取风险防范措施。因此，组织需要持续洞察、分析合规要求并及时落实在治理工作中。

随着行业监管范围与深度的不断扩大，部分重点行业加大行政处罚力度。各类常态化的网络安全检查要求建立责任追究机制，对发生重大网络安全漏洞的责任单位和责任人进行严肃问责。因此，组织需要切实落实相关要求，并在制定漏洞治理目标阶段统筹考虑。

（3）优秀实践参考：以第4章介绍的漏洞治理模型与实践指南作为漏洞治理目标的输入，例如，CARTA安全框架提出，风险是必然存在的，它强调组织应该持续地和自适应地对风险和信任两个要素进行评估。组织根据风险情况确定漏洞处置的优先级与策略，执行自动化的响应机制，如隔离受影响的系统或设备，以减少漏洞的利用和扩散，并通过可信度评估判断用户、设备及操作行为的风险度，确保业务运行安全。

（4）管理层支持：在进行漏洞治理规划前，还需确保高级管理层对漏洞治理目标的理解和支持，以获得所需资源保障。通过与管理层沟通，并获得正式的批准，是进行有效漏洞治理的基础条件。

5.3 形成漏洞治理理念

组织在明确漏洞治理的目标后，需建立漏洞治理理念，以确保整个漏洞治理过程能够有针对性地满足组织的需求和目标，并为整个漏洞治理过程提供指导和方向。例如，微软公司坚持"一个战略，一个微软"[①]的理念，在漏洞治理方面实现内部与外部的统一，即统一的漏洞治理理念与政策、组织及流程，并将应用于微软公司内部的优秀漏洞治理实践推广至对外提供的产品与服务中。

制定漏洞治理理念是组织安全文化建设的内容之一。组织对现有和过去的漏洞管理的思路、方法，以及漏洞管理文化状况进行分析评估，挖掘优秀管理文化，形成理念并对内或对外声明。

在制定漏洞治理理念时应把握如下原则：

1. 漏洞不可避免，但需主动管理、得到系统性的消减

漏洞将会是长期客观存在的。现代软件积极"拥抱"开源技术模式和开放组件生态，进一步形成了"你中有我，我中有你"的局面，极少有单一厂商能掌控所有软件细节，因此漏洞管理将是全行业面临的挑战，漏洞的产生、扩散将变得非常复杂，很难从源头得到彻底的消除。尽管漏洞将会长期客观存在，随软件和系统产生是不可避免的，但漏洞一旦被发现，是可以被修补的。因此，重要的不是"一个漏洞都没有"，而是建立起针对漏洞及其风险进行主动管理的机制，发现漏洞后能够有效响应，持续对漏洞进行识别、验证、修补，并建立业务流程和规范对漏洞进行有效的风险消减。

2. 漏洞和传统质量缺陷有别

漏洞与传统的质量缺陷不同，具体来说漏洞不等同于传统质量缺陷。质量要求在一段时间内相对而言是静态、确定、可验收的，如果不能快速消减该质量风险，将会产生不利于网络运营的结果，且发生概率和风险结果可以依据质量标准得到度量；而安全漏洞是系统设计中存在的潜在缺陷，其衍生的安全风险是基于该缺陷而产生的攻防对抗，基于技术演进、攻击向量、网络暴露、安全基线而不断变化，该风险发生的概率和风险结果是无法得到准确度量的。产品质量可以很好，但安全漏洞仍有可能会持续存在。这个问题在软件进入生命周期后期尤为明显，一方面，版本质量通过长时间在网运行检验十分稳定；另一方面，由于底层组件无法及时更新

---

① 史蒂夫·鲍尔默 2013 年 7 月 11 日致微软公司全体员工的邮件.

换代，往往已知漏洞会越积越多。因此，定期的补丁更新和软件版本升级是解决安全漏洞的基础实践。

漏洞与质量缺陷相比，责任界面也有所不同。传统的质量缺陷，责任界面是清晰的，在质保期内厂商将承担主要责任；而漏洞的责任则相对分散，业界的惯例是"责任共担、各尽其责"，即漏洞报告者要负责任地向厂商报告漏洞，厂商感知到漏洞后要及时修补，并依法合约地向客户披露漏洞修补方案；而客户/用户（如使用产品的运营者）则需要及时部署漏洞修补方案，消减漏洞被利用的风险。

3. 漏洞修补没有固定时长，但要基于风险提升修补速度

根据"ISO/IEC 30111 漏洞处理流程"的标准指南，厂商一旦验证漏洞有效后，就要决定其修补的优先级排序。因为不同的漏洞，对不同产品的影响和风险是完全不同的。常见的修补优先级考虑因素包含潜在影响、利用的可能性以及受影响用户的范围等。而且优先级的评估是在动态进行的。从这个角度来看，漏洞修补的时长是相对动态的。

与此同时，由于现代软件供应链的复杂性、开源/第三方组件的大量使用，厂商无法真正掌控漏洞的修补节奏。具体而言，如果是上游厂商的漏洞，下游厂商往往要等到上游完成修补并发布补丁后，才能集成修补方案并向客户/用户发布。又如，开源社区往往通过版本迭代的方式对安全漏洞进行例行修复，但很多时候开源软件的版本更新，无法简单通过软件补丁的方式来集成（可能涉及系统接口和软件架构的变化），导致漏洞修补难以通过补丁进行，而不得不依赖于软件版本升级实现，而软件版本开发的时间往往较长。

厂商需要保持对漏洞修补的动态响应机制，尽量减少自身这段漏洞修补时长；并有基于风险的升级机制，对高风险的漏洞优先响应。对于运营者及时获取厂商修补方案，评估漏洞的影响，充分预测并确保风险可以有效控制。

4. 漏洞披露需注意"应知披露"

漏洞信息具有两面性：从防御者角色出发，漏洞是系统的安全弱点，需要及时被修补；而从攻击者的角色看，漏洞信息则是可被利用的武器。因此，尽管漏洞信息本身是中性的，但基于其使用意图而有所不同。

厂商漏洞披露的首要原则是"避免伤害"。在漏洞公开披露时要避免披露对漏洞修复不必要的"漏洞细节"，这些细节包括漏洞利用方法（如 PoC/漏洞代码/漏洞详细原理）；在漏洞披露的时机上，一般应在完成修补方案或规避方案后再向客户发布；在披露对象方面，考虑到漏洞的两面性和"避免伤害"的基本原则，业界普遍的共识是需要尽量遵循"Need to Know"的原则，即仅对受漏洞影响的利益相关方进行"应知披露"（受影响披露）。即对漏洞披露的范围尽量控制，避免漏洞信息在流转过程中被攻击方非法利用。

5. 披露策略需遵循"公开透明"的基本原则，但漏洞披露需要基于场景

根据《ISO/IEC 29147漏洞披露》的标准指南，厂商需要制定并发布《外部漏洞披露策略》，用于告知外部利益相关方（包括漏洞报告者、用户、客户）厂商对漏洞处理的意图、责任，以及对外部利益相关方的期望，以方便外部报告者更好地向厂商报告漏洞，或者外部客户可更好地获取可能影响自身资产的漏洞信息，以及可能的修补和缓解措施。考虑到外部利益相关方，需要通过这个披露策略来获知厂商对漏洞处理的意图和期望，因此这个《外部漏洞披露策略》往往需要对外部利益相关方公开透明。

但对于漏洞本身的披露，考虑漏洞信息的敏感性和两面性，业界的最佳实践是遵循基于风险的原则，在漏洞修复前，总是秉持对客户负责的态度，优先向能够为客户提供修复方案和修复能力的利益相关方进行披露；在漏洞修复后，则要尽力对客户进行应知披露（受影响披露）。

具体而言围绕漏洞披露可能遇到的五种场景，结合业界最佳实践，我们可以参考的指南如下：

（1）B2B场景：适用于"设备提供商-运营者"的场景，漏洞披露的指导原则是"受影响披露"，仅对受漏洞影响的客户进行应知披露。

（2）B2C场景：适用于"设备提供商-最终消费者"的场景，漏洞披露的指导原则是"修补后披露"，在修补方案部署（如远程在线升级）的同时，告知修复的漏洞信息。

（3）B2D场景：适用于"组件提供商-开发者/集成商"的场景，漏洞披露的指导原则是"协同披露"，组件提供商通过自建"开发者联盟"，向合作开发者/系统集成商进行漏洞和漏洞修补方案的披露，再由开发者集成后向最终客户/用户披露。

（4）B2P场景：适用于"设备提供商-安全工具提供商"的场景，漏洞披露的指导原则是"防守者联盟优先披露"，在漏洞修补方案完成前，基于用户风险消减的需要，优先将漏洞特征信息披露给安全防护厂商，使得安全厂商可以提前开发漏洞防利用和漏洞检测手段，帮助最终客户/用户获得更加丰富的风险消减的选择。

（5）B2G场景：适用于"设备提供商-政府监管"的场景，基于政府所在国的法律要求，在合法合规的范畴内对监管者进行漏洞信息披露。

5.4　明确漏洞治理组织

组织在漏洞治理的目标和策略明确后需定义并分配相关的组织、角色和职责，赋予必要的资源，确保具备工作的必要能力。

从治理角度出发，大型或跨国组织可考虑建立一个专门的网络安全治理部门或委员会，负责包括漏洞治理在内的网络安全治理工作，审批组织网络安全规划、政策，解决冲突。需要注意的是，这个部门或委员会应该有高级管理层参与指导和监督，并直接向CEO汇报，因为只有得到高级管理层的重视，漏洞治理工作才能行之有效。

治理组织架构设计应该考虑到各个方面，包括责任分工、业务流程和决策层级等，图5-3是一个典型大型企业漏洞治理的组织结构图，适用于厂商或运营者，组织可参考该治理架构进行设置并结合自身实际情况进行调整。

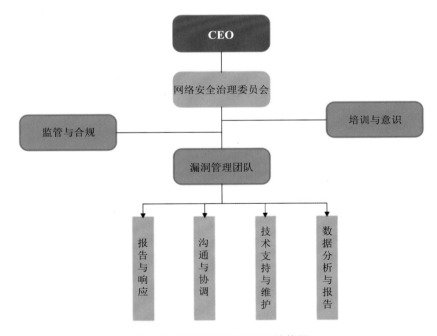

图5-3　典型漏洞治理组织结构图

漏洞治理组织包含的团队与职责如表5-2所示。

表 5-2 漏洞治理组织与职责

团　队	职　　责
网络安全治理委员会	• 制定针对漏洞的治理策略,并定期审查更新,以确保漏洞治理流程符合法律法规要求、合同义务等 • 负责解决有冲突的战略重心、事件处理决策等
漏洞管理团队	• 负责深入分析漏洞,提供详细的漏洞报告和建议修复方案 • 负责将漏洞分配给相应的团队或个人,并监督漏洞修复的进度 • 管理漏洞数据库,确保准确记录漏洞信息和修复状态
沟通与协调团队	• 协调漏洞修复项目,确保按时完成修复 • 负责确保漏洞信息在组织内外部的有效传达,维护透明度
漏洞报告与响应团队	• 负责接收和验证漏洞报告,确保漏洞信息的准确性 • 快速响应漏洞报告,协助制定紧急修复方案
培训与意识提升团队	• 开发并提供有关漏洞管理的培训课程,确保员工具备足够的安全意识 • 设计和实施意识活动,提高员工对漏洞和安全的警觉性
监管与合规团队	• 确保漏洞管理流程符合法规和行业标准,协助处理合规事务 • 提供法律支持,特别是在处理与漏洞相关的法律事宜时
技术支持与维护团队	• 解决漏洞管理系统和工具的技术问题,确保其正常运行 • 负责维护和升级漏洞管理系统,确保其安全性和稳定性
数据分析与报告团队	• 分析漏洞数据,识别趋势和模式,为决策提供有力的数据支持 • 定期生成漏洞报告和漏洞公告信息,向管理层和其他利益相关方传递关键信息

5.5　建立漏洞治理策略

　　组织的漏洞治理策略可分为对内治理策略和对外治理策略。对内治理策略主要是明确和规范组织内部业务活动中的漏洞管理要求;对外治理策略主要面向外部利益相关方,让其了解组织基本的漏洞治理策略并协同漏洞相关的工作,例如,厂商的漏洞对外治理策略主要包括收集漏洞方式,以及提供获取支持的渠道等。无论是对内治理策略还是对外治理策略,范围或内容重合的部分需保持一致性,不能存在相悖的情况。需要注意的是,对内治理策略相较对外治理策略而言应该更加详细,以指导组织各责任方开展工作。组织的漏洞治理策略需要经过管理层批准,并面向全体员工发布,并需定期或在组织发生重大变化时审视、刷新漏洞治理策略。

　　组织在制定漏洞治理策略时，可通过洞察法律法规要求、业界漏洞治理最佳实践，以及标准等作为输入。例如，在中国《网络安全法》第二十一条中明确规定，"网络运营者应当……制定内部安全管理制度和操作规程，确定网络安全负责人，落实网络安全保护责任"。运营者可通过制定关于漏洞治理工作的纲领性文件，表明对于建立漏洞管理制度体系的积极态度。

　　策略文件从启动撰写至正式发布，需要经历复杂的洞察和分析过程，通常历时较长，往往需要数月时间完成。整个过程可分为策略规划和洞察、策略写作、评审发布、生命周期管理四个阶段。策略开发各阶段涉及的活动和遵守的原则存在差异，例如，在策略规划阶段，首先要明确管理责任人，组建策略制定团队，确定与漏洞治理目标相关并影响其实现的外部和内部环境进行洞察，识别风险和差距，与相关部门讨论对齐管理措施，并达成一致。这个阶段遵循必要性审视的原则，如果各方认为需要开发策略文件，则进入下一个活动阶段。整个策略开发流程和原则详细参考图5-4。

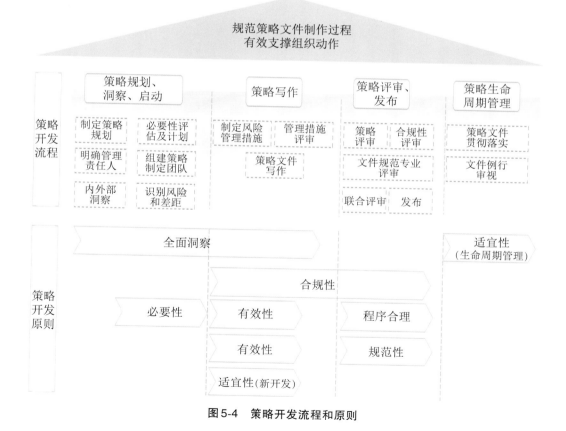

图5-4　策略开发流程和原则

厂商的漏洞对内治理策略一般包括漏洞生命周期关键活动（准备阶段、漏洞感知、验证漏洞、制定漏洞修补方案、发布漏洞公告、部署漏洞修补方案和参与漏洞修补后活动），结合组织现有流程形成端到端的管理要求。对于研发、服务、销售、供应链等业务领域，相应的漏洞策略都有所不同，如表5-3所示。

表5-3　业务领域漏洞治理关注点

业务领域	侧　　重　　点
研发领域	漏洞感知、验证漏洞、制定漏洞修补方案、参与漏洞修补后活动
供应链	供应商漏洞管理
技术支持	现网漏洞感知到解决，支撑客户部署漏洞修补方案
其他领域	根据实际情况进行适配

组织在制定整体策略时需系统性梳理漏洞端到端的流程活动、组织与职责、行为规范指导，提炼共性的管理要求。各业务领域则需围绕整体策略进一步细化，开发本业务领域的漏洞治理策略。

厂商漏洞对外治理策略中一般包含对漏洞管理的原则、漏洞报告渠道、漏洞处理流程、漏洞严重等级评估、漏洞信息公告等。

本节选取了思科和中国移动分别作为厂商和运营者的漏洞治理策略进行举例，为读者如何制定漏洞治理策略提供案例参考。

案例1：思科

思科（Cisco）作为ICT厂商，提供包括路由器、交换机、网络管理软件等网络硬件、软件和服务。思科在漏洞治理实践方面已形成了较完善的漏洞治理体系。

思科将安全漏洞定义为在软件和硬件组件中发现的计算逻辑(如代码)弱点，利用该漏洞时，会对机密性、完整性或可用性[①]造成负面影响。思科基于ISO/IEC 29147和ISO/IEC 30111制定了漏洞安全策略，并在其安全中心官网进行发布与更新。该安全漏洞策略包括思科产品安全事件的响应机制、漏洞报告、安全问题查询方式、漏洞信息获取方式、产品安全应急响应流程、漏洞披露、发现漏洞的管理等。该策略是为了在思科产品或云服务报告漏洞时通知思科客户，确保思科客户拥有一致的、明确的资源，以帮助他们了解思科如何响应此类性质的事件。更多关于思科漏洞治理策略的信息，可以参考思科的官方网站。[②]

案例2：中国移动

中国移动通信集团有限公司是按照国家电信体制改革的总体部署，于2000年组建成立的中央企业。自成立以来，中国移动始终致力于推动通信技术服务经济社会

---

① 机密性、完整性和可用性是信息安全的三元组。

② Cisco Security Vulnerability Policy［EB/OL］. https://sec.cloudapps.cisco.com/security/center/resources/security_vulnerability_policy.html.

民生，以创世界一流企业，做网络强国、数字中国、智慧社会主力军为目标。在漏洞治理策略制定方面，中国移动网络安全漏洞治理工作基于《中国移动网络产品安全漏洞管理办法》，通过漏洞发现、研判、修复和报送等工作机制，形成线上全生命周期闭环管理流程，提升应对网络安全风险的能力。目前，基于中国移动漏洞管理平台，中国移动已实现对网络安全威胁情报和供应链合作伙伴安全漏洞信息的汇聚，通过集中化管理流程，使网络安全漏洞管理规范化、统一化、标准化。中国移动同步开展内部网络安全众测活动，发布相关管理实施细则，通过薪酬资源的牵引和驱动，强化价值贡献的激励导向，鼓励各单位网络安全人才利用渗透测试、安全扫描等技术，发现自有业务系统潜在的漏洞安全风险，提升网络安全防护水平。

5.6　建立端到端漏洞管理流程

流程是指完成一项任务或执行一项活动所涉及的各种活动之间的关系，代表着工作中的必要步骤和关键过程。流程可以帮助组织提高效率、减少错误、优化资源分配、提高客户满意度等。

组织基于漏洞治理的目标和策略，参考行业漏洞治理标准和实践，特别是遵循 ISO/IEC 30111、ISO/IEC 29147 等标准，建立一个端到端的漏洞治理体系，其流程总体框架包括以下部分：

（1）漏洞收集：这是漏洞管理的第一步，通过主动、被动方式收集内外部漏洞信息，为漏洞评估阶段提供信息参考。

（2）漏洞评估与验证：依据收集过来的漏洞信息评估其技术风险，通常需要引入威胁情报、参考风险评估规范要求开展综合分析，分析完成后利用漏洞检测平台（工具）自动化检测，以确认受影响范围。

（3）漏洞修复：对纳入漏洞修复计划的漏洞制定漏洞修复方案，各相关部门开展漏洞修复，并在漏洞修复完毕后，由专业技术人员开展跟踪复测，确认漏洞是否真正被修复。

（4）漏洞披露：厂商修复漏洞后，有义务把产品漏洞风险基于 Need-to-Know 的原则告知其受影响客户，从而可以及时帮助客户消减网络的漏洞风险。

（5）修复部署：一个漏洞的修复方案或者消减措施往往由相应软硬件的厂商来提供，但是产品销售出去后其资产的拥有者已切换为运营者，因此厂商并不能直接在受影响的产品上直接实施修复部署工作，这就需要产品的运营者结合厂商提供的修复方案以及资产在其网络中的部署情况，来决定如何把修复方案实施到其网络的特定产品中。

（6）持续监控与持续改进：通过对范围内的资产和系统进行周期性的扫描、测试、检查，及时发现和处置复发漏洞。针对漏洞管理的各环节开展度量评价，发现影响流程的潜在问题，制定改进方案并监督执行。

需要特别说明的是这六个流程活动围绕漏洞生命周期展开，并不是全部适用于厂商或运营者，不同的角色需选择适用的流程活动开展流程建设。

5.6.1 漏洞收集

漏洞收集是漏洞处置的第一个环节，组织只有知道漏洞的存在才能采取相应的修补和风险消减的活动，其重要性不言而喻。建立系统化的漏洞收集能力，就能让组织具备能力提前启动漏洞的排查和修复，为漏洞消减方案的最终部署争取时间，从而减少了暴露时间。

从漏洞的来源视角看，漏洞来源包括外部通报漏洞和内部发现漏洞。外部通报漏洞来源于监管机构、第三方漏洞平台、用户反馈等途径。内部发现漏洞来源于安全团队的漏洞监测以及各部门在漏洞预警排查中发现的漏洞。通常外部通报漏洞危害性更高，修复时效要求高于内部发现漏洞。

（1）外部通报漏洞：通过专门团队借助统一的漏洞管理平台持续收集来自各渠道的本组织相关的威胁情报和漏洞信息，这些渠道包括通用公开漏洞库、国家信息安全漏洞共享平台（CNVD）、国家信息安全漏洞库(CNNVD)、厂商补丁、攻防实验室、合作伙伴、漏洞平台、微信公众号、知名博客、行业通报、企业安全响应中心（Security Response Center，SRC）等。例如，微软、Oracle等厂商的每月安全公告和安全更新，CNVD、CNNVD的信息安全漏洞周报和月报，以及不定期的热点漏洞、重大预警、通用型漏洞公告信息等。

（2）内部发现漏洞：通过系统和应用扫描、渗透测试、基线检查、代码审计等手段，对系统上线前开展安全评估、上线后定期的安全运维以及在事件处置、问题跟踪等环节发现的安全漏洞和威胁，统一纳入漏洞管理平台进行管理。

漏洞收集方法可以从以下几个方面开展：

1. 漏洞接收响应

这种方式主要是组织通过对外提供统一的漏洞接收入口，让漏洞的上报者有统一的路径向组织报告漏洞，例如，可以选择值班电话、呼叫中心、值班邮箱等方式。往往漏洞的报告一般会涉及影响的产品或服务，漏洞复现的步骤描述、概念验证（PoC）等信息，因此绝大多数组织会通过对外公布统一的漏洞接收邮箱的方式来接收相关漏洞报告，并对接收的漏洞按照逐单处理的方式进行响应和闭环。漏洞接收响应感知需要注意以下几点：

（1）对外提供的漏洞接收邮箱应该采用企业专用邮箱，而不是个人邮箱。

（2）不建议有多个邮箱入口，避免信息进入企业后不能汇聚。

（3）考虑到漏洞信息的敏感性，建议通过PGP加密等方式，确保漏洞信息报告过程的机密性。

这种漏洞接收方式既适用于厂商，也适用于运营者。

2. 漏洞奖励计划

研究者发现漏洞往往是一个极具挑战的过程，会消耗相当大的时间和精力投入，甚至有时候伴随着工具和测试设备的采购等资金的投入，因此不论是从对研究者前期投入补偿或是对研究者负责任报告漏洞给厂商的行为的奖励和鼓励的角度，开展漏洞奖励计划都是一个被业界广泛认可的漏洞感知最佳实践，也是构建良性互动的安全生态的重要连接。一个好的漏洞奖励计划项目有以下几个特点：

（1）专有的、统一的企业奖励计划门户入口，确保研究者易找、易用。

（2）清晰的漏洞奖励计划规则，包括产品和服务的范围、漏洞定级的标准和奖金计算规则等。

（3）对上报活动的及时响应，包括漏洞确认、漏洞定级定奖和奖金发放等节点应该主动通知上报者。

（4）关注上报者的多元化需求，不仅仅是单一的漏洞奖金，在研究者行业声誉构建上也要建立相关机制，包括名人堂、企业致谢信和CVE漏洞编号的协助申请等等。

漏洞奖励计划既适用于厂商，也适用于运营者，一般主流厂商普遍采用这种方式进行漏洞收集。

3. 主动监测

组织应该建立主动监测和自动化感知的能力，在提升漏洞感知效率的同时也考虑漏洞感知渠道的多元化，包括通过监测重要开源社区、技术网站、主流社交媒体平台、上游厂商的披露网站、重要漏洞协同组织、公开漏洞库等，自动化获取和本组织相关的漏洞信息。例如，通过对NVD漏洞库、Github、Linux等社区进行监测，及时感知漏洞信息。

4. 漏洞信息服务采购

通过采购漏洞信息服务的方式，与专业漏洞服务厂商开展合作，自动化获取漏洞信息。

5. 上游厂商漏洞协作

和供应链上游厂商建立漏洞通报的机制，确保产品和服务依赖的上游组件漏洞的及时感知，可以通过采购服务条款中嵌入相关漏洞条款，要求上游厂商及时报告其产品或服务中的漏洞。

6. 漏洞定期扫描

通过漏洞的定期扫描发现企业资产中的漏洞，建议运营者常态化定期开展。漏洞感知本身也是一个系统化的工作，围绕着漏洞接收和感知，不仅仅需要有感知流程的建设，也包括配套的漏洞信息的存储和分发处置等。所以，组织应建立统一的漏洞管理平台，对漏洞威胁进行实时监控，关注漏洞情报的披露情况、漏洞利用进展、漏洞热度。因此围绕漏洞感知，还需要做好以下几个方面的设计：

（1）设计漏洞感知流程：制定漏洞感知的流程，包括漏洞信息收集、漏洞评估、漏洞修复和漏洞通报。流程需要详细、清晰地描述每个步骤的责任人、时间、工具和方法。

（2）预设漏洞感知渠道：针对集团内部和外部可能出现的漏洞渠道，预设相应的漏洞感知渠道，如漏洞信息网站、邮件、电话、短信等。同时需要规定每个渠道的接收人员和处理程序。

（3）建立漏洞库：建立一个统一的漏洞库，用于记录集团内部和外部的漏洞信息，包括漏洞类型、级别、发现途径、受影响系统和建议修复方式等信息。同时需要确保漏洞库的安全性和保密性。

（4）建立漏洞信息分发机制：建立一个漏洞信息分发机制，确保漏洞信息在集团内部能够迅速传递到各个相关部门和人员。漏洞信息分发机制包括漏洞信息发布的时间、方式、范围和接收人员。

（5）定期漏洞评估：定期对集团的系统和应用进行漏洞评估，及时发现和解决漏洞，确保组织整体安全。

（6）提高员工安全意识：提高员工的信息安全意识，确保员工能及时报告漏洞和安全事件，同时也能避免员工因不当的行为造成漏洞和安全事件。

5.6.2　漏洞评估与验证

漏洞评估与验证是在感知到漏洞信息后，对漏洞的真实性进行确认和复现，评估漏洞的严重程度和影响的产品/服务范围的过程。这个流程更适用于厂商或服务提供商，对于运营者来说，如果感知到了漏洞，应结合资产部署情况，确认漏洞影响的产品并及时通知产品厂商开展相应处置，包括以下两个核心工作：

1. 资产识别

资产识别是漏洞管理过程的关键活动，漏洞是附加在资产之上，掌握资产信息是做好漏洞管理的前提条件。在传统漏洞评估模型中，漏洞评估主要使用漏洞本身为视角，评价其严重性，例如，CVSS就将漏洞分成紧急、高危、中危和低危四个严重性等级。由于组织资产数量多、资产运行情况复杂，且漏洞数量日积月累导致的欠账太多，如果不引入更加全面的评价体系，这就导致了实际漏洞闭环管理将变得十分困难。而在实践中，通过引入以资产为视角的漏洞评估，如资产暴露面、资产价值、资产保护措施等可用来作为漏洞评估的依据，显著改善了这一情况。

通常，漏洞管理工具要具备不同的资产发现能力，从简单的网络扫描到云服务商的API集成。任何情况下，组织都应考虑业务不断发展带来的IT环境的变化，必须为漏洞管理计划范围内的所有技术环境实施资产发现，包括不限于云环境、移动和物联网设备，同时也应将资产发现与企业的变更管理连接起来。

在实际工作中，一方面，资产识别一般通过各类技术手段对全部资产进行识别和监控，重点发现影子资产、未登记的资产等，通常需要手工加自动识别相结合的方式进行管理，包括不限于主动的扫描探测、云端的情报识别、主机Agent采集、第三方配置管理数据库（Configuration Management Database，CMDB）平台对接、被动的流量、日志识别和手工梳理。资产识别后应统一盘点入库，发生变更时能够自动识别更新，对稽核后的错误资产信息进行修正。对识别到的全量资产，明确网络安全责任人，并做到资产安全状态可控。另一方面，以资产IP或URL作为一个基本标识，不断完善资产属性标签，对资产属性信息做到全面收集和管理，这一工作企业可以自主开发，也可以借助第三方商用资产管理平台，对从业务系统获取的各种数据进行采集和关联分析，以最大限度地获得资产信息。

2. 验证评估

验证评估主要是对已发现的漏洞进行风险等级评估、预警评估和漏洞验证，为后续的漏洞修复提供决策依据。

漏洞评估工作主要包括漏洞风险级别评估和漏洞修复优先级评估，以确定漏洞的实际影响程度及修复的优先级别。漏洞风险级别评估是指参考通用的或企业自有漏洞风险评估标准，结合漏洞的暴露程度和已知的漏洞利用工具等因素对已发现的系统漏洞风险进行分析的过程。常见的参考有CVSS评分法和《GB/T 30279—2020 信息安全技术 网络安全漏洞分类分级指南》等。漏洞修复优先级比较成熟的做法是借助外部平台从云端威胁情报获取外部漏洞利用活跃度的情报，结合自身业务系统重要程度，资产防护度等多种因素，综合评估，给出漏洞修复的优先级建议，使修补工作效果达到最大程度降低安全风险的目的。同时修复团队应根据一定处置原则进行漏洞修复风险处置。

具体到漏洞验证评估又主要包括以下三个方面的工作：

1. 漏洞复现和确认

根据感知到的漏洞信息，准备漏洞复现的环境，对漏洞进行复现并确认漏洞的真实性。这个过程如果有漏洞上报者提供的PoC等信息将大大提高复现的效率。如果没有外部PoC，组织的技术人员需要根据漏洞描述信息自己构建PoC并尝试复现。

2. 漏洞严重性评估

确认漏洞后，需要对漏洞的影响和风险进行评估。业界一般采用CVSS标准对漏洞的严重性进行评估，该评分标准包括三个指标组：基础指标组、威胁指标组和环境指标组。一般会引用基础指标作为漏洞评分，在某些情况下，也可结合时间漏洞评分和典型场景下的环境漏洞评分来综合对漏洞严重性进行打分。建议最终用户再根据其产品部署的实际情况评估环境漏洞评分，作为此漏洞在用户特定环境下最终漏洞评分，支撑用户漏洞消减方案部署决策。

3. 漏洞的影响分析

一个漏洞所在的组件或者代码片段可能被企业的多个产品和多个版本所引用，因此一个漏洞具体影响企业的哪些产品和版本是一个很有挑战的难题。这就要求组织建立基础的软件成分信息库，也就是构建软件物料清单（SBOM）的能力，从而能快速全面排查漏洞所影响的产品范围。漏洞的影响分析不仅仅是识别出哪些产品和版本受影响，最终还需要建立能力和机制以及工具平台，确保受影响的产品和版本团队能接收到漏洞修复的任务，触发下一步漏洞的修复动作并为其提供漏洞修复必需的输入信息。

5.6.3 漏洞修复

漏洞修复主要是厂商活动，针对已经发现的漏洞进行修复。对于厂商而言，并非所有漏洞都可以快速提供修复方案。如果涉及Web类的漏洞，修补速度往往会比较快，但是涉及底层架构、操作系统、芯片和协议漏洞，修复方案发布日期往往并非厂商可控制。

以公有云为例，业界绝大多数厂商在发现云服务上的高危漏洞时，通常能够在三至五天内发布修复方案，但如果涉及底层架构、操作系统、芯片和协议漏洞，修补时长往往长达数月，甚至无法修补。例如，Intel CPU漏洞"熔断"（Meltdown）和"幽灵"（Spectre）直接影响CPU的架构，该漏洞的修复不仅需要CPU厂商发布微码，而且还需要下游OS厂商配套OS的补丁。合入第三方厂商提供的补丁，还必须做必要的性能调优来弥补第三方补丁导致的性能下降，该类漏洞的协同修补时长通常需要数月才能完成。

组织根据对漏洞的根因分析，制定相应的修补计划并实施修补，需要注意以下几个方面：

1. 漏洞的根因分析抓住漏洞产生的本质

漏洞修复要从根本上对漏洞进行修复，避免出现因为攻击路径分析不全、漏洞代码修复不完整等导致的修补缺漏甚至出现修补旧漏洞引入新漏洞的情况。

2. 漏洞的修补要有优先级

一个组织的资源是有限的，应该具备漏洞修复优先级排序（Vulnerability Prioritization Technology，VPT）的能力，结合漏洞的 CVSS 严重等级评分和 PoC、漏洞在野利用情况等，并对业务的影响和可行性进行评估，为漏洞的修复制定一个优先级策略，确保高风险的漏洞优先被修补，从而把有限的资源投入到主要安全风险。

3. 漏洞修补时长根据漏洞的风险进行

对于高中风险漏洞，应该优先解决，例如，对于产品漏洞，厂商需推动产品和安全团队尽快提供修复方案；对于运营者，需推动漏洞修复团队制定漏洞修补的整体实施方案；而对于低风险漏洞，因为其可利用性以及利用后造成的危害都相对较低，因此可以设置较长的修复时长来平衡组织内资源的占用。具体漏洞修复时长没有统一的行业标准，谷歌 2021 年的一份报告显示，供应商、厂商平均花费 52 天修复报告的安全漏洞。

4. 漏洞的修补要充分验证

组织需对漏洞修复的充分性、有效性进行测试，也就是验证漏洞修补方案是否会对业务造成影响，修补后漏洞是否真实解决。例如，厂商审视对应漏洞的修复补丁是否按照规范的命名，在对应补丁目录中归档，对应的补丁是否真正打包到构建编译中；运营者需要充分测试，保障不会对业务产生负面影响，同时还需从补丁修复机制等方面验证漏洞是否真正被修复。定义漏洞管理策略和基线，明确不同级别漏洞的处理策略和漏洞修复基准，并制定相应的服务水平目标（Service Level Object，SLO）。例如，当遇到无法修复的漏洞时，如何选择合适的方式规避风险；当低于漏洞修复基线时，需要分析原因，调整策略。

5.6.4　漏洞披露

这个流程活动主要为厂商参与。漏洞披露应遵循合法合规的基本原则，以"减少伤害和降低风险"为出发点。不同组织应结合行业特点，选择合适的漏洞披露方式。例如，对于涉及基础网络等产品的安全漏洞，需要通过私密披露方式披露给受影响客户；对于面向消费者的产品的安全漏洞，原则上在规避方案或补丁可用时，可以通过在线升级（OTA）推送的方式或者网站公开的方式披露。但如果该漏洞也对网络基础设施或整网有影响，则也会被点对点通知相关的客户。

在学者研究及行业发展中，网络安全漏洞披露被概括为完全披露、负责任披露和协同披露三种类型。近年来，随着信息共享理念应对风险的有效性逐渐显现，网络安全漏洞披露的方式以更易于降低威胁的方式演化，网络安全漏洞发现与修复之间所需的时间差和平衡各方需求成为网络安全漏洞披露的基本考量，厂商、政府、安全研究人员等主体之间的漏洞安全信息共享成为漏洞披露的重要内容。业界普遍开始用"协同披露"代替"负责任披露"的说法。协同披露强调漏洞发现者、厂商、协调者和政府机构等利益相关方应共享安全漏洞信息、协同工作，积极协作处置风险，共同保障用户安全、社会公共利益和国家安全。

安全漏洞协同披露强调用户安全至上，倡导面临同一风险的利益相关方分享安全信息、协同共治，实现降低整个群体所面临的网络安全风险。在高危安全漏洞日益增多后信息化时代，以信息共享和维护用户利益为导向的协同披露成为一些大型跨国厂商推行的解决方案。

第2章介绍的中国、欧盟等国家和区域漏洞相关立法对漏洞披露提出相关要求，组织在建立漏洞披露渠道时，可考虑以下方面：

1. 渠道安全性

建立漏洞披露渠道需要保障渠道的安全性，避免渠道被攻击或滥用。组织可以考虑采用加密、身份验证和访问控制等措施来保障漏洞披露渠道的安全性。

2. 内容公开程度

对于公开漏洞披露渠道，需要考虑公开漏洞披露的程度。组织可以选择完全公开漏洞披露，或选择部分公开漏洞披露方式。

3. 渠道宣传

组织需要宣传漏洞披露渠道，以便让更多的外部利益相关方知道漏洞披露渠道的存在，从而有效帮助客户及时了解漏洞信息。

发布漏洞公告的目的是在发现、分析和修复产品和服务中存在的安全漏洞的过程中，将有关漏洞和受影响产品信息公开或受限披露给客户及利益相关方。漏洞披露是组织履行商业义务的一部分，漏洞披露让上下游合作厂商、相关开发者、系统管理员和最终用户了解潜在的网络安全风险，从而采取相应的必要措施来修复或减轻漏洞带来的影响。漏洞披露的过程既要遵循商业合同中确定的规则和流程，也需要遵循相关的法律法规要求，基于客户知情（Need-to-Know）、受影响告知、支撑客户开展漏洞风险消减和利益相关方协同披露等原则，确保信息的披露不会导致恶意攻击者利用漏洞进行攻击。漏洞公告的形式有以下几种：

（1）版本/补丁说明书发布公告（Release Notes，RN）：公告的目标受众为非安全专业人员，不会涵盖详细的漏洞信息，但会给出漏洞的严重等级，用于支持用户安排其现网修复部署计划的决策。

（2）安全通告（Security Advisory，SA）：产品/服务供应商提供漏洞对应的补救措施、业务影响和严重等级等信息或文档，以支持客户作风险决策，是产品/服务供应商向客户通知漏洞的最常用形式，一般是经确认的相关技术信息，包括但不限于规避方案、解决方案。

5.6.5 修复部署

修复部署是运营者角色的重要活动，因为产品和服务资产归属于运营者，厂商在这个过程中更多承担支持和协同的角色。从运营者的角度来看，频繁的现网补丁部署意味着频繁的操作生产环境，同时也意味着繁重的补丁测试和入网工作，带来更高的操作成本。因此，漏洞修复工作应讲究一定的原则。首先，漏洞修复团队应根据安全团队的修复建议，从整个应用系统层面对漏洞修补方案的影响和可行性进行评估，在确定漏洞修复优先级的基础上，按照优先解决业务系统的高、中风险漏洞；其次，按照解决低风险漏洞的原则，制定漏洞修补的整体实施方案。在制定漏洞修补方案过程中，应确保方案能够有效降低漏洞的风险，进行充分测试，不会对业务产生负面影响。漏洞修复的目标是尽可能防范漏洞被利用，将漏洞影响降到最低，这也就要求我们的漏洞修复工作时间要降低、效率要提升、质量要提高。

作为运营者，在这个流程中，重点需要根据组织职责划分，明确漏洞的归属部门，具体责任界面划分如下：

（1）漏洞修复负责部门依据安全漏洞分析报告及加固建议制定详细的安全加固方案（包括回退方案），报业务部门和安全部门审批。

（2）漏洞修复负责部门实施信息系统漏洞修复测试，观察无异常后，将修复测试结果提交给业务部门和安全部门。

（3）漏洞修复负责部门在生产环境中实施信息系统的漏洞修复，观察结果是否有异常。

（4）漏洞修复负责部门在完成漏洞修复后编制漏洞修复报告，并提交业务部门和安全部门备案。

（5）安全部门负责审核漏洞修复报告，并验证漏洞修复是否彻底，若不彻底，应反馈修复部门继续修复，直到漏洞修复彻底。

作为厂商，在这个流程中，更多的是和运营者的安全和业务部门对接，做好相关技术支撑，协助运营者实施漏洞补丁或者升级版本的部署。

5.6.6 持续监控与改进

修补后的活动主要适用于厂商或服务提供商，是指在发布漏洞修复以及支撑客户完成漏洞现网修复动作后，需同步采取的措施：

（1）要持续跟进业界的动态，观察修补方案是否有效，如漏洞修复不彻底，攻击手段变化后仍可成功利用。

（2）研发要针对漏洞失效机理，研发过程活动失效环节进行根因分析，避免同类问题重犯。

（3）服务要持续跟进部署之后表现是否正常。

（4）总结复盘，把漏洞处置过程的所有经验固化到前端产品设计和测试活动中，形成能力积累，防止重复同类漏洞的产生，持续改进。

案例1:思科漏洞管理流程

思科产品安全事件响应流程主要包括感知（Awareness）、主动管理（Active Management）、软件修复（Software Fixes）、用户通知（Customer Notification）[①]四个阶段，如图5-5所示。

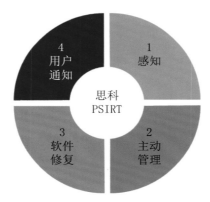

图5-5　思科产品漏洞治理流程

（1）感知：思科产品安全事故响应小组（Cisco Product Security Incident Response Team，PSIRT）接收安全事件通知。

（2）主动管理：PSIRT确定资源的优先级并确定资源。

（3）软件修复：PSIRT协调修复和影响评估。

（4）用户通知：PSIRT通知所有用户。

---

① 思科漏洞政策：https://sec.cloudapps.cisco.com/security/center/resources/security_vulnerability_policy.html.

在思科的漏洞治理流程中，不论软件代码版本或产品生命周期状态如何，思科PSIRT都会调查所有报告，直到产品达到最后支持日（Last Date of Support，LDoS）。PSIRT将根据漏洞的潜在严重性和其他环境因素对问题进行优先级排序。最终，解决报告的事件可能需要升级思科的产品和云服务。在整个调查过程中，思科PSIRT与报告源（如事件报告者）协作，以确认漏洞的性质、收集所需的技术信息并确定适当的补救措施。初步调查完成后，将向事件报告者提交调查结果及解决和公开披露计划。如果事件报告者不同意该结论，思科PSIRT将尽一切努力解决这些问题。如果事件无法通过正常流程达成一致，事件报告者可以通过联系思科技术支持中心（Technical Assistance Center，TAC）并请求全球思科PSIRT主管来升级处理。在调查期间，思科PSIRT都会在高度机密的基础上管理所有敏感信息。内部分配仅限于那些有合法"需要知道（Need to know）"并可以积极协助解决问题的个人。同样，思科PSIRT要求事件报告者严格保密，直到客户获得完整的解决方案，并由思科PSIRT通过适当的方式披露在思科网站上。

思科PSIRT与第三方协调中心，如计算机应急响应小组协调中心（CERT/CC）、芬兰计算机应急响应小组（CERT-FI）、日本计算机应急响应小组（JP-CERT）和国家保护安全局（NPSA）等合作，管理向思科报告的可能影响多个供应商的漏洞披露问题，如通用协议问题。在这些情况下，思科PSIRT将协助事件报告者联系协调中心或代表事件报告者进行联系。思科PSIRT会持续协调，以确定安全事件状态更新的频率和文档更新。

1. 感知

在思科安全事件响应流程中的第一步则是对漏洞的感知。思科PSIRT提供7×24小时的服务，疑似安全漏洞问题鼓励联系PSIRT上报或获取支持，紧急情况可拨打电话，非紧急情况则通过邮件反馈，PSIRT将会于48小时内响应，而一般安全问题则可咨询TAC。

2. 主动管理

在思科安全事件响应流程的第二步中，PSIRT需要确定资源及对应的优先级。其中，在对思科使用通用漏洞评分系统（CVSS）的3.1版作为其评估思科产品和云服务中报告的潜在漏洞。CVSS模型使用三种不同的度量或分数，包括基本、时间和环境计算。思科将提供基本漏洞分数的评估，在某些情况下，还提供临时漏洞分数。思科建议最终用户根据其网络参数计算环境评分。三个分数组合为最终分数，反应特定环境下的漏洞严重性。思科建议组织使用此最终分数来确定自己环境中响应的优先级。

除了CVSS之外，思科还使用安全影响评级（Security Impact Rating，SIR）作为以更简单的方式对漏洞严重性进行分类的方法。SIR基于CVSS确定严重性等级量表的基本分数，可由PSIRT进行调整以考虑思科特定变量，并包含在每个思科安全公告中。

3. 用户通知

在思科安全事件响应流程的第四步中，PSIRT通过官网、邮箱、安全管理平台、用户通知等途径发布安全漏洞的最新信息。

在所有公开发布的信息中，思科都披露了最终用户评估漏洞影响所需的信息以及保护其环境所需的所有潜在步骤，但不提供能被他人利用的漏洞详细信息。

思科安全公告提供有关安全漏洞的详细信息，这些漏洞直接涉及思科的产品和云服务，需要升级、修复或其他客户操作。安全公告用于披露具有严重、高或中风险的安全漏洞。思科的安全漏洞展示平台①如图5-6所示。

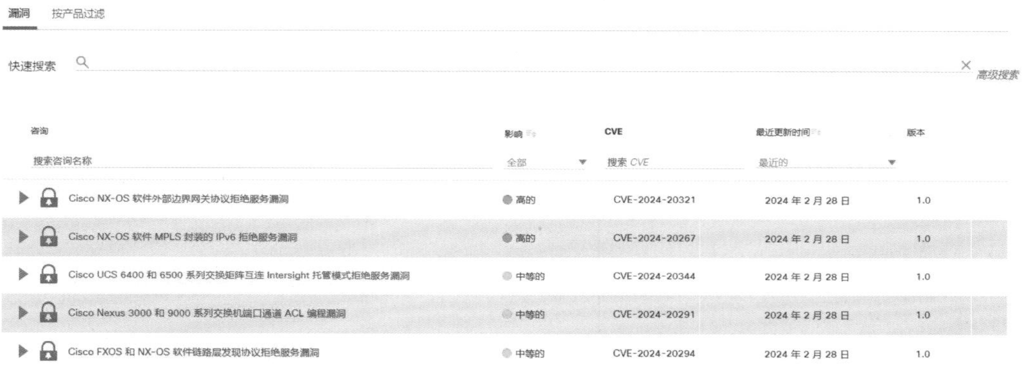
漏洞 按产品过滤

快速搜索 高级搜索

咨询	影响	CVE	最近更新时间	版本
搜索咨询名称	全部	搜索 CVE	最近的	
Cisco NX-OS 软件外部边界网关协议拒绝服务漏洞	高的	CVE-2024-20321	2024 年 2 月 28 日	1.0
Cisco NX-OS 软件 MPLS 封装的 IPv6 拒绝服务漏洞	高的	CVE-2024-20267	2024 年 2 月 28 日	1.0
Cisco UCS 6400 和 6500 系列交换矩阵互连 Intersight 托管模式拒绝服务漏洞	中等的	CVE-2024-20344	2024 年 2 月 28 日	1.0
Cisco Nexus 3000 和 9000 系列交换机端口通道 ACL 编程漏洞	中等的	CVE-2024-20291	2024 年 2 月 28 日	1.0
Cisco FXOS 和 NX-OS 软件链路层发现协议拒绝服务漏洞	中等的	CVE-2024-20294	2024 年 2 月 28 日	1.0

图5-6　思科安全公告

所有披露具有严重、高或中SIR漏洞的思科安全公告都包含下载通用安全公告框架（CSAF）内容的选项。CSAF是一种行业标准，旨在以机器可读的格式描述漏洞信息。该机器可读内容可与其他工具一起使用，以自动解释安全公告中包含的数据。CSAF内容可以直接从每个安全公告下载。

如果存在以下情况，思科将同时向客户和公众公开披露上述思科安全公告，且该公告可能包括一套完整的补丁或解决方法：

（1）思科PSIRT已完成事件响应流程，并确定存在足够的软件补丁或变通办法来解决此漏洞，或者计划随后公开披露修复代码以解决严重漏洞。

（2）思科PSIRT观察到一个漏洞被广泛利用，该漏洞可能导致思科客户的风险增加。

（3）影响思科产品和云服务的漏洞被大众广泛了解，可能导致思科客户的风险增加。

---

① 思科安全公告：https://sec.cloudapps.cisco.com/security/center/publicationListing.x.

案例2:微软

以下对微软漏洞治理流程进行简要说明,读者也可以在微软的官方网站找到最新的漏洞治理信息。[①]

1. 漏洞识别

首先,微软通过端到端的自动化扫描工具,可以快速识别产品及服务在网络及系统中的漏洞,同时通过渗透测试等方式进行补充,实现漏洞的主动检测和自动化感知。其次,微软通过MSRC官网进行漏洞接收,且MSRC通过设置漏洞奖励计划(Microsoft Bug Bounty Program)激励研究者进行漏洞的报告。

评估漏洞所需的时间很大程度上取决于漏洞报告中提供的信息的质量。微软为了帮助安全研究人员更好地了解加速漏洞评估所需的信息,为漏洞报告定义了三个质量级别:低、中和高。并鼓励每个人尽可能提供高质量的报告。报告质量定义如表5-4所示。

表5-4 微软漏洞报告质量报告要求

质 量	描 述	所 需 资 料
低	低质量的漏洞报告提供了足够的信息来重现漏洞,但不包括可靠的概念证明	• 漏洞类型 • 受影响的组件(名称、版本) • 受影响的目标环境(类型、版本) • 漏洞重现输出(调试器输出、屏幕截图等) • 概念验证
中	中等质量的漏洞报告通过提供可靠且最小化的概念证明来改进低质量报告	• 低质量报告所需的所有信息 • 可靠且最小化的概念验证
高	高质量的漏洞报告通过提供详细且正确的漏洞分析来改进中等质量的报告	• 中等质量报告所需的所有信息 • 详细且正确地分析

2. 漏洞评估

在识别潜在漏洞或错误配置之后,微软会验证其真实性,并进行风险评级。微软基于CVSS制定了漏洞评估标准,不同级别的漏洞具有不同的处理修复服务等级协议(Service-Level Agreement,SLA),包括修复时间、修复率等。

3. 漏洞修复

一旦识别与评估漏洞之后,微软会进行漏洞的修复。一般情况下所有的漏洞都是需要被修复的,即使无法完全修正,也会选择缓解风险或施加其他控制措施将影响降至最低。

[①] 漏洞管理: https://www.microsoft.com/zh-cn/security/business/security-101/what-is-vulnerability-management.

4. 漏洞披露

在漏洞处置完成之后，微软会进行漏洞披露，以帮助用户尽快采取行动降低漏洞导致的影响，同时确保微软对于漏洞治理相关法律法规的遵从性。微软报告漏洞的方式包括以下几种：

（1）漏洞公告（Microsoft 安全更新指南）：MSRC 每月发布一次安全公告，内容包括当月将发行的安全更新、对应所解决的安全漏洞、补救措施描述，并为受影响的软件提供更新链接。每个安全公告附带一篇唯一的知识库文章，提供关于更新的详细信息。截至 2021 年 7 月，微软已退出安全公告计划，代之以 Microsoft 安全更新指南[①]。这是一个基于 Web 的门户，提供有关微软产品中安全更新和漏洞的更详细的交互式信息。Microsoft 安全更新指南允许用户根据各种标准筛选和排序信息，并提供直接从微软下载更新的链接，图 5-7 展示了微软最新的漏洞公告。

安全更新程序指南

微软安全响应中心 (MSRC) 会调查所有影响微软产品和服务的安全漏洞报告，并在此处提供相关信息，这有助于您管理安全风险和保护系统安全的持续努力的一部分。

全部　部署　**漏洞**　咨询意见

📅 选择日期范围 ∨

🔍 关键字　　　　　　　　　未分组 ∨

发布日期	最后更新	CVE 编号 ↓	CVE 标题	影响	最高严重性	标签
2024年2月29日	-	CVE-2024-26196	Android版Microsoft Edge (基于Chromium) 信息泄露漏洞	信息泄露	低	适用于 Android 的 Microsoft Edge
2024年2月23日	-	CVE-2024-26192	Microsoft Edge (基于Chromium) 信息泄露漏洞	信息泄露	重要	Microsoft Edge (基于 Chromium)
2024年2月23日	-	CVE-2024-26188	基于 Chromium 的 Microsoft Edge 欺骗漏洞	拐	低	Microsoft Edge (基于 Chromium)
2024年2月28日	-	CVE-2024-21626	GitHub: CVE-2024-21626 通过 process.cwd 欺骗和泄露的 fds 实破容	特权提升	严重	GitHub
2024年2月23日	-	CVE-2024-21423	Microsoft Edge (基于Chromium) 信息泄露漏洞	信息泄露	低	Microsoft Edge (基于 Chromium)
2024年2月13日	-	CVE-2024-21420	Microsoft WDAC OLE DB Provider for SQL Server 远程执行代码漏洞	远程执行代码	重要	用于 SQL 的 Microsoft WDAC OLE DB 提供程序
2024年2月13日	2024年2月14日	CVE-2024-21413	Microsoft Outlook 远程代码执行漏洞	远程执行代码	严重	微软办公软件
2024年2月13日	2024年2月15日	CVE-2024-21412	互联网快捷方式文件安全功能绕过漏洞	安全功能绕行	重要	互联网快捷方式文件
2024年2月13日	2024年3月1日	CVE-2024-21410	Microsoft Exchange Server 权限提升漏洞	特权提升	严重	微软交换服务器

图 5-7　微软漏洞公告

（2）协调漏洞披露：微软的协调漏洞披露政策（CVD）用于及时和负责任地识别和解决漏洞，可实现安全研究人员、客户和微软之间的有效协作。根据协调漏洞披露的原则，研究人员直接向受影响产品的供应商披露新发现的硬件、软件和服务中的漏洞；国家 CERT 或其他协调员将私下向供应商报告，或向私人服务机构提供，该服务机构同样会私下向供应商报告。在任何一方向公众披露详细的漏洞或利用信息之前，研究人员允许供应商有机会诊断并提供经过全面测试的更新、解决方法或其他纠正措施。供应商在整个漏洞调查过程中继续与研究人员协调，并向研究人员提供案件进展的最新信息。发布更新后，供应商可能会识别研究发现者并私下报告问题。如果攻击在野发生，并且供应商仍在进行更新，那么研究人员和供应商都会尽可能密切地合作，尽早公开漏洞披露以保护客户，目的是为客户提供及时、一致的指导，帮助他们保护自己。协调漏洞披露步骤如图 5-8 所示。

---

① Microsoft 安全更新指南链接：https://msrc.microsoft.com/update-guide.

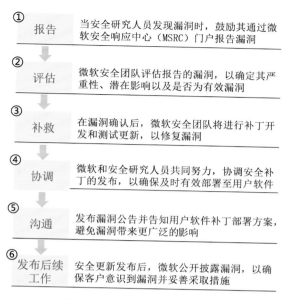

图 5-8　微软协调漏洞披露步骤

5.7 漏洞治理工具

在治理流程中明确了组织内部各环节的活动和责任要求，为促使组织内部各责任主体履责，各流程环节可真实有效落地，以及从管理视角对履责结果数据可视，需在漏洞处理准备时，同步建设相关的治理工具。本节主要讨论端到端漏洞治理流程在组织落地时，为了提升治理能力和效率需要配套建设的治理工具。

1. 资产发现

企业资产环境复杂，甚至会在多个地点拥有数千项资产，包括设备、软件、服务器等记录，针对资产记录应准确、及时、完整，但这可能非常复杂。这就需要有资产识别和资产管理系统支撑了解组织拥有哪些资产、位于何处以及归属谁。

2. 漏洞感知与扫描

企业需要建立系统化的漏洞感知能力，以具备足够的能力能感知并持续感知漏洞，系统化的漏洞感知能力包括以下方面：

（1）漏洞主动感知系统：建立主动感知系统，通过主动对知名公开漏洞库、开源社区、安全网站等信息源进行监测，基于企业资产和资产中的成分（如使用的开源软件、第三方件），及时感知企业相关的漏洞信息，将感知到的漏洞纳入企业漏洞库中统一管理。在主动通过工程化能力感知漏洞的同时，企业也需要对外公布漏洞接收邮箱，以便于研究者和漏洞协调组织及时传递漏洞信息。

（2）漏洞奖励计划平台：企业通过建立漏洞奖励计划，主动建立同安全研究人员、安全组织等的协同合作，需配套建设奖励计划平台，以系统地管理对外的协同计划，以及接收到的漏洞信息。

（3）漏洞舆情监控系统：为保证高风险漏洞的及时感知，需要对业界舆情进行持续监控，通过关键词、关键网站等信息监控，过滤舆情信息以确保涉及企业的漏洞舆情信息能第一时间感知。

（4）漏洞扫描工具：企业需要根据自身的需求和情况选择合适的扫描工具，主动例行对产品/系统进行扫描，以识别产品/系统中存在的已知漏洞，常用的有Nessus、OpenVAS、Acunetix Web Vulnerability Scanne、绿盟RSAS等。

3. 漏洞验证与修复

（1）产品软件成分管理系统：组织需要主动全量管理其产品/系统中的成分（如使用的开源软件、第三方件），并建立成分管理系统，结构化管理成分数据，支撑漏洞管理的追溯和通知。

（2）产品漏洞追溯和通知系统：企业感知到漏洞信息后，需要基于产品/系统中的成分，将漏洞信息通知到对应的产品/系统责任人，使相关责任人可以感知到疑似受影响漏洞，以便于其可以启动验证和修补等动作。

（3）漏洞验证和修补作业系统：为支撑产品/系统责任人对其感知到的每个疑似受影响漏洞进行最终的严重等级评估，并管理最终修补结果，漏洞验证和修补作业系统是必不可少的，企业需要建设该系统，以数字化管理所有感知到的漏洞的处置结果，确保每个风险都有效管理。

4. 漏洞管理看板

企业需要对漏洞管理结果可视可管，需建立IT平台或看板，通过从真实作业活动中获取原始数据，形成本组织漏洞管理水平和落地情况的"画像"，实现对本企业的漏洞管理能力的"可视""可管"。

5.8 建设保障体系

在漏洞治理的各个流程活动中，必要的保障体系建立也是必不可少的。例如，组织需自建或者采购配套的漏洞治理工具和平台，持续评估和提升漏洞治理水平，加强验证体系等。本节从漏洞治理工具、评估和验证体系建立以及培训教育几方面进行展开。

5.8.1　验证体系

组织除了进行漏洞治理能力成熟度评估识别差距，进行能力改进，还需建立验证体系和验证机制来确保符合网络安全相关法律法规、客户要求及检验管理要求执行结果，必要时进行管理问责。主要包含以下几方面的内容：

（1）建立验证机制：建立多方的验证机制，基于标准持续验证管理和技术措施的正确性和有效性，对产品和服务、管理体系及人员提供基于事实证据的验证结果，以增强内外部利益相关方的信心。

（2）检查与测试：在产品/系统/服务的全生命周期管理过程中，持续开展漏洞的检查与测试活动，保障安全质量。

（3）稽查与审计：规划、建立并按计划开展稽查与审计活动，对漏洞治理工作有效性进行评估，确保符合内、外部的要求。

（4）客户验证：按照客户验证需求和过程，提供相应资源和技术支持，支撑客户验证，管理验证结果。

（5）第三方验证：主动规划独立第三方机构按照国家或行业标准，对产品/服务或管理体系、人员进行网络安全和隐私保护认证。

（6）闭环管理：对各方验证的结果进行闭环管理，持续改进产品/服务的安全质量，提升管理体系和人员能力。

5.8.2　培训教育

为支撑漏洞治理要求的落地，面向漏洞管理专业岗位、普通研发人员及管理者等不同群体，开发漏洞学习赋能资源，以考促训，确保漏洞管理相关角色具备必备的专业能力和认知以履行职责。同时通过任职资格牵引漏洞管理专业人员能力提升，促进产品团队漏洞管理专业能力构建。

培训教育的目标分为以下几个方面：

（1）树立全员安全意识：组织内所有员工和相关合同方都应接受适当的意识培训。

（2）培养管理层认知：培养管理层安全意识，让管理层认识到问题的重要性。

（3）赋能培训：提供基于角色的安全课程和培训，激励相关人员参加认证并持续提升个人能力。

具体要求如下：

（1）对管理者：管理者对漏洞管理结果负责，需掌握漏洞管理政策要求，学习漏洞管理意识培训课程，参加危机演练，具备漏洞端到端管理意识。

（2）对产品安全事故响应小组（PSIRT）：PSIRT人员要站在安全技术和趋势的前沿，了解最新漏洞利用趋势、方法、技术，持证上岗。

（3）对产品漏洞管理专员：漏洞处置专业人员负责对漏洞进行调查、分析和响应，必须参加上岗培训并100%通过认证，实行持证上岗。

（4）对研发人员：将漏洞管理相关能力要求融入产品定义、系统设计、软件实现、测试验证的赋能认证体系中，确保研发规划工程师、系统设计工程师、开发工程师、测试工程师、运维工程师熟悉并遵守企业漏洞管理规则和流程要求。

（5）对服务人员：服务人员每年至少参加一次漏洞处置培训，同时获得网络安全上岗证，确保服务人员熟悉并遵守企业漏洞业务处置规则和流程要求，掌握漏洞处置的IT平台和工具，具备在客户界面漏洞沟通和消减的能力。

（6）对全员：通过宣传海报、安全意识宣贯等形式提升全员的漏洞管理意识与认知。

5.8.3 评估组织漏洞治理能力

结合漏洞相关法律法规、标准以及最佳实践等，本书提出了一种用于评估组织漏洞治理能力成熟的方法，并以某软件开发厂商为例，适用本模型进行了成熟度评估。需要说明的是，漏洞治理能力成熟度评估是一个持续的过程，组织通过考察漏洞治理建设不同时期成熟度的变化，更好地了解自身漏洞治理现状与目标之间的差距，来规划治理能力提升的改进方向，并作为向管理层汇报的有力支撑。

1. 漏洞治理成熟度模型

对漏洞治理成熟度的评估除了可以帮助组织发现问题持续改善，还支撑对未来出现的情况进行有效的预判和决策。

当前业界关于漏洞治理成熟度模型的研究并不多，本书基于能力成熟度模型（CMM）的五个成熟阶段，围绕漏洞生命周期的相关法律法规、标准、规范等要求，提出治理成熟度评估模型。该模型是一个适用于厂商和运营者的通用模型，各组织根据所适用的角色来选择相应的领域，并对照检查项评估自身组织的漏洞治理成熟度。

首先，本模型扩展了ISO/IEC 30111定义的漏洞生命周期的阶段，把产生漏洞的开发阶段也纳入度量，该阶段对厂商至关重要，是保障产品/服务"天然漏洞少"的关键。本书将成熟度模型生命周期分为准备，产品开发，漏洞识别，漏洞、分析、修复及验证，漏洞披露，漏洞修复部署，漏洞修补后活动共七个阶段，结合本书前述章节介绍的ISO/IEC 30111、NIST 800、SANS等相关标准细则进行映射，各阶段对应不同的领域和评估指标。例如，在准备阶段，需建立政策标准及流程、管理利益相关方、建立漏洞处置相关资源。漏洞治理成熟度模型控制域及评估指标如表5-5所示。

表5-5　漏洞治理成熟度模型

编号	漏洞管理生命周期	适用角色	领　域	领　域　描　述	评　估　指　标
1	准备阶段	厂商、运营者	政策、标准及流程	制定组织漏洞管理政策、标准和流程，以促进整体漏洞管理意识及确立实施准则	1.1 政策及标准
					1.2 流程
			利益相关方管理	利益相关方的生态系统应包含产品/服务开发的上下游相关方、内部相关方以及漏洞发现者相关方	1.3 内部相关方
					1.4 外部相关方
			资源	保证有足够的针对漏洞管理的资源的投入、漏洞管理工具的使用及培训的开展	1.5 漏洞治理工具及资源
					1.6 培训
2	开发阶段	厂商	产品代码的漏洞管理	产品/服务开发团队在编码时，定义并实施编码安全标准、产品代码库的漏洞管理要求以及出口标准，以检测并提早修复产品潜在的漏洞	2.1 产品代码的漏洞治理
			第三方及开源组件的漏洞治理	管理和评审第三方及开源组件	2.2 第三方及开源组件的漏洞治理
			产品发版前的质量门禁控制	在产品/服务发布前执行质量门禁控制，以尽早检测出漏洞，并进行修复	2.3 产品发版前的质量门禁控制
3	漏洞识别阶段	厂商、运营者	内部自动化	在组织内部使用自动化测试工具识别漏洞，并通过持续的调整及改进确保工具的有效性，加强漏洞识别	3.1 自动化漏洞测试工具的清单
					3.2 自动化漏洞测试工具的执行
					3.3 自动化漏洞测试报告及结果可视化
			内部手动	通过人工代码审核、手动渗透测试和漏洞内部上报鼓励计划等一系列标准流程，发现产品/服务及其部署环境中的漏洞	3.4 手动漏洞测试及人工代码审查
					3.5 漏洞内部上报鼓励计划

编号	漏洞管理生命周期	适用角色	领 域	领 域 描 述	评 估 指 标
			外部来源	通过产品/服务组件漏洞监控、外部渗透测试、外部漏洞上报奖励计划等一系列标准流程，去衡量外部测试的性能，并管理发现漏洞的外部来源	3.6 接收报告
					3.7 监控产品组件漏洞
					3.8 外部漏洞上报奖励计划
			沟通	对内部相关方沟通信息保密	3.9 对内部相关方沟通信息保密
4	漏洞分析、修复及验证阶段	厂商、运营者	分析	分析与验证漏洞，决定漏洞处理的优先次序，并执行根因分析	4.1 漏洞的分析及验证
					4.2 漏洞处理优先级
					4.3 根因分析
			修复及验证	与相关方在修复方案及其交付上达成一致	4.4 修复方案及验证
5	漏洞披露阶段	厂商	安全公告	快速回应公众即将曝光或已经曝光的产品/服务疑似漏洞或安全话题（通常不含漏洞具体信息）	5.1 快速回应公众即将曝光或已经曝光的疑似漏洞或安全话题，通常不含漏洞具体信息
			协调披露	与相关方就漏洞信息进行沟通；在向公众披露漏洞前，就披露内容达成一致	5.2 协调披露
			安全通告及漏洞披露文件	通过漏洞披露及漏洞通告向利益相关方提供漏洞信息	5.3 安全通告及漏洞披露文件
6	漏洞修复部署阶段	运营者	补丁的部署与漏洞修复时的配置变更	通过定义及改进补丁的部署及漏洞修复时的配置变更机制，规范漏洞修复的部署	6.1 补丁的部署与漏洞修复时的配置变更
7	漏洞修补后活动阶段	厂商、运营者	漏洞治理的持续性运营	持续地进行漏洞管理的运营与维护	6.2 响应客户提出的反馈
			漏洞修复后的复盘及改进	对于漏洞响应流程的复盘及改进	6.3 漏洞事件响应的运作及有效性
					6.4 对漏洞治理流程的评审、回顾及改进

接下来，将每项评估指标分为五个成熟度等级，分别是1级——初始、2级——管理、3级——定义、4级——量化管理、5级——优化。针对每项评估指标的成熟

度等级给出具体达标标准,以准备阶段中的政策、标准及流程这个领域来举例,它包含两个评估指标"1.1　政策及标准"和"1.2　流程"。表5-6展示了政策、标准及流程这个领域包含的两个评估指标对应的成熟度的评估标准。

表5-6　政策、标准及流程成熟度评估标准

成熟度等级	评　估　指　标	
	1.1　政策及标准	1.2　流程
1级——初始	1. 漏洞管理政策及标准: a. 无正式文件	1. 漏洞管理流程文件: a. 无正式文件
2级——管理	1. 漏洞管理政策及标准文件: a. 具有正式文件	1. 漏洞管理流程文件: a. 具有正式文件
3级——定义	1. 漏洞管理政策及标准文件: a. 具有正式文件; b. 政策内容:漏洞管理政策适用于整个组织层级及各个领域(如客户服务、公共关系、采购等),并清楚说明漏洞管理计划的整体目标及应考虑事项; c. 标准内容:须包含业务目标及对应的漏洞风险评估、漏洞处理的执行步骤和相关的治理工作(如漏洞预防工作、自动化及手动的漏洞测试、漏洞分析及验证、漏洞披露及部署等)。同时明确规定相关方的角色职责(包括各内部相关部门及外部供应商等) d. 管理层支持:管理层以公司的整体目标为基准,针对产品或服务安全性要求,制定漏洞管理政策,承诺持续改进漏洞处理流程,以正式的书面记录方式提供管理层的认可及支持(例如会议纪要或正式公文); 2. 文件使用者:容易取得(例如,放置于公司内部网站或共享文件夹中,且相关人员清楚知道存放的位置且具有权限查阅相关文件)、容易理解(针对具有一定基础知识的文件使用者,对于文件内容,可在无他人协助的情况下,理解大部分内容)	1. 漏洞管理流程文件: a. 有正式的流程文件; b. 明确定义了漏洞管理的流程,详细说明了实现漏洞管理的方法(准备阶段,开发阶段,漏洞识别阶段,漏洞分析,修复及验证阶段,漏洞披露阶段,漏洞修复的部署阶段,漏洞管理活动的运作与维护阶段); 2. 应用范围: a. 漏洞管理流程文件已在大部分产品(60%以上)中强制实施/执行;其中关键或影响力较大的产品均已被相关单位严格实施/执行(关键或影响力较大的产品可参考产品的风险评估结果) 3. 实施情况: a. 实施人员能够查阅完整的漏洞管理流程文件或对在实施过程中遇到的问题发起专家咨询,并且能够查阅已经完成的漏洞管理流程记录文档或文件作参考

成熟度等级	评　估　指　标	
	1.1　政策及标准	1.2　流程
4级——量化管理	1. 漏洞管理政策及标准文件： a. 具有正式文件； b. 政策内容：漏洞管理政策适用于整个企业层级及各个领域(如客户服务、公共关系、法律、采购等)，并清楚说明漏洞管理计划的整体目标及应考虑事项； c. 标准内容：须包含业务目标及对应的漏洞风险评估、漏洞处理的执行步骤和相关的治理工作(例如漏洞预防工作、自动化及手动的漏洞测试、漏洞分析及验证、漏洞披露及部署等)。同时明确规定相关方的角色职责(包括各内部相关部门及外部供应商等)； d. 管理层支持：管理层以公司的整体目标为基准，针对产品或服务安全性要求，制定漏洞管理政策，承诺持续改进漏洞处理流程，以正式的书面记录方式提供管理层的认可及支持(如会议纪要或正式公文) 2. 文件使用者：容易取得(例如，放置于公司内部网站或共享文件夹中，且相关人员清楚知道存放的位置且具有权限查阅相关文件)、容易理解(针对具有一定基础知识的文件使用者，对于文件内容，可在无他人协助的情况下，理解大部分内容)。 3. 管理工作： a. 依据业务及政策要求，定期(例如每半年或一年)对政策及标准进行追踪与检查，同时有适当的文件存档及检查记录保存机制(记录包括问题发生的时间、原因及未遵循事项的详细内容)，以在必要时可以调出相关证明材料(例如，证明满足某些安全需求情况的证明材料)	1. 漏洞管理流程文件： a. 有正式的流程文件； b. 明确地定义了漏洞管理的流程及详细说明了实现漏洞管理的方法(准备阶段，开发阶段，漏洞识别阶段，漏洞分析、修复及验证阶段，漏洞披露阶段，漏洞修复的部署阶段，漏洞管理活动的运作与维护阶段)。 2. 应用范围： a. 漏洞管理流程文件已在大部分产品(60%以上)中强制实施/执行；其中关键或影响力较大的产品均已被相关单位严格实施/执行(关键或影响力较大的产品可参考产品的风险评估结果)； b. 漏洞管理流程的实施范围覆盖企业内部及外部的相关方 3. 实施情况： a. 实施人员能够查阅完整的漏洞管理流程文件或对在实施过程中遇到的问题发起专家咨询，并且能够查阅已经完成的漏洞管理流程记录文档或文件作参考； b. 针对已定义流程，在定期实际操作中能跟踪实施情况，并能发现文件定义和实际实施中的差异点(如流程是否能按照文件所定义的进行实施，实施人员是否熟悉流程、理解自己所处的角色、结果是否符合预期等)，目前的漏洞管理流程实施效果已经达到了公司漏洞管理政策或组织战略的预期目标。 4. 实施效果： a. 能度量及判断漏洞当前的管理流程的效率和效果，如产品在实施漏洞管理前后或持续实施漏洞管理过程中，通过对产生(发现)的漏洞数量、修补漏洞所需的时间、人员发起咨询的数量等指标综合度量及判断出管理流程的效率和效果

成熟度等级	评 估 指 标	
	1.1 政策及标准	**1.2 流程**
5级——优化	1. 漏洞管理政策及标准文件： a. 具有正式文件； b. 政策内容：漏洞管理政策适用于整个企业层级及各个领域(如客户服务、公共关系、法律、采购等)，并清楚说明漏洞管理计划的整体目标及应考虑事项； c. 标准内容：须包含业务目标及对应的漏洞风险评估、漏洞处理的执行步骤和相关的治理工作(例如漏洞预防工作、自动化及手动的漏洞测试、漏洞分析及验证、漏洞披露及部署等)。同时明确规定相关方的角色职责(包括各内部相关部门及外部供应商等)； d. 管理层支持：管理层以公司的整体目标为基准，针对产品或服务安全性要求，制定漏洞管理政策、承诺持续改进漏洞处理流程，以正式的书面记录方式提供管理层的认可及支持(例如会议纪要或正式公文)。 2. 文件使用者：容易取得(例如，放置于公司内部网站或共享文件夹中，且相关人员清楚知道存放的位置且具有权限查阅相关文件)、容易理解(针对具有一定基础知识的文件使用者，对于文件内容，可在无他人协助的情况下，理解大部分内容)。 3. 管理工作： a. 依据业务及政策要求，定期(例如每半年或一年)对政策及标准进行追踪与检查，同时有适当的文件存档及检查记录保存机制(记录包括问题发生的时间、原因及未遵循事项的详细内容)，以在必要时可以调出相关证明材料(例如，证明满足某些安全需求情况的证明材料)； b. 参考最新的国际漏洞管理标准、框架和优秀实践案例，持续性地对政策及标准进行优化	1. 漏洞管理流程文件： a. 有正式的流程文件； b. 明确定义了漏洞管理的流程及详细说明了实现漏洞管理的方法(准备阶段，开发阶段，漏洞识别阶段，漏洞分析、修复及验证阶段，漏洞披露阶段，漏洞修复的部署阶段，漏洞管理活动的运作与维护阶段)； c. 定期更新(如一年一次)管理流程以满足最新的漏洞管理要求。 2. 应用范围： a. 漏洞管理流程文件已在所有产品中强制实施/执行； b. 漏洞管理流程的实施范围覆盖企业内部及外部的相关方 3. 实施情况： a. 实施人员能够查阅完整的漏洞管理流程文件或对在实施过程中遇到的问题发起专家咨询，并且能够查阅已经完成的漏洞管理流程记录文档或文件作参考； b. 针对已定义流程，在定期实际操作中能跟踪实施情况，并能发现文件定义和实际实施中的差异点(如流程是否能按照文件所定义的进行实施，实施人员是否熟悉流程、理解自己所处的角色、结果是否符合预期等)，目前的漏洞管理流程实施效果已经达到了公司漏洞管理政策或组织战略的预期目标； c. 有自动化和其他技术平台用于辅助漏洞管理流程的自动化或半自动化，提高漏洞管理流程的质量与效率。 4. 实施效果： a. 能度量及判断漏洞当前的管理流程的效率和效果，如产品在实施漏洞管理前后或持续实施漏洞管理过程中，通过对产生(发现)的漏洞数量、修补漏洞所需的时间、人员发起咨询的数量等指标综合度量及判断出管理流程的效率和效果； b. 能够跟踪、监控漏洞管理流程中度量的数据，并使其在实时呈现的系统中进行展现(例如，漏洞管理实时状态仪表板或可视化展示界面)

由于该部分内容较多,本书正文部分不一一列举所有评估指标成熟度标准,请读者参考附录《漏洞治理成熟度评估模型》查阅详细信息。

2. 漏洞治理成熟度评估案例

以某软件开发企业为例,该企业洞察了中国网络安全及漏洞的相关法律法规、漏洞标准与行业最佳实践,形成了漏洞治理的政策,组建了漏洞治理团队,发布了正式的漏洞治理流程文件,并应用到大多数产品中强制执行该流程。在准备阶段的"政策、标准及流程"控制域下"政策及标准"检查项的成熟度自评为4级,"流程"检查项中没有跟踪流程落地的效果,因此流程的自评成熟度为3级。取此领域评估指标最低成熟度等级作为领域的成熟度的等级,即企业在"政策、标准及流程"控制域的成熟度为3级。同理,因为该企业与内部公司主管、安全团队等建立了良好协同以获取漏洞治理方面的充分支持,但与外部利益相关方建立的联系较少,因此"内部相关方"检查项成熟度等级为4级,"外部相关方"检查项为2级。综合这两个评估指标,该企业对应的"利益相关方的生态管理"领域的成熟度仅为2级。

其他控制域的成熟度定级方式与上述举例类似,结合各控制域中检查项具体对应成熟度等级的判断标准,可以确定各评估指标的成熟度等级,同理,取各领域对应的评估指标的等级最低值作为该领域的成熟度等级。因此,结合该企业的漏洞治理现状进行自评,各领域及各成熟度等级如表5-7所示。

表5-7 某服务软件开发企业漏洞治理成熟度评估结果

编号	成熟度模型生命周期	领域	评估指标	成熟度等级 领域成熟度	成熟度等级 综合成熟度
1	准备阶段	政策、标准及流程	政策及标准	3级	2级
		利益相关方的生态管理	内部相关方	2级	
		资源	漏洞治理工具及资源	3级	
2	开发阶段	产品代码的漏洞治理	产品代码的漏洞治理	1级	1级
		第三方及开源组件的漏洞治理	第三方及开源组件的漏洞治理	2级	
		产品发布前的质量门禁控制	产品发版前的质量门禁控制	1级	
3	漏洞识别阶段	内部自动化	自动化漏洞测试工具的清单	3级	3级
		内部手动	手动漏洞测试及人工代码审查	4级	
		外部来源	接收报告	4级	
		沟通	对内部相关方沟通信息保密	3级	
4	漏洞分析、修复及验证阶段	分析	漏洞的分析及验证	4级	4级

编号	成熟度模型生命周期	领　　域	评估指标	成熟度等级	
				领域成熟度	综合成熟度
5	漏洞披露阶段	安全公告	快速回应公众即将曝光或已经曝光的产品疑似漏洞或产品安全话题，通常不含漏洞信息	2级	2级
		协调披露	协调披露	2级	
		安全通告及漏洞披露文件	安全通告及漏洞披露文件	3级	
6	漏洞修复部署阶段	补丁的部署与漏洞修复时的配置变更	补丁的部署与漏洞修复时的配置变更	3级	3级
7	漏洞修补后活动阶段	漏洞治理的持续性运营	响应客户提出的反馈	3级	3级

　　综合上述分析结果，可以绘制此企业在生命周期各阶段的漏洞治理成熟度雷达图（图5-9）。

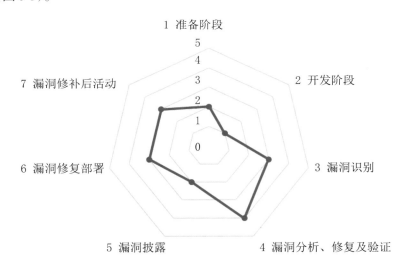

图5-9　某企业漏洞治理成熟度雷达图

　　根据雷达图可以直观地发现，该企业在开发、准备和漏洞披露阶段有较大的提升改进空间。

本章小结

　　本章阐释了组织建立漏洞治理体系的理论框架和实践步骤,首先提出漏洞治理体系建立需要包含明确治理目标、形成治理理念、建立治理策略、明确治理组织、建立治理流程、建设保障体系等步骤,并围绕具体步骤展开介绍。组织在确定漏洞治理目标时,需考量合规要求、业务需求并得到管理层支持。形成理念时,可采用"剥洋葱法"层层剖析;制定策略时,内部策略规范治理要求,外部策略向外宣传;设置组织时,可包括多个职能团队;建立流程时,可参考ISO 30111标准,涵盖漏洞生命周期。在保障措施上,提供了漏洞治理工具、评估体系、培训等具体指导。此外,作者结合实例详细介绍了漏洞治理成熟度评估方法,可以帮助组织识别差距、持续改进。评估模型覆盖了漏洞生命周期的各个阶段,每个阶段都包含多个评估指标。通过评估可以绘制出雷达图,一目了然地展示哪些领域需要提升。

6 行业运营者漏洞治理实践

◆ **6.1 行业漏洞管理现状**
◆ **6.2 银行业安全漏洞治理实践**
◆ **6.3 工控安全漏洞治理实践**

随着各行业加速推进数字化转型，新技术的引入与业务环境的变化带来了更加复杂多样的安全风险，漏洞引起的网络安全事件频发，对漏洞治理提出更高的要求。本章介绍行业漏洞治理实践，为读者漏洞治理提供参考。

6.1 行业漏洞管理现状

本节选取金融与制造两个行业，分别介绍了行业的漏洞治理挑战、漏洞管理要求与标准，并总结了各行业一些共性的漏洞治理问题。

6.1.1 行业漏洞治理挑战

随着大数据、人工智能、5G等新兴技术的蓬勃发展，很多企业面临着日益严重的漏洞安全方面的威胁。《2023上半年网络安全观察报告》显示，2023年上半年零日漏洞利用数量明显攀升，网络安全形势日益严峻。漏洞危害程度趋向高危化，未修补的漏洞依然是黑客利用的最主要攻击载体，各行各业都面临着漏洞治理的挑战。

1. 金融行业漏洞治理挑战

金融行业数字化转型不断深入，人们的生活越来越依赖数字金融服务，金融服务业受到的网络攻击也日益增加，漏洞攻击事件频频发生。

（1）漏洞攻击事件：2020年8月，新西兰证券交易所（NZX）遭受了多次网络攻击，主要采用了分布式拒绝服务（Distributed Denial of Service，DDoS）攻击手法，导致其交易平台瘫痪，使得投资者无法进行交易操作。NZX是新西兰的主要证券交易所，是负责管理和运营股票和其他金融产品的交易平台。NZX在遭受攻击后立即采取了应急措施，包括与网络服务提供商合作，增强网络防御和过滤流量等，以提高对未来攻击的应对能力。

2023年10月，QSI Inc遭受BlackCat勒索组织攻击，财务、数据库、开发、客户、个人和工作相关数据被窃取，数据量多达5 TB。QSI Inc是国际知名的ITM和ATM解决方案提供商，提供全方位的银行设备解决方案。BlackCat勒索组织在网络公布的受害者名单显示，韦斯银行、第一金融银行和德美银行等众多银行都受到此次QSI Inc攻击事件的影响。

2023年11月，中国工商银行股份有限公司在美全资子公司——工银金融服务有限责任公司（ICBCFS)遭遇勒索软件攻击，导致部分系统中断。网络犯罪组织LockBit勒索软件组织声称对此次攻击负责，并表示ICBCFS已支付赎金。

（2）漏洞治理挑战：信息技术和互联网金融迅猛发展，为商业活动与日常生活提供了便利，同时新技术应用和业务数据在线化，也为信息安全防护带来很大的安全挑战，主要体现在以下几点：

① 系统稳定性和业务连续性挑战：金融服务行业对于系统的稳定性和业务的连续性要求极高。任何系统中断或故障都可能导致严重的财务损失和声誉损害。金融机构需要采取有效措施来防范外部勒索软件、DDoS 攻击等威胁，例如，企业需部署强大的防火墙、入侵检测系统和应急响应计划。

② 客户隐私数据保护挑战：金融机构存储了大量敏感客户信息，包括个人身份信息、财务信息和交易记录等。一旦这些数据泄露，可能会导致严重的金融欺诈、身份盗窃和信用卡诈骗等问题。因此，金融机构需要采取严格的数据加密、访问控制和监测措施来保护客户隐私数据的安全。

③ 新兴技术风险挑战：随着新兴技术的不断发展和应用，如人工智能、物联网和区块链等，金融机构面临着与之相关的安全风险。例如，智能合约漏洞可能会导致资金丢失，物联网设备的不安全连接可能会成为入侵网络的入口。因此，金融机构需要密切关注新兴技术的安全风险，并采取相应的安全措施来保护其业务和客户数据。

④ 内部威胁挑战：内部威胁是指来自组织内部员工、合作伙伴或供应商的恶意行为，他们可能会滥用其权限访问敏感信息、窃取资金或故意破坏系统。金融机构需要实施严格的访问控制和监控机制，以及实施员工背景调查和行为分析来防范内部威胁和滥用。

⑤ 第三方风险管理挑战：金融机构通常与许多第三方供应商、合作伙伴和外包服务提供商进行业务合作，这增加了其面临的安全风险。第三方可能存在安全漏洞，可能会成为黑客攻击的入口，从而对金融机构的业务造成严重影响。因此，金融机构需要实施有效的供应链安全管理措施，包括对第三方进行严格的安全审查、监督和合规要求。

⑥ 公司架构复杂性挑战：银行等金融机构通常具有复杂的公司架构，包括多个分支机构、子公司和关联企业。不同层级的公司可能具有不同的信息安全关注点和理解，这会导致安全政策制定和落实的困难。因此，金融机构需要制定统一的信息安全政策和标准，并通过培训和意识提升活动来确保全公司范围内的一致性执行。

2. 制造业漏洞治理挑战

在全球智能制造趋势下，工业互联网迅速发展，制造企业面临着日益严重的网络安全风险，安全漏洞与勒索软件攻击给制造企业带来了不同程度的损失。

（1）漏洞攻击事件：2018 年 8 月，全球领先的晶圆代工企业台积电位于中国台湾的重要生产基地遭受勒索软件攻击，导致所有生产线关闭。此次攻击使用的病毒是 WannaCry 勒索病毒的变种，文件恢复难度大。由于事件影响，内部团队评估公司第三季度营业额将下降约3%，毛利率也将下降约1%，幸运的是，生产制造资料和客户资料未遭到破坏。

2020年9月，意大利玻璃生产巨头Luxottica遭受勒索软件攻击，导致该公司在意大利和中国的业务暂停，所幸攻击未导致数据丢失。据悉，Luxottica的Citrix ADX控制器存在严重漏洞CVE-2019-19781，攻击者可能是利用该漏洞获得了内部网络的访问权限，从而实施勒索软件攻击。

2023年11月，美国汽车零部件巨头AutoZone透露其遭受数据泄露，涉及约18.5万人的敏感信息。事件起因是MOVEit Transfer文件传输应用存在严重漏洞CVE-2023-34362，未经授权的第三方能够访问和提取一系列数据，该事件泄露的数据包括员工姓名、电子邮箱、零件供应商信息等。

（2）漏洞治理挑战：随着制造业数字化转型，工业互联网与智能制造迅速发展，制造业变得更加智能化、数字化、网络化。制造业对信息系统的依赖程度日益增加，面临着更加复杂严峻的信息安全挑战，主要体现在以下几点：

① 高实时性等要求与安全性的权衡挑战：与传统的网络安全相比，工业控制系统需要满足更高的实时性、可靠性和稳定性要求。在系统设计上，为了保证这些要求，可能会牺牲部分安全性，如减弱身份认证、授权和加密等安全功能，从而增加了系统面临的安全风险。

② 行业特定的复杂性挑战：工控系统与行业紧密相关，具有设备种类多、工业协议众多的特点。由于不同行业的工控系统差异巨大，攻击者可以针对特定行业的系统进行定制化攻击，这使得采用统一的防护策略和安全防护方法变得更加困难。

③ 网络边界的模糊化挑战：随着工业互联网和联网设备的增加，传统的封闭工业网络边界已经被打破。这意味着工业系统面临着更广泛的网络攻击面，从而增加了遭受网络攻击的风险。网络攻击者可以通过各种途径，包括物理设备、无线连接和外部网络，进入制造企业的系统中，造成数据泄露、设备损坏甚至生产中断等严重后果。

④ 系统更新和维护的困难：许多制造业务系统存在操作系统和应用程序版本老旧、更新维护困难的问题。由于这些系统可能是长期运行的关键系统，安全漏洞往往无法及时修复。攻击者可以利用这些漏洞入侵企业网络，导致企业面临更高的安全风险。因此，制造企业需要加强对系统的更新和维护，以及实施有效的安全措施来保护其网络和数据免受攻击。

⑤ 物联网设备安全性挑战：随着物联网设备在制造业中的广泛应用，如工厂自动化、智能传感器和智能机器人等，制造企业面临着物联网设备安全的挑战。这些设备往往具有较低的安全性能，并且可能容易受到物理攻击、远程入侵或恶意软件感染。攻击者可以利用这些漏洞入侵制造系统，窃取敏感数据或对生产过程进行干扰。

6.1.2　行业漏洞管理要求与标准

随着网络安全漏洞风险逐渐上升，政府、企业和个人对此问题日益关注，国家接连颁布了多项漏洞管理方面的法律法规。2020年，国家标准化管理委员会发布了一系列漏洞管理标准，如《GB/T 30276—2020 网络安全漏洞管理规范》《GB/T 30279—2020 网络安全漏洞分类分级指南》等，为网络安全漏洞管理提供规范和参考。2021年7月12日，工业和信息化部、国家互联网信息办公室、公安部联合发布《网络产品安全漏洞管理规定》，该规定规范了漏洞发现、报告和修复、发布等行为，明确了网络产品提供者、网络运营者以及从事网络产品安全漏洞发现、收集、发布等活动的组织或者个人的责任和义务，推动了网络产品安全漏洞管理制度化、规范化、法治化，提高了相关单位漏洞管理水平。

为了防范网络安全重大风险、保障国家网络安全，由政府机构或行业组织牵头，金融、电力、通信等行业陆续发布行业漏洞管理政策法规和标准规范，提出了更加具体、定制化的要求。

1. 金融行业漏洞管理要求与标准

随着数字化的发展，金融行业迎来互联网时代，传统的金融业务转向以系统、网络作为载体提供服务，金融风险模式向网络风险演变。现行法律法规从整体上对金融企业漏洞管理作出要求，明确了企业在漏洞管理方面的责任与义务。面对行业漏洞风险与管理要求，金融行业也针对性发布标准与规范，对金融漏洞风险的挑战进行了有效的响应。

2020年，中国人民银行发布了《金融机构信息系统安全等级保护实施指南》（JRT 0072—2020）和《金融行业网络安全等级保护实施指引》（JRT 0071—2020），对金融行业漏洞管理提出了具体的要求，覆盖漏洞检测、漏洞评估、漏洞修补、安全通报、漏洞管理制度建设等环节，帮助金融机构开展漏洞管理工作。

2020年，中国银保监会发布了《中国银保监会监管数据安全管理办法（试行）》，对金融机构在包括漏洞在内的安全制度设定、安全风险识别、安全评估以及修复等层面提出具体要求。例如，管理办法中要求，各业务部门及受托机构应按照监管数据安全工作规则定期开展自查，发现监管数据安全缺陷、漏洞等风险时立即采取补救措施，强调漏洞管理在保障国家网络安全中的重要地位。

2023年，中国证监会出台了《证券期货业网络和信息安全管理办法》，办法对漏洞风险检测评估、通报预警、应急处置等方面提出了具体要求。例如，管理办法中要求核心机构、经营机构和信息技术系统服务机构发现网络和信息安全产品或者服务存在安全缺陷、安全漏洞等风险隐患的，应当及时核实并加固整改。

2023年，证券、期货、基金等金融行业分别发布了《证券公司网络和信息安全三年提升计划(2023—2025)》《期货公司网络和信息安全三年提升计划（2023—2025）》和《基金管理公司网络和信息安全三年提升计划（2023—2025）》，结合行业网络和信息安全的实际情况，作出提升网络安全的行动指南，用于提升企业漏洞管理意识和管理水平。

2. 制造业漏洞管理要求与标准

随着制造业数字化转型，工业互联网与智能制造迅速发展，制造业变得更加智能化、数字化、网络化，工业控制系统风险暴露面持续扩大。漏洞形势日益严峻，制造业行业针对性发布标准与规范，不断健全和完善行业漏洞管理要求。

2018年，国家市场监督管理总局与中国国家标准化管理委员会发布《信息安全技术　工业控制系统安全管理基本要求》（GB/T 36323－2018），该要求规定了工业控制系统安全管理基本框架及关键活动，并提出工业控制系统安全管理基本控制措施，对安全风险评估、漏洞扫描、配置管理、漏洞修复等方面提出了具体的要求。例如，该要求规定，应在ICS系统上线前、系统维修期间或非业务高峰期对指定系统及相关应用程序进行脆弱性扫描分析，标识并报告可影响该系统或应用的新漏洞。

2021年，在工业和信息化部网络安全管理局指导下，工业互联网产业联盟、工业信息安全产业发展联盟、工业和信息化部商用密码应用推进标准工作组共同发布《工业互联网安全标准体系（2021年）》，从分类分级防护、安全管理、安全应用服务等三个方面为工业互联网安全标准体系建设提供指导，对各类工业细分行业的企业网络安全提出分类分级防护要求，对工业互联网漏洞检测产品安全能力评价提出规范要求。

2022年，由多家单位共同参与制定的团体标准《工业信息安全漏洞分类分级指南》（T/CPUMT 008—2022）发布，该指南提供工业信息安全漏洞的分类分级方法，协助企业安全人员识别漏洞类型、评估漏洞影响，制定合理有效的漏洞修复方案，提高企业安全人员漏洞分析与处置能力。

2023年，工业和信息化部和国家标准化管理委员会共同发布《工业领域数据安全标准体系建设指南（2023版）》，为工业领域数据安全标准体系建设提供指导，旨在为工业领域提供数据分类分级、重要数据识别、分级防护等基础共性标准，规范数据安全管理标准、数据安全技术和产品标准，以及安全评估与产业评价标准。

2024年，工业和信息化部发布《工业控制系统网络安全防护指南》，旨在进一步指导企业提升工控安全防护水平，夯实新型工业化发展安全根基。该指南围绕安全管理、技术防护、安全运营、责任落实四个方面，提出33项指导性安全防护基线要求，指导工业企业做好网络安全防护。

6.1.3 行业共性漏洞治理问题

不同行业之间存在着一些共性的漏洞治理问题，本小节将从身份与访问管理问题、Web漏洞问题、数据隐私安全问题、软件供应链安全问题、网络和通信安全问题、配置和维护安全问题、操作系统和软件漏洞问题、云服务和虚拟化环境安全问题等方面进行介绍。

1. 身份与访问管理问题

身份认证与访问控制用于保证信息系统为合法用户访问，它定义和管理了每个网络用户的身份角色及其所需资源的访问权限，并根据网络用户身份角色生命周期，对其所需资源访问权限进行动态管理。黑客可以通过非法手段获取系统访问权限，导致数据泄露或者系统崩溃。这种类型漏洞产生的原因可能是系统使用弱密码、离职人员账号未清理、系统认证方式单一等。

以下是一些针对身份与访问管理问题的防护措施：

（1）使用强身份验证来增加用户身份验证的安全性，如多因素身份验证，密码、短信验证码、令牌等，以确保用户的身份被正确验证。

（2）实施最小权限原则，确保用户只有访问其职责所需的最低权限。使用角色和权限组进行有效的权限管理，以确保用户只能访问其工作职责所需的资源。

（3）实施完整的身份生命周期管理，包括自动化用户入职、调岗、离职等流程。确保在员工离开组织时及时取消其访问权限。定期审查外部用户的权限，安全管理外部合作伙伴对系统资源的访问。

（4）制定紧急访问计划，确保有合适的备用身份验证和授权机制，以便在必要时确保关键人员可以迅速恢复访问权限。

2. Web漏洞问题

随着云化不断推进，Web技术被广泛应用于各行各业，成为大家需要面对的问题。常见的Web漏洞有SQL注入漏洞、XSS漏洞、文件上传漏洞、命令执行漏洞、反序列化漏洞等。系统存在Web漏洞时，若未及时安装补丁或者修复漏洞，黑客可以利用漏洞入侵系统，造成严重危害。

以下是一些常见的Web漏洞问题的防护措施：

（1）针对XXS漏洞问题，可以使用输入验证和输出编码，确保用户输入数据不会被解释为可执行的脚本。实施内容安全策略（Content Security Policy）可以减轻XSS攻击的影响。

（2）针对CSRF漏洞问题，可使用CSRF令牌验证用户请求的合法性，并确保请求中包含令牌。限制敏感操作的访问权限。

（3）针对 SQL 注入漏洞问题，可以使用参数化查询或预编译语句来防止 SQL 注入。避免使用动态拼接 SQL 查询字符串，防止执行未经授权的数据库查询。

（4）针对文件上传漏洞问题，可以限制上传文件的类型和大小，并确保在上传文件时进行充分的验证和过滤。将上传的文件存储在非 Web 可访问的目录中。

（5）针对未经授权访问问题，可以实施强密码策略、访问控制列表、身份验证和授权机制。定期审查用户权限，及时回收不再需要的权限。使用安全的会话管理机制，包括使用随机生成的会话标识符、定期更新会话密钥、确保会话超时等。

3. 数据隐私安全问题

数据隐私安全问题主要体现在数据被窃取、篡改、泄露等方面，可能导致个人隐私泄露、企业商业机密泄露等问题。数据隐私漏洞发生的原因主要有社会工程攻击、系统安全漏洞利用、重要数据未加密保护等。

以下是一些常见的数据隐私安全问题的防护措施：

（1）实施访问控制和身份验证，对敏感数据进行加密，定期进行安全审计和监控，防止未经授权的访问或意外事件可能导致敏感数据的泄露。限制员工和系统的访问权限，及时发现异常行为，防止内部人员或恶意攻击者滥用访问权限，不当使用敏感数据。

（2）强制使用复杂密码，并实施多因素身份验证。定期提示用户更新密码，并使用安全的身份验证标准，如 OAuth 和 OpenID Connect，以防护未经授权的访问。

（3）在数据共享前进行尽职调查，确保第三方具有良好的安全实践。签署明确的数据处理协议，并限制第三方对数据的访问权限，防止第三方服务或合作伙伴共享数据而可能导致数据泄露风险。

（4）加强数据在传输中的安全性，使用安全套接字层（SSL）或传输层安全（TLS）等加密协议来保护数据传输的安全性，确保在公共网络上使用加密通信。

（5）在数据处理中采用匿名化和脱敏技术，以减少对个人身份的暴露。确保在数据分析和共享中保持隐私保护。制定清晰的数据保留政策，并定期清理过期或不再需要的数据。确保合规性，根据法规和法律要求进行数据保留。

4. 软件供应链安全问题

随着软件技术的发展，软件供应链成为一个重要攻击点。软件编码、中间件、供应链上游代码、运维服务等都可能成为攻击目标。软件开发的测试环境、源代码访问控制管理不当，可能导致源代码、配置文件、数据库密码、远程运维信息泄露。软件设计上的安全缺陷，可能导致系统中存在逻辑漏洞、SQL 注入漏洞、文件上传漏洞等安全漏洞。系统运维人员管理不规范，违规存储运维管理信息，则可能导致运维管理信息、配置文件、缓存信息、备份文件等数据泄露。

软件供应链安全漏洞可以采取以下措施减少安全风险：

（1）确保源代码仓库的安全，采用适当的访问控制和权限管理。限制对源代码的访问，并定期审查和监控代码库的活动。保护测试环境中的敏感信息，避免在测试环境中使用真实的生产数据。

（2）加密或以安全方式存储配置文件，避免将敏感信息硬编码在代码中，确保只有授权的人员能够访问和修改配置文件。确保运维信息的安全存储和传输，采用加密、安全协议等方式限制对这些信息的访问权限。

（3）实施安全的软件开发生命周期（Software Derelopment Life Cycle，SDLC），包括安全设计、代码审查、静态代码分析和动态应用程序安全测试等步骤。采用自动化工具及时发现并修复软件漏洞，审查和监控使用的第三方组件，确保它们不包含已知的漏洞。

（4）确保系统和应用程序的安全配置，及时更新和修复可能导致配置泄露的问题。限制不必要的运维权限，实施最小权限原则。

5. 网络和通信安全问题

网络和通信系统中存在的安全漏洞或缺陷，可能被恶意攻击者利用来对系统进行攻击或者导致违法行为，导致系统的机密性、完整性或可用性受到威胁，进而对个人、组织或整个社会造成严重的损害。网络和通信安全问题可能来源于未加密的数据传输、中间人攻击(Man-in-the-Middle Attack，MITM)、不安全的网络服务配置、DNS欺骗和劫持等原因。网络和通信漏洞问题的危害非常严重，容易导致数据泄露、信息篡改、拒绝服务攻击、恶意软件传播等问题，给个人、组织和社会带来严重的安全威胁和经济损失。

网络和通信安全问题可以采取以下措施减少安全风险：

（1）部署网络入侵防御系统、Web应用防火墙、防毒墙等网络安全设备，管控进出网络的流量，配置严格的网络访问控制策略，建立多层次的网络安全防御体系，保护网络免受网络攻击和威胁。

（2）通过加密技术对数据进行加密和认证，防止数据在传输过程中被窃听、篡改或者伪造，保护数据在通信过程中的安全性和隐私。

（3）实施严格的网络隔离策略，可采用子网划分和虚拟局域网（Virtual Local Area Network，VLAN）技术，将企业网络分割为多个逻辑隔离的网络区域。每个区域应根据其功能、重要性和安全等级来定制相应的访问控制策略。

6. 配置和维护安全问题

在计算机系统、网络设备或应用程序中，由于配置错误、安全设置不当或者未及时更新维护，出现安全漏洞和风险，导致系统易受攻击，使得黑客能够利用系统漏洞进行未经授权的访问、信息泄露、拒绝服务等攻击行为。常见的配置和维护安全问题有弱口令问题、未加密传输、未正确配置访问权限、未备份数据、未监控系统日志等。

配置和维护安全问题可以采取以下措施减少安全风险：

（1）通过使用自动化工具来管理和维护系统，检查系统存在的配置安全问题，进行网络和应用程序的安全配置，实现持续监控和优化，提高效率和减少人为错误。

（2）采用已被验证和认可的配置及维护方案进行安全管理和运营，遵循信息技术和信息安全领域的行业标准、法规要求以及专业建议，以确保符合法律法规和行业标准的要求。

7. 操作系统和软件漏洞问题

操作系统和软件漏洞是普遍存在的安全隐患，黑客可以通过这些漏洞入侵用户设备、窃取用户隐私信息、控制设备进行攻击等。为保护用户设备的安全，操作系统和软件厂商通常会发布安全补丁或更新来修复这些漏洞。操作系统和终端设备漏洞问题的危害是多方面的，通常容易导致数据和隐私泄露、远程攻击控制等问题，可能会给个人、组织和社会带来安全风险和经济损失。

操作系统和软件漏洞问题可以采取以下措施减少安全风险：

（1）定期对操作系统和软件进行补丁更新，修复已知漏洞，最小化由已知漏洞引起的安全风险，增强系统安全性。

（2）在终端上安装防病毒软件、EDR系统等安全软件，并定期更新软件版本，可以帮助检测、阻止、清除恶意软件和其他安全威胁。

（3）避免使用未知来源的软件，从官方渠道或经验证的可信来源下载和安装软件。增强自身的网络安全意识，谨慎对待网络上的软件下载链接。

8. 云服务和虚拟化环境安全问题

在云服务和虚拟化环境中，虚拟机配置不当、虚拟机逃逸、云平台安全漏洞等原因可能造成安全漏洞和风险，涉及云服务提供商的基础设施、云平台、虚拟化管理软件、虚拟机和容器等方面。攻击者可能利用虚拟化软件中的漏洞，从虚拟机环境中逃脱并获取宿主机系统的控制权，在云环境中执行恶意代码，访问其他虚拟机或宿主机上的敏感数据。云服务提供商在运营过程中，也可能遇到数据安全、身份和访问管理、合规性与隐私保护、基础设施安全、供应链安全等问题。

如果存储在云端的数据因漏洞被非法访问，将可能导致敏感信息、客户资料、交易记录等被窃取。如果攻击者利用虚拟化平台的漏洞导致虚拟机逃逸，则可能波及宿主机或同一宿主机上的其他虚拟机，从而进一步扩大攻击范围，甚至可能控制整个云环境。

云服务和虚拟化环境安全问题可以采取以下措施减少安全风险：

（1）加固虚拟化平台，根据最小权限原则分配角色最低必要的权限。设置合理的防火墙规则，防止虚拟机之间不必要的网络流量。实施微分段策略，为不同级别的虚拟机创建独立的网络安全区域。

（2）通过硬件虚拟化隔离、容器隔离、网络隔离、存储隔离等手段实现资源隔离，采用身份与访问管理、数据安全与加密、微隔离策略等安全措施来保证租户之间的安全隔离。

6.2 银行业安全漏洞治理实践

本节介绍银行业安全漏洞治理实践，从漏洞治理的总体思路、组织架构、流程、手段与工具五个方面介绍漏洞治理实践方法。

6.2.1 漏洞治理总体思路

面对日益严峻的漏洞威胁，银行业需要构建完善的漏洞治理机制，构建网络安全防护体系，强化网络攻击应对能力。银行业漏洞治理的总体思路可以参考以下几点：

1. 强化顶层设计

银行机构通常由总行、分行、支行的层级架构组成，还包括各类子公司和分支机构。由于银行机构的层级架构，在一定条件下，不同机构对信息安全的关注点不同，对信息安全的理解也存在偏差。因此，银行机构在进行漏洞治理时，需要强化顶层设计，持续完善信息安全管理策略、技术规范和制度标准，形成自上而下的信息安全管理体系，贯穿各级银行机构。在总行的统筹设计下，做到不同业务部门、各级银行机构间紧密联动，安全任务逐层分解，安全责任落实到位。做到全行信息安全管理标准和规范统一，提升各级组织的安全监管与合规运营能力。

2. 遵循最佳实践

漏洞治理模型与实践指南是安全治理的经验总结，可帮助组织建立和实施有效的漏洞安全防护体系和漏洞管理方案，银行在制定网络安全框架与策略时可以遵循业界的最佳实践。例如，第八版的 CIS 关键安全控制措施[①]中提供了硬件、软件、数据保护、漏洞管理等十八个方面的最佳实践保护措施。组织可以对照安全控制措施列表，根据安全防护需求和关注点选择适用企业的安全控制类别与保护措施。

---

① CIS Critical Security Controls Version 8［EB/OL］. https://www.cisecurity.org/controls/v8.

Gartner 提出的漏洞闭环管理流程[①]也广泛运用于各类组织的漏洞治理。银行在安全建设与漏洞治理时，可以参考上述最佳实践，选择适用于组织的安全措施与漏洞管理方法。除此以外，PDCA 模型、OODA 模型、P2DR 模型、PDRR 模型、ASA 模型等安全模型也可用于指导漏洞治理和安全策略制定。

3. 全生命周期漏洞管理

银行在进行漏洞治理时，应建立全生命周期的漏洞管理体系。银行可以按照漏洞评估、确定优先级、采取行动、重新评估和改进提高五个阶段构建银行漏洞管理体系，在漏洞治理的各个阶段明确安全要求，采取安全措施。同时，漏洞管理体系的建立需要兼顾银行的层级架构，构建跨组织联动的工作机制。

6.2.2 漏洞治理组织架构

漏洞治理往往涉及众多人员，需要有效的治理组织，明确各个负责人在漏洞治理中的工作责任，确保漏洞治理工作可以落实到位。

表 6-1 展示的是一个典型的漏洞治理组织架构，包括信息安全领导小组、信息安全管理小组和漏洞治理执行人员，分别代表了决策层、管理层和执行层。银行在建立治理组织时可以根据组织具体情况进行调整。

表 6-1　银行业漏洞治理组织架构图

层　级	组　织	成　员	漏洞治理职责
决策层	信息安全领导小组	银行的管理层人员	负责重大事项的决策
管理层	信息安全管理小组	IT 部门负责人 业务部门负责人	负责监督漏洞管理各项工作落实
执行层	安全管理组	信息安全管理人员	负责制定与维护漏洞管理规范、执行与更新安全基线、维护漏洞知识库，执行安全检测、安全漏洞通报等
	网络管理组	网络管理人员	负责对网络资产进行安全维护和漏洞处理
	服务器管理组	服务器管理人员	负责对服务器资产进行安全维护和漏洞处理
	开发管理组	应用开发管理人员	负责对应用资产进行安全维护和漏洞处理
	业务管理组	业务部门管理人员	负责协调业务系统运行，配合其他执行组进行漏洞处理

---

① Gartner. A Guidance Framework for Developing and Implementing Vulnerability Management [EB/OL]. https://www.gartner.com/en/documents/3970669.

6.2.3 漏洞治理流程

银行漏洞治理过程大体上可以分为漏洞治理组织确定、漏洞管理规范制定、资产管理设计、漏洞闭环管理流程设计几个部分，以下将介绍后续治理流程设计。

1. 漏洞管理规范制定

漏洞管理规范可以为漏洞管理提供指导方法和统一标准，银行在制定漏洞管理规范时可参考国家或行业发布的规范和标准，结合银行业务情况进行制定，并满足合规性要求。规范中应明确漏洞管理过程中的职责分工，对应漏洞治理组织架构，确保责任落实到位。应明确漏洞安全检测、漏洞评估、漏洞分类分级、漏洞处置等过程的标准，对漏洞治理的过程进行控制。

漏洞管理规范制定可参照信息安全管理体系（Information Security Management Systems，ISMS）的四层文档架构设计，分别为信息安全策略、信息安全管理制度、操作规范与流程、各类记录与表单。通过体系化的架构设计，各项信息安全规范标准可清晰定义，各种表单数据可标准化记录。企业在漏洞管理相关的制度建设上，可覆盖漏洞评估、优先级确定、漏洞修复、漏洞复测等环节，实现闭环的漏洞管理机制，确保漏洞得到及时的修复和处置。

2. 资产管理设计

资产管理是漏洞治理工作的基础，银行可以从风险管理视角，对各类IT资产识别与管理。银行可根据不同类型的资产及其属性设计资产库，采集与识别各类资产数据，关注资产、组织、风险、责任人等漏洞管理的核心数据。常见的资产类型包括服务器、网络设备、应用系统、中间件等，资产属性包括资产名称、资产类型、归属应用、归属部门、资产负责人、资产地址、风险状态、资产重要性等。根据资产类别不同，资产的其他属性还可能包括访问域名、端口、协议、版本、厂商等。

银行根据资产类别将资产信息录入资产库，明确资产的各个属性。资产库建立完成后，可以迅速定位资产属性，确定资产管理的负责人，与漏洞数据进行联动，实现漏洞闭环管理。资产库在建立后需要持续监控资产变化，定期更新资产信息，做到资产库的持续更新。

3. 漏洞闭环管理流程设计

银行在制定漏洞治理流程时，应考虑到漏洞管理的全生命周期。参照Gartner提出的漏洞闭环管理流程，可以从漏洞评估、优先级确定、漏洞修复、漏洞复测和改进提高等过程进行漏洞治理，下面将从以下几个过程展开介绍。

漏洞评估过程，即识别资产、发现漏洞并确定漏洞真实性的过程。此过程涉及信息资产管理、漏洞情报管理、漏洞安全检测等方面内容。在信息资产管理方面，流程设计上需注意不同类别资产的关键字段设计，资产库录入资产时应保证信息完整，在资产变更后应从流程设计上保证持续维护。在漏洞情报管理方面，流程设计上需注意多源漏洞情报管理处理，当前漏洞来源广泛，包括各类漏洞扫描工具、SRC平台、渗透测试报告、漏洞通报。银行可以建设漏洞知识库，通过漏洞情报管理流程持续维护漏洞情报，提高漏洞管理效率。在漏洞安全检测方面，流程设计上需注意各类系统的安全检查标准，根据应用类别、应用更新类型等不同制定检测矩阵，确定检测内容与要求。例如，系统可根据应用是否联网、应用业务重要程度、处理数据重要程度等属性分类，或者根据系统新上线、新功能开发等更新方式，采取不同的安全检测策略。

优先级确定过程，即结合资产重要性、漏洞的严重程度综合评价漏洞优先级，提升漏洞修复效率的过程。资产重要性可通过资产库获取，在资产管理流程中更新和维护漏洞情报，如漏洞类型、级别、指标与修复建议等。漏洞的严重程度可通过漏洞知识库获取，在漏洞情报管理流程中更新和维护。结合以上信息，可以评估漏洞风险程度，从而确定漏洞修复的优先级。

漏洞修复过程，即按照漏洞优先级修复漏洞，或者采取缓解措施，降低资产风险的过程。漏洞修复的流程设计需要漏洞修复各个阶段的负责人与标准时长，标准时长可根据漏洞风险级别进行标准设定。

漏洞复测过程，即重新验证漏洞，确定其是否修复成功的过程。采取其他方式缓解风险的，需要重新评估漏洞风险等级。漏洞修复流程是再一次的漏洞风险评估过程，需考虑漏洞修复或采取缓解措施后的残余风险。流程设计上需要做到漏洞问题持续追踪与回顾，例如，可以使用信息安全风险清单，记录与追踪漏洞风险处置情况，定期回顾与更新。

改进提高过程，即对以上流程进行总结和归纳，整理漏洞治理过程中发现的问题，解决问题并优化流程和策略，提高漏洞处置能力，形成更完善的漏洞治理流程的过程。流程建设不是一蹴而就的，在漏洞治理的流程运行中可能会遇到各类问题，例如，流程执行出现例外情形、业务调整造成流程环节增减等，需要考虑实际情形，在漏洞治理中不断完善流程。

6.2.4　漏洞治理手段

在实际的漏洞治理中，安全管理人员会遇到各类具体的漏洞安全问题，漏洞修复与安全加固的手段也根据问题情况而不同。以下总结了银行业常见的漏洞治理问题与相应的问题处置手段，可供读者参考。

1. 银行应用系统漏洞问题

银行应用系统由于软件开发疏忽等原因，可能引入安全漏洞。中国金融认证中心的调查报告[①]显示，业务安全漏洞是电子银行系统的最主要漏洞，其次是客户端程序漏洞和 Web 应用安全漏洞。业务安全漏洞包括越权操作漏洞、短信验证码漏洞、业务逻辑漏洞等。此外，银行应用系统使用的金融交易协议可能包含漏洞风险。例如，SWIFT 协议漏洞曾被利用[②]导致银行资金被盗。

针对上述问题，银行可以参考以下几个治理手段：

（1）采用分层安全架构，实现严格的访问控制和审计，定期进行安全评估和渗透测试。加强对特定系统和协议的安全审计，确保系统配置符合安全基线要求。

（2）采取相应的防御性编程技术，防止攻击者利用代码漏洞进行攻击。通过对代码的全面检查和审核，发现和纠正潜在的安全漏洞和错误。

（3）对敏感数据进行加密，保证数据在传输和存储过程中不被窃取或篡改。加强移动应用和在线服务的安全设计，实施端到端加密，提供安全的客户端保护措施。

2. 恶意软件和勒索软件问题

银行业是高价值目标，因此经常成为针对性恶意软件和勒索软件攻击的目标，这些攻击旨在直接窃取金融资产或干扰金融服务。同时针对银行业较高的安全保障等级，复杂的高级持续性威胁(Advanced Persistent Threat，APT)攻击被开发出来，这些攻击通常针对性强、隐蔽性高，旨在长期潜伏在网络中窃取敏感信息。

针对上述问题，银行可以参考以下几个治理手段：

（1）在终端上部署端点检测与响应(EDR)系统，实时监测终端设备活动，识别与响应恶意软件与勒索软件威胁。建立文件备份和恢复机制，提高终端数据的可靠性与抗风险能力。

（2）加强对恶意软件传播途径的防护，包括邮件安全网关、Web 安全网关、高级威胁检测系统等，识别恶意代码与异常行为，提高网络威胁防御能力。

3. 社会工程学攻击问题

社会工程学攻击是一种利用人的心理和社交工程来获取敏感信息或进行非法活动的技术。攻击者会采用巧妙的心理和社交工程手段，以获取受害者的敏感信息、账户凭证或进行其他非法活动。银行客户常常成为社会工程学攻击的目标，攻击者利用客户的信任、好奇心等心理因素，试图获取登录凭据、银行账户信息，导致财务损失和个人隐私泄露。

---

① 您的业务安全吗？——电子银行系统渗透测试回答您！[EB/OL]. https://www.cfca.com.cn/20180605/100003135.html.

② SWIFT 代码攻击殃及全球数家银行　移动网络威胁持续攀升[EB/OL]. https://tech.huanqiu.com/article/9CaKrnJXhsO.

针对上述问题，组织可以参考以下几个治理手段：

（1）银行和客户需要共同努力，通过定期的安全培训，强化安全意识，加强社会工程学攻击的防范和识别。

（2）采用复杂的密码策略，包括要求定期更改密码、使用强密码等，降低攻击者破解密码的安全风险。通过多因素验证等安全机制，减少凭据泄露产生的影响。

4. 数据泄露和隐私保护问题

银行持有大量敏感客户数据，包括个人身份信息、财务信息和交易记录等。一旦这些数据泄露，可能会导致严重的金融欺诈、身份盗窃和信用卡诈骗等问题。一个经典案例是，2019年7月，美国银行业巨头Capital One公司遭遇了规模庞大的数据泄露事件，攻击者利用亚马逊Web服务（Amazon Web Services）的配置错误入侵了其云存储系统，导致大量用户数据被未经授权访问，事件影响约1亿美国人和约600万加拿大人[①]。

针对上述问题，组织可以参考以下几个治理手段：

（1）部署数据脱敏系统与数据防泄漏系统，对敏感数据进行脱敏，监控与识别敏感数据的流动和风险行为，防止数据未经授权的访问或传输。

（2）通过严格的访问控制和权限管理，限制员工访问敏感信息的权限，防止内部人员滥用权限。加强员工的数据安全意识培训，减少人为因素导致的数据泄露风险。

6.2.5 漏洞治理工具

通过漏洞治理组织确定、漏洞管理规范制定、资产管理设计、漏洞闭环管理流程设计等建设，组织建立了可维护的资产库、漏洞知识库与闭环的漏洞治理机制。面对漏洞威胁时，组织可以迅速发现漏洞情报、定位受影响资产、确定漏洞风险，完成漏洞风险的处置工作。本小节着重介绍组织在漏洞治理中可以使用的工具。

漏洞治理的有效实施离不开工具的利用，在漏洞发现、复现、验证等过程中需要很多基于工具的安全检测操作，包括Web漏洞扫描、基线安全检测、主机漏洞扫描、代码安全检测等操作，以上操作可使用商用产品，也可以采用开源和免费工具，如OWASP ZAP[②]、Nikto[③]、OpenSCAP[④]、Nessus Essentials[⑤]、RIPS[⑥]、

---

① Information on the Capital One cyber incident［EB/OL］. https://www.capitalone.com/digital/facts2019/.

② https://www.zaproxy.org/.

③ https://github.com/sullo/nikto.

④ https://www.open-scap.org/.

⑤ Tenable Nessus Essentials Vulnerability Scanner［EB/OL］. https://www.tenable.com/products/nessus/nessus-essentials.

⑥ https://github.com/ripsscanner/rips.

VisualCodeGrepper[①]、Metasploit[②]等，以上工具的简介如表6-2所示。

表6-2　漏洞治理工具简介表

工 具 名 称	工　　具　　简　　介
OWASP ZAP	OWASP ZAP是OWASP推出的一款免费开源工具,用于Web应用的渗透测试,具有代理、报文获取、重放、爬虫、漏洞扫描等功能,使用灵活且可扩展
Nikto	Nikto是一款开源的Web应用扫描工具,支持危险文件与程序扫描、Web服务器配置项检测、Web服务器版本问题识别等功能
OpenSCAP	OpenSCAP是一款开源的安全配置与漏洞检查工具,基于安全内容自动化协议(SCAP)设计,可用于系统的配置核查与漏洞扫描
Nessus Essentials	Nessus Essentials是Tenable公司出品的免费漏洞检测工具,具有丰富的插件与漏洞库,支持Web应用漏洞扫描、服务器安全检测等功能
RIPS	RIPS是一款静态代码分析软件,用于检测应用代码中的漏洞与安全问题。开源版本支持PHP语言检测,并于2013年停止维护。后继推出的商业版本支持PHP与Java语言检测
VisualCodeGrepper	VisualCodeGrepper是一款开源的代码安全审计工具,支持C/C++、Java、C♯、VB、PL/SQL、PHP和COBOL语言的代码安全检测
Metasploit	Metasploit是一款开源的渗透测试框架,采用模块化设计,内置大量漏洞检测与利用模块,可用于系统的漏洞识别与验证

6.3　工控安全漏洞治理实践

本节介绍工控安全漏洞治理实践，从漏洞治理的总体思路、组织架构、流程、手段与工具五个方面介绍漏洞治理实践方法。

6.3.1　漏洞治理总体思路

随着工业智能化的发展，传统网络威胁持续向工业控制系统蔓延，整体安全形势严峻。工控安全漏洞治理的总体思路可以参考以下几点：

---

① https://github.com/nccgroup/VCG.

② https://www.metasploit.com/.

1. 关注工业控制系统特点

工业控制系统（Industrial Control System，ICS）与行业紧密相关，具有设备种类多、工业协议众多的行业特点。工业控制系统的攻击往往具有针对性，漏洞也往往被信息安全漏洞库单独收录在单独的目录。例如，国家信息安全漏洞共享平台（CNVD）设有工业控制系统类别，国家工业信息安全漏洞库（CICSVD）被建立用于收录工业信息安全漏洞。工业控制系统在漏洞治理和安全防护时可以参考其他行业的建设思路，但是应考虑到工业控制系统的特点，采用专用的安全措施。例如，工业控制系统有专用的安全设备与系统，如工业防火墙、工控漏洞扫描系统、工业主机安全系统等。

2. 协调 IT 系统和 OT 系统漏洞治理差异

IT 系统通常指业务运营和信息管理的系统，与其他企业差异较小，可以参考一些通用的漏洞治理安全策略。OT 系统通常指工业控制系统，采用不同的协议和标准，具有更高的实时性与可靠性要求。OT 系统往往与 IT 系统采用不同的安全策略，在网络管理、系统管理、资产管理、设备监控等方面都存在差异。因此，在漏洞治理时，应充分考虑 IT 系统和 OT 系统差异，实现整体规划和统一管理。

3. 遵循最佳实践

在制定工控系统的网络安全策略时可以遵循工控系统安全的最佳实践。例如，ATT&CK 框架中专门设有工控系统矩阵（ICS Matrix），工控系统矩阵将 ICS 攻击与普通攻击区分开来，着重介绍了 ICS 安全威胁常用安全技术、ICS 应用与协议特性、ICS 需要防护资产等内容。

6.3.2 漏洞治理组织架构

漏洞治理组织应明确各个负责人在漏洞治理中的工作责任，确保漏洞治理工作可以落实到位。针对工控安全漏洞治理，在组织架构设计时应考虑工业控制系统的特点，让工业控制系统管理人员充分参与，以保证漏洞治理的同时可以满足业务的实时性与可靠性需求。表6-3展示的是一个典型的工控安全漏洞治理组织架构。

表6-3　工控安全漏洞治理组织架构图

层　级	组　织	成　员	漏洞治理职责
决策层	信息安全领导小组	企业管理层人员	负责重大事项的决策
管理层	信息安全管理小组	IT 部门负责人 业务/制造部门负责人	负责监督漏洞管理各项工作落实

层　级	组　织	成　员	漏洞治理职责
执行层	安全管理组	信息安全管理人员	负责制定与维护漏洞管理规范、执行与更新安全基线、维护漏洞知识库,执行安全检测、安全漏洞通报等
	网络管理组	网络管理人员	负责对网络资产进行安全维护和漏洞处理
	服务器管理组	服务器管理人员	负责对服务器资产进行安全维护和漏洞处理
	开发管理组	应用开发管理人员	负责对应用资产进行安全维护和漏洞处理
	工控系统管理组	工控系统管理人员	负责协调工控系统业务,配合其他执行组进行漏洞处理
	业务管理组	其他业务管理人员	负责协调其他系统业务运行,配合其他执行组进行漏洞处理

6.3.3　漏洞治理流程

与银行业漏洞治理相似，工控安全漏洞治理可以从漏洞治理组织确定、漏洞管理规范制定、资产管理设计、漏洞闭环管理流程设计几个方面进行设计。在传统IT系统的漏洞治理上，漏洞治理流程可以借鉴前面小节的做法。在工控系统的漏洞治理上，需要注意工控系统的特点，采用差异化的治理方法，本小节重点介绍这一部分差异化的内容。

在漏洞管理规范制定方面，企业可参考现有的国家标准和行业标准，制定工控系统漏洞治理相关规范，如《信息安全技术　工业控制系统安全管理基本要求》（GB/T 36323－2018）、《工业信息安全漏洞分类分级指南》（T/CPUMT 008—2022），可以更好地满足工业控制系统的管理要求和管理特点。

在资产管理设计方面，工控系统种类繁多、工业协议众多，工控系统网络环境在隔离性和安全性上有更高要求。资产库设计时需要考虑工控系统的特点，以保证资产信息完备，满足资产管理以及漏洞风险评估的要求。

在漏洞闭环管理流程设计方面，工控系统同样可以遵循漏洞评估、优先级确定、漏洞修复、漏洞复测和改进提高等过程进行漏洞治理。区别于其他系统，工控系统漏洞评估阶段需要参考工控系统信息安全漏洞库，漏洞检测与复现的方式也存在差异。漏洞检测、修复与复测过程需要与工控系统管理人员充分沟通，尽量减少对生产线的影响。另外，由于部分工控系统老旧，设备维护与漏洞修复困难大，往往需要使用网络隔离、虚拟补丁等缓解措施，需要持续的漏洞风险追踪。漏洞治理流程设计时应考虑以上特点，在漏洞风险评估、漏洞处置流程、标准时长设定等方面做适应性调整。

6.3.4 漏洞治理手段

工控系统与传统IT系统有较大差别，具有明显的行业特点，本节总结了工控系统常见的漏洞治理问题与相应的问题处置手段，可供读者参考。

1. 过时设备和协议漏洞问题

工控系统中使用部分过时的设备和协议，通常缺乏加密和认证等安全特性。例如，Modbus协议在设计之初仅考虑了功能实现、效率与可靠性，其建立通信会话缺乏认证机制，协议通信采用明文传输，忽视了安全性，缺乏授权、认证、加密等安全防护机制。

针对上述问题，组织可以参考以下几个治理手段：

（1）定期更新工控设备固件，并及时安装厂商发布的安全补丁。对所有工控设备进行周期性的检查和维护，以减少已知漏洞被利用的风险。

（2）对于无法或难以更新固件的老旧设备，可以实施严格的网络隔离策略。在网络拓扑结构中设立防火墙、边界防护设备，限制遗留系统的外部访问权限，只允许必要的业务通信通过。

（3）逐步淘汰安全性较低的设备，更新为支持现代安全协议的工控设备。优先考虑采用具备安全认证（如IEC 62443标准）、默认配置安全且易于进行安全维护的设备。

2. 设备固件漏洞问题

工业控制系统的固件中可能存在编程错误或架构缺陷，从而形成安全漏洞。设备厂商对工控设备固件的更新维护周期可能较长，部分原因是工控环境对变更控制的要求严格，任何升级都必须经过详尽的测试以确保不影响生产流程。此外，有些老旧或停产的设备无法获得厂商支持，无法得到最新的固件补丁。

针对上述问题，组织可以参考以下几个治理手段：

（1）及时更新工控设备固件和补丁，针对已知的安全漏洞，设备供应商通常会发布相应的补丁。定期对系统进行巡检和维护，保证软件和硬件设备的正常运行状态。

（2）加强身份验证和访问控制，防止未授权访问和非法操作。采用强密码和双因素认证等措施提高系统的安全性。

（3）建立完善的安全审计和监控机制，定期对工业控制系统进行检查和分析，发现异常行为和潜在威胁，提高系统的可追溯性。

3. 通信和网络安全问题

为了实现远程监控和维护的便利性，部分工控设备可能直接与企业网络甚至互联网相连，这种连接方式虽然极大地提高了设备管理效率和响应速度，但也显著提升了工控环境遭受网络安全攻击的风险。一方面，当工控设备接入企业IT网络时，它打破了原本封闭、独立的工控网络结构，使得企业内网成为工控网络渗透的入口；另一方面，如果工控设备直接暴露互联网，则无异于为攻击者敞开了大门，一旦设备固件中的漏洞被利用，则可能造成巨大损失。

针对上述问题，组织可以参考以下几个治理手段：

（1）实施严格的网络隔离策略，部署工业防火墙，对进出工控网络的数据包进行深度检测和过滤。工业防火墙更注重实时性和稳定性，同时具备处理工业协议解析的能力。通过在工控网络与企业IT网络之间部署工业防火墙，可以有效防止未经授权的访问和恶意流量从IT网络渗透至工控网络。

（2）构建非军事化区（Demilitarized Zone，DMZ），在工控环境下，将工控网关、远程监控服务器等需要进行内外通信的设备置于DMZ中，既能满足远程监控和维护的需求，又能确保核心生产控制系统的安全隔离。通过精心配置防火墙规则，只允许特定类型的流量通过，降低潜在的攻击风险。

（3）在网络架构层面，可采用子网划分和虚拟局域网技术，将不同的工控系统划分为多个逻辑隔离的网络区域，确保即使某个区域被攻破，也不会立即影响其他区域的安全性。每个区域应根据其功能、重要性和安全等级来定制相应的访问控制策略。

（4）对于更为复杂且安全性要求更高的场景，可以引入微隔离技术，实现基于单个设备或应用的网络隔离策略。这种方式可以细化到每个工控设备或关键资源的粒度，确保即便在同一子网内，未授权的设备也无法互相访问，从而强化了整体网络的安全防护能力。

（5）可以建立一套集中的安全管理系统，包括日志审计、入侵检测、事件响应等功能，以实时监控网络隔离边界处的异常行为，及时发现并阻断可能的攻击活动。

4. 物理安全漏洞问题

工控系统的物理环境监控不足和物理安全措施的缺乏，是一个容易被忽视但后果严重的安全问题。在实际操作中，许多工控设备需要在一个特定且稳定的环境中才能正常工作。如果未进行有效的环境监控，可能导致设备性能下降、寿命缩短或者突然宕机。

物理安全措施包括但不限于门禁系统、视频监控、防入侵警报、电力冗余保障以及物理锁闭装置等。若物理安全措施执行不到位，可能会使未经授权的人员轻易接近或接触工控设备，从而篡改数据、插入恶意硬件或破坏关键组件。

针对上述问题，组织可以参考以下几个治理手段：

（1）部署环境监测系统，安装温度、湿度、烟雾、水浸等传感器，并结合智能监控软件，实时记录和分析环境参数变化，一旦超出预设阈值，立即触发警报通知相关人员进行处理。为环境敏感的工控设备加装防尘、防水、防震保护装置，避免因外界恶劣环境条件导致的设备损坏。

（2）实施电源与冷却设施的冗余设计，确保在主供电系统失效时，备用电源能够迅速无缝切换，保证设备正常运行。配备高效能散热系统，维持机房和控制柜内恒温状态，防止过热导致的硬件故障。

（3）安装防护栏杆、防盗门窗、视频监控等安全保护设施，对工控区域设立独立的门禁系统，采用刷卡、生物识别等多种身份验证方式，确保只有经过授权的人员才能进入。高清摄像头覆盖所有关键入口、通道和操作区域，实现无死角监控，长期保存视频资料以备事后审查。

（4）制定详细的操作规程，规定访问工控设备的具体步骤和权限分配，严格限制未经授权的人员接触或修改设备配置。准备应急预案应对火灾、洪水、地震等自然灾害，并定期演练，确保在极端情况下能够迅速转移关键设备、数据备份以及恢复业务连续性。

6.3.5　漏洞治理工具

与银行业漏洞治理相似，工控系统的漏洞治理中可以使用6.2.5节介绍过的漏洞治理工具，工控系统也有一些专用的安全工具，本小节将介绍工控系统漏洞治理可以采用的安全工具。

工控系统安全工具的对象包括工业控制系统（ICS）、数据采集与监视控制系统（SCADA）、可编程逻辑控制器（PLC）等，可提供系统与设备的态势感知、安全检测、协议分析等功能，常见的工控系统安全工具有GrassMarlin[1]、SMOD[2]、PLCinject[3]、SCADAShutdownTool[4]、ICSsploit[5]等，其简介如表6-4所示。

表6-4　工控系统漏洞治理工具简介

工　具　名　称	工　具　简　介
GrassMarlin	GrassMarlin是一款开源的工控系统态势感知工具，支持ICS与SCADA的网络态势感知，可直观显示ICS与SCADA网络拓扑，并进行设备发现与记录

[1] https://github.com/nsacyber/GRASSMARLIN.

[2] https://github.com/theralfbrown/smod-1r.

[3] https://github.com/SCADACS/PLCinject.

[4] https://github.com/0xICF/SCADAShutdownTool.

[5] https://github.com/tijldeneut/icssploit.

工　具　名　称	工　具　简　介
SMOD	SMOD是一款开源的Modbus渗透测试框架,具有渗透测试Modbus协议所需的各种诊断和攻击功能,可用于Modbus协议漏洞评估
PLCinject	PLCinject是一款开源的PLC安全工具,支持PLC的代码注入,实现PLC攻击与利用
SCADAShutdownTool	SCADAShutdownTool是一款开源的工控系统自动化测试工具,可用于SCADA系统安全测试,支持从属控制器枚举、控制器寄存器值的读取和重写等功能
ICSsploit	ICSsploit是一款开源的工控系统利用框架,类似于Metasploit框架,提供工控系统的协议模拟、设备扫描、漏洞利用等功能

本章小结

　　本章首先介绍了行业漏洞管理现状,分别梳理了近年来金融行业与制造业漏洞管理相关的要求与标准,对行业共性漏洞治理问题进行了介绍,并提供了可以参考的安全措施。然后分别介绍银行业与工控系统的安全漏洞治理实践,从漏洞治理的总体思路、组织架构、流程、手段以及工具几个方面进行介绍,为读者的漏洞治理实践提供参考。

7 华为漏洞治理实践

◆ **7.1 漏洞治理理念**
◆ **7.2 治理框架与组织**
◆ **7.3 治理流程**
◆ **7.4 治理平台与工具**

华为作为全球领先的ICT解决方案供应商，充分理解网络安全的重要性，致力于采取切实有效的措施提升产品和服务的安全性，从而帮助客户规避和减少安全方面的风险，以赢得各利益相关者的信赖。在漏洞治理上，结合外部法律法规、标准和客户需求等，并通过清晰的目标牵引，围绕全量管理、全生命周期管理和全供应链管理构建自己的漏洞治理体系。为了更好地支撑客户现网漏洞风险消减，华为将漏洞管理的目标具体分解成以下三个主要方面：

（1）负责任披露：对购买华为产品和解决方案的客户，建立漏洞披露与沟通机制，支撑客户对漏洞风险决策。

（2）减少和消减漏洞：建立全量、全生命周期、端到端漏洞管理机制，实现漏洞及时感知、排查、规避和修补，支持客户风险消减。

（3）协同管理：明确与供应商和客户的漏洞管理协同机制，共同协作消减漏洞风险。

 漏洞治理理念

华为将"端到端的全球网络安全保障体系"作为公司的重要发展战略之一,从政策、组织、流程、技术和规范多方面建立可持续、可信赖的漏洞管理体系,与外部利益相关方开放协同,共同应对漏洞的挑战。华为对漏洞管理提出五项基本原则。①

1. 减少伤害和降低风险

减少或消除华为产品、服务漏洞给客户带来的伤害,降低漏洞给客户/用户带来的潜在安全风险,既是华为漏洞管理的愿景,也是华为在漏洞处置和漏洞披露时所遵循的价值指引。

2. 减少和消减漏洞

尽管业界共识漏洞是不可避免的,但华为一直在努力:① 采取措施减少产品和服务中的漏洞;② 一旦发现产品和服务中的漏洞,及时向客户/用户提供风险消减方案。

3. 主动管理

漏洞问题需要供应链上下游通力合作来解决,华为会主动识别自身在漏洞管理的责任并厘清管辖边界要求,包括业务运营适用的法规要求、合同要求、公开标准要求等,构建漏洞管理体系,主动开展漏洞管理。

4. 持续优化

网络安全是持续演进的动态过程,伴随威胁的演进,防守方也需要持续创新。华为将持续优化漏洞管理相关的工作流程和规范,不断借鉴行业标准和业界优秀实践,提升自身对漏洞管理的成熟度。

5. 开放协同

秉持开放合作的态度,加强供应链和外部安全生态的连接,包括供应链上下游、安全研究者、安全公司、安全监管机构等;并在漏洞相关的工作中加强与利益相关方的协同,构筑可信赖的合作关系。

依据以上原则,遵循行业标准 ISO/IEC 30111、ISO/IEC 29147、ISO/IEC 21434,华为公司建立了完善的漏洞管理流程。华为公司始终秉承负责任的态度,

---

① 华为漏洞治理白皮书[EB/OL].https://www-file.huawei.com/-/media/corp2020/pdf/trust-center/huawei_vulnerability_management_white_paper_cn.pdf.

致力于以最大程度保护客户，降低漏洞被利用的风险。

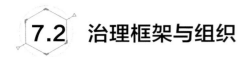

7.2 治理框架与组织

围绕支撑客户现网漏洞风险消减的管理目标，华为构筑从政策、流程、工程、文化、组织与人才的漏洞治理框架，并持续优化各领域能力，支撑漏洞治理的高效、有序开展。框架如图7-1所示。

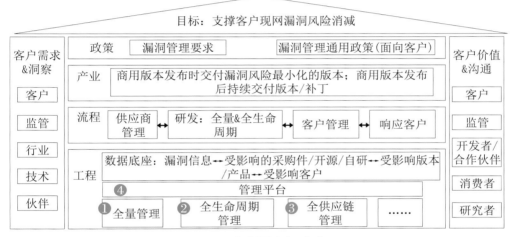

图7-1 华为漏洞治理框架

1. 全量漏洞治理

资产管理是漏洞治理的基础，如何确保资产信息的完整性和准确性是行业面临的挑战。华为产品涉及多个产业，拥有ICT、云服务、终端、车等诸多不同类型的产业资产，获取全面且更新的资产清单是个挑战，识别资产中准确的开源软件、三方件等成分也同样是业界难题。

华为明确漏洞治理的第一责任人。在产品立项时，须进行资产注册，从源头确保资产清单纳入管理；在开发过程中，通过软件工程能力（全量源码构建等）确保使用的资产来源已源头纳管，包含使用的平台、开源软件、三方件等。

基于获得的全量软件资产，形成产品版本的全量漏洞视图，在此基础上开展验证、修补等漏洞治理相关的业务活动。

2. 全生命周期管理

集成产品开发流程（Integrated Product Development，IPD）从概念、计划、开

发、验证和发布阶段，将威胁建模、安全设计、安全开发、安全测试等加入到流程中，从机制上减少漏洞的引入，在版本发布时，向客户交付漏洞风险最小化的产品版本。

漏洞管理基于产品/软件版本的生命周期里程碑进行管理，华为对停止服务与支持（EOS）前所有产品版本的漏洞进行管理，根据不同生命周期阶段修补策略，在停止全面支持（EOFS）前发布漏洞修补方案（包括缓解措施、补丁/版本等），支持客户例行消减现网漏洞风险。华为漏洞管理中心持续识别公众广泛关注且已活跃被利用的"高风险"漏洞，并加快漏洞响应的过程，在24小时内发布安全公告（Security Notice，SN）向受影响的客户通知。当有漏洞修补方案后，华为会通过安全通告（SA）为相关受影响客户提供风险决策和消减支持。华为漏洞全生命周期管理如图7-2所示。

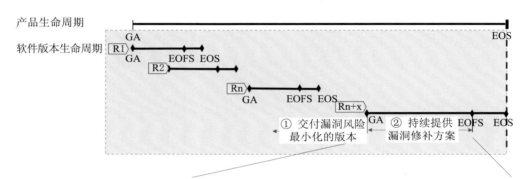

图7-2　华为漏洞全生命周期管理

3. 全供应链管理

华为拥有复杂的产品、服务与解决方案组合，服务于全供应链中不同类型的客户，承担了包括供应商、设备商/集成商和运营者等在内的多个角色，角色的多样使得华为有机会站从不同视角认识到供应链管理协同的重要性。

图7-3　华为公司供应链上下游角色示意图

作为供应商，建立漏洞接收和感知渠道，以保证漏洞的及时、准确感知。同时，面向下游设备商/集成商，建立漏洞披露网站和主动沟通的渠道，通过持续提供漏洞修补方案，支持下游设备商/集成商对修补方案的集成和发布。

作为设备商/集成商，同供应商建立漏洞接收、披露、协同与响应机制。同时，开展漏洞奖励计划项目，鼓励安全研究者、组织等上报产品疑似漏洞。面向客户，建立漏洞披露网站和主动沟通的渠道，以 SA/SN、版本/补丁说明书发布公告（Release Notes，RN）的方式，向客户进行漏洞披露，支持客户知情决策和现网漏洞风险消减。

作为运营者，同设备商/服务提供者建立漏洞接收、披露、协同与响应机制。在现网资产管理基础上，持续开展漏洞感知、评估和现网修复等活动，将现网漏洞风险控制在可接受的水平。

4. 漏洞治理组织

华为设立了公司级的 PSIRT 组织，来对漏洞进行集中管理。华为 PSIRT 是专职的团队，负责华为产品相关漏洞的接收、核查和披露。PSIRT 遵循 ISO/IEC 30111、ISO/IEC 29147 等行业标准处理华为产品的疑似漏洞。

为了高效履行漏洞治理工作，PSIRT 还需要和公司其他部门开展部门间的协同，包括与采购协同，确保对第三方供应商的漏洞治理要求的达成；与公司的公共和政府事务部以及法务部门保持协同，确保全球华为实体对所在国漏洞治理相关法律的合规遵从；与产品线保持紧密合作，确保漏洞的定位、确认和严重性评估及修补等工作；与公司各业务部门合作，确保漏洞信息在客户界面的呈现和补丁在客户现网的部署等。华为 PSIRT 组织作为信息汇集点，拉通产品团队、公共关系部等共同应对产品安全漏洞，具体如图 7-4 所示。

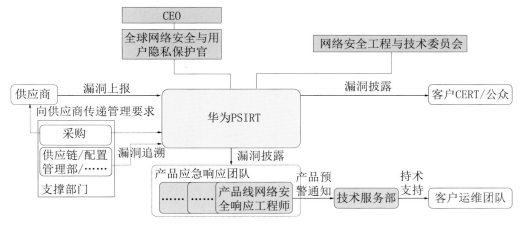

图 7-4　华为公司级 PSIRT 组织与其他部门的交互

PSIRT 承担的核心职责包括以下三部分：

（1）漏洞感知：通过建设"接收"和"主动感知"的两类渠道与机制，持续感

知影响华为产品的漏洞（含自研、开源和第三方软件）。例如，华为公司公开了
PSIRT@huawei的邮箱，通过接收响应的模式获取外部上报漏洞信息；华为目前也
有7个公开的漏洞奖励计划项目在运行，通过奖励计划的实施，鼓励安全研究者发
现并上报疑似安全漏洞。

（2）安全应急响应：对于漏洞相关的安全事件，全流程端到端驱动产品线开展
安全事件的应急响应直至事件闭环。

（3）漏洞协同披露：组织负责建设和运营漏洞的披露，包括向客户发布安全公
告和安全通知等，并与研究员、安全社区、客户做好协同，减少沟通故障，避免漏
洞披露不当带来的伤害。

7.3 治理流程

华为的漏洞处理按照ISO/IEC 29147、ISO/IEC 30111标准进行漏洞披露与处
理，包含漏洞处理准备、漏洞感知、验证漏洞、漏洞修补、发布漏洞公告、修补
部署和参与漏洞修补后活动共七个阶段，实现了端到端的漏洞处理。具体流程如
图7-5所示。

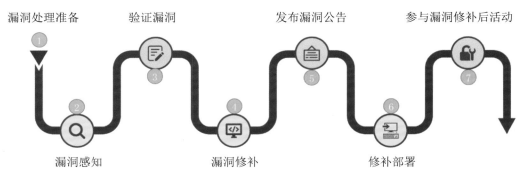

图 7-5　华为漏洞处置的七个阶段

（1）漏洞处理准备：构建漏洞披露和处理的策略、组织和能力；

（2）漏洞感知：建立漏洞感知渠道，接收相关疑似漏洞；

（3）验证漏洞：确认疑似漏洞的有效性和影响范围；

（4）漏洞修补：制定并落实漏洞修补方案；

（5）发布漏洞公告：面向客户发布漏洞修补信息公告；

（6）修补部署：运营者收到漏洞修补信息后，评估风险并现网部署，消减风险；

（7）参与漏洞修补后活动：结合客户意见和内部实践持续改进。

1. 漏洞处理准备

厂商作为漏洞报告的接收方，要同时开发面向报告者的"漏洞处理策略"和"漏洞披露策略"，并建设对应的漏洞处理组织框架和建设能力框架。

在华为的适配定义中，"漏洞处理准备"在标准的基础上扩大范围，不仅是包含漏洞披露策略、漏洞处理策略和组织框架的制定，更包括漏洞处理能力的建设。其中漏洞处理能力关键在于漏洞感知、验证漏洞、开发漏洞修补方案、发布漏洞公告等各环节所需的工程方法、指导标准和IT工具。

面向报告者的"外部漏洞披露策略"由华为公司统一制定，面向客户的"漏洞披露策略"由各个面向客户的业务部门组织负责制定；接收到漏洞后的"漏洞处理策略和组织框架"由各产品线、业务部门基于公司政策要求，各自适配，融入业务流程中；华为PSIRT作为华为漏洞治理公司级的能力中心，负责提供意识培训、工程方法和指导规范。

2. 漏洞感知

在华为公司的适配定义中，漏洞感知在标准的基础上扩大范围，包含接收漏洞上报和主动漏洞收集两个方面，涵盖被动接收到的疑似漏洞上报和主动对知名漏洞库、论坛、安全会议等信息的跟踪，以保证产品、解决方案中涉及的漏洞被及时感知。

PSIRT是"漏洞感知"的责任人，包括接收外部漏洞上报和主动漏洞收集。确保三方件供应商/开源负责人能够及时、准确、全面地感知到三方/开源漏洞数据，确保漏洞数据源头高质量。

（1）接收漏洞上报：对外公开漏洞接收的方式，并对漏洞上报渠道进行监控，保证上报的疑似漏洞进行确认，并纳入漏洞库管理。疑似漏洞上报的对象包括但不限于外部安全研究者、漏洞协调组织和客户。当前华为提供邮箱（PSIRT@Huawei.com）和漏洞奖励计划（HBP）两种漏洞接收方式。

（2）主动漏洞收集：对开源社区、供应商官网、业界知名漏洞库、安全会议等渠道，主动通过API、订阅或公开信息检索等方式，获取华为产品或产品中使用的开源和三方件中的已知漏洞。

3. 验证漏洞

在华为公司的适配定义中，验证漏洞阶段包含漏洞报告内容确认、漏洞确认、重现、排查、严重等级评估和漏洞修复优先级的决策。

各级产品线产品开发团队、维护与存量经营团队及安全响应工程师是漏洞验证的责任组织和责任角色，对PSIRT感知和分发的漏洞，按照工程规范的要求，确定是否对本产品有影响、如果有影响的严重等级进行核实和确认，对于无影响的漏洞进行反馈和确认，对于确认有影响的漏洞进行漏洞修补计划排期。

4. 漏洞修补

漏洞修补指的是厂商负责制定漏洞修补措施。具体而言是为消除或消减漏洞而对产品或服务所做的更改。常见的纠正方案包括采用二进制文档替换、配置更改或源代码修补和重编译等形式。与之类似的术语包括补丁(patch)、更新（update）、修复(fix)、热修复（hot fix）和升级（upgrade）。缓解措施(mitigation)也称作规避措施（workaround）或应对措施。在华为的适配定义中，"漏洞修补" 主要是决策漏洞消减路径，并实施修补方案。

5. 发布漏洞公告

漏洞披露指厂商安全发布修补措施。就产品而言，厂商通常以漏洞预警和软件补丁/更新的形式向用户提供修复和消减信息，由用户部署修复方案。

华为公司漏洞披露的形式包括SN、SA和RN。从产品/服务供应商视角看，对客户通过SN、SA和邮件等方式对漏洞及其修复信息进行告知。

（1）RN：Release Notes的目标读者为非安全专业人员，不会涵盖详细的漏洞信息，但会给出漏洞的严重等级，用于支持用户安排现网部署计划的决策。

（2）SN：提供安全主题相关的一般信息，当外界发现并关注华为公司漏洞信息，但华为公司尚未完成完整的处置。

（3）SA：产品/服务供应商提供漏洞对应的补救措施、业务影响和严重等级等信息或文档，以支持客户做风险决策，是产品/服务供应商向客户通知漏洞的最常用形式，一般是经确认的相关技术信息，包括但不限于规避方案、解决方案。

6. 修补部署

修补部署阶段主要是指运营者或服务提供者将产品/服务供应商提供的补丁或版本进行现网部署，以消除现网漏洞风险的动作。

华为作为ICT厂商和云服务提供商两种不同角色时，参与到部署漏洞修补方案的重点各不相同：

（1）ICT厂商：华为公司的运营商业务与企业业务往往作为厂商提供设备给最终的运营商与企业用户。这种场景下"部署修补方案"的责任人往往是设备商的客户，如运营商与企业用户；华为需要在"发布漏洞公告"阶段将漏洞补丁通知到客户，起到知会的义务；部署的义务则需要由最终用户来实施，华为基于合同约定提供补丁部署的服务支持。

（2）云服务提供商：华为云业务作为云服务的提供商，部署整套软硬件后以服务的形式提供给最终用户。这种场景下，部署修复方案的责任人就是华为云自身。对应的业务部门应积极地对服务所涉及的软硬件漏洞公告进行监测，并基于漏洞严重等级设定修复的SLA，及时将补丁部署到业务平台，减少漏洞暴露的时间窗和风险。

7. 参与漏洞修补后活动

参与漏洞修补后活动阶段主要包含在发布漏洞修复后，需同步采取以下措施：

（1）要持续跟进业界的动态观察修补方案是否有效，例如，漏洞修复不彻底，攻击手段变化后仍可成功利用。

（2）研发要针对漏洞失效机理、研发过程活动失效环节进行根因分析，避免同类问题重犯。

（3）服务要持续跟进部署之后表现是否正常。

8. 华为云责任共担模型

除上述华为通用的漏洞治理流程外，华为作为云服务提供商时，华为云需基于责任共担模型进行漏洞治理。不同于传统数据中心的视角，云安全包括保护云服务本身在基础设施即服务（IaaS），平台即服务（PaaS）和软件即服务（SaaS）各类云服务以及云服务数据中心内部运维运营所需的技术资源，以确保各类应用和服务能够持续、高效、安全、稳定地运行。

云服务与传统数据中心存在明显差异，前者对云安全整体设计和实践更侧重于为用户提供完善的、多维度的、按需要任意定制、组合的各种安全和隐私保护功能和配置，涵盖基础设施、平台、应用及数据安全等各个层面。同时，不同的云安全服务又进一步提供了各类可自主配置的高级安全选项。这些云安全服务需要通过深度嵌入各层云服务的安全特性、安全配置和安全管控来实现，并通过可整合多点汇总分析的、日趋自动化的云安全运维运营能力来支撑。华为云责任共担模型如图7-6所示。

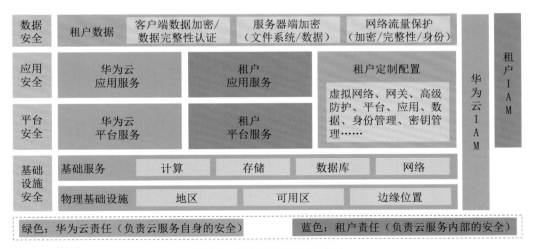

图7-6 华为云责任共担模型

华为云负责云服务自身的安全，提供安全的云；租户负责云服务内部的安全，安全地使用云。

华为云的主要责任是研发并运维运营华为云数据中心的物理基础设施，华为云提供的各项基础服务、平台服务和应用服务，也包括各项服务内置的安全功能。同时，华为云还负责构建物理层、基础设施层、平台层、应用层、数据层和 IAM 层的多维立体安全防护体系，并保障其运维运营安全。

租户的主要责任是在租用的华为云基础设施与服务之上定制配置并且运维运营其所需的虚拟网络、平台、应用、数据、管理、安全等各项服务，包括对华为云服务的定制配置和对租户自行部署的平台、应用、用户身份管理等服务的运维运营。同时，租户还负责其在虚拟网络层、平台层、应用层、数据层和IAM层的各项安全防护措施的定制配置，运维运营安全以及用户身份的有效管理。

7.4 治理平台与工具

华为ICT、终端、IAS等不同产业承担的角色不同，责任也不相同。为了保障各个产业履责，支持客户漏洞风险消减，华为漏洞治理中心作为漏洞信息和组织的汇聚点，建立集团统一的管理平台，通过原始作业活动获取数据，形成各产业漏洞治理水平和履责状态的"画像"，实现对全产业漏洞治理结果的"可视、可管"。

华为公司尊重不同产业行业特点的差异，引导产业持续自我改进和优化，为客户提供更高效、更专业的漏洞治理支持。华为漏洞治理平台示意图如图7-7所示。

① 获取产业过程中的作业数据，落地管理一致性和有效性；
② 按照不同的产业特点为，形成自身的"体检报告"，支持自我改进

图7-7　华为漏洞治理平台示意图

本章小结

　　厂商在产品或服务方面的漏洞治理不同于运营者,针对其提供的产品和服务,需要在全生命周期内进行端到端的漏洞管理,即产品从设计开发到产品生命周期终止的全周期中,持续地识别、评估、修补安全漏洞。例如,华为公司把网络安全和隐私保护作为公司的最高纲领,遵循 ISO9000 的质量管理体系、遵循 ISO/IEC/IEEE 15288 和12207 的系统工程和软件开发过程安全保障,在产品设计和开发阶段就开始防范漏洞的产生。本章侧重分享产品发布后的漏洞处理准备、识别、修补等漏洞治理环节,通过从漏洞治理理念与策略、组织、流程及漏洞管理解决方案的角度介绍漏洞治理实践,供读者进行详细了解并为组织制定漏洞治理体系提供参考。

　　华为充分认识到漏洞治理对数字空间安全的重要性,在漏洞管理五项基本原则的指导下,以消减客户现网风险为目标,通过遵循行业标准和最佳实践开展漏洞管理相关活动,已建立全量、全生命周期和全供应链为核心能力的端到端漏洞管理体系。新技术以及新的威胁总是在不断演进和更迭,漏洞治理需要持续迭代和优化。通过分享华为的经验和实践,与客户和伙伴构筑协同、信任的生态环境,携手迎接漏洞带来的网络安全风险挑战。

8 漏洞管理技术和产品解决方案

　　组织除了建立网络安全保障治理体系外，在攻击复杂化、漏洞产业化的挑战下，还需不断完善网络安全防护的理论和方法，构建安全韧性的解决方案，持续快速发现漏洞并遏制漏洞利用事件的发生，将安全风险降到最低。为了实现这一目标，组织需要构建面向确定性业务的网络安全韧性保障。本章重点介绍华为网络安全及漏洞解决方案建设的方法和实践。

8.1 漏洞管理技术理念及方案

8.1.1 正向建、反向查

构建一张具备"绝对安全"的韧性网络是不可能的，但要持续并快速发现漏洞并遏制漏洞利用事件的发生，将安全风险降到最低，进而降低组织面临的风险却是可能的。想完成这一目标，就需要安全防御从尽力而为向确定性安全迈进，准确地说是面向确定性业务的韧性保障。华为在网络安全及漏洞解决方案建设方面的基本思路为"正向建、反向查"。

1. 正向建

首先，构建安全可信的网络基础设施，通过供应链可信、硬件可信和软件可信，构建ICT基础设施的"可信基座"；通过围绕产品全量管理、全生命周期管理和全供应链管理，提升和完善产品自身的安全性，支持客户现网风险消减。

其次，网络层通过IPv6＋和路由协议等安全技术，将不确定的IP网络变成确定性网络，避免路由被劫持和不符合预期的流量，确保"网络可信"，减少漏洞可利用通道。

最后，应用层构建可信任身份，基于数字身份和信任评估框架，构建持续的信任评估机制，加强设备、人员入网可信身份验证和对数据的合法访问，确保"身份可信"，以上三个层面搭建起安全可信的网络体系架构，从而提高安全防护壁垒，提升攻击成本，消减漏洞被利用的风险。

"正向建"网络安全架构示意图如图8-1所示。

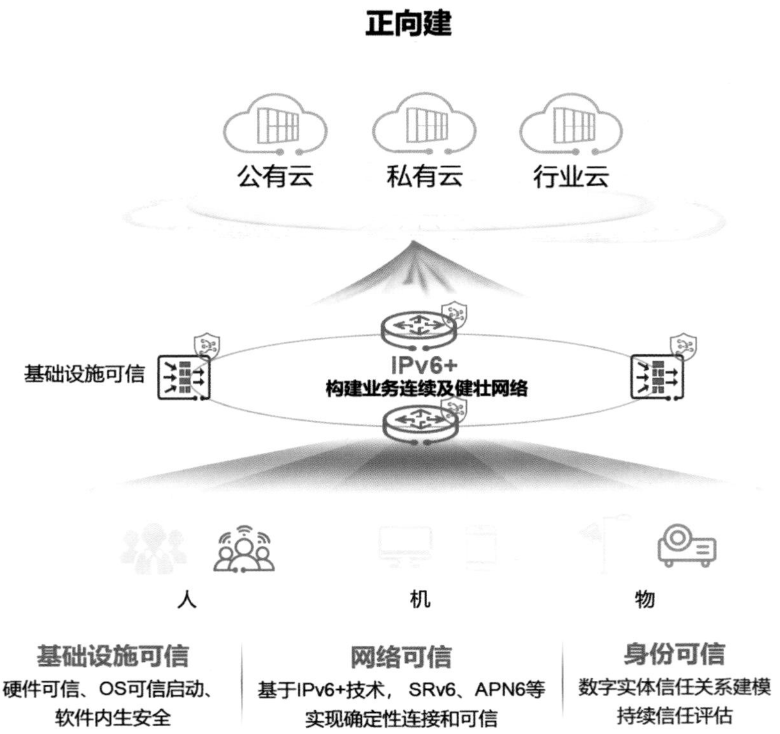

图 8-1 "正向建"网络安全架构

2. 反向查

首先，要在云网边端全域进行监测，对未知漏洞、已知漏洞、缺陷、攻击进行实时检查，从而保证网络的基本防御能力。无论是在云端、网络侧，还是在边缘侧的安全网关，或者端上的 EDR，共同组成了一套完整的方案。

其次，未来的漏洞防御是算力之间的对抗，因此需要构建漏洞威胁检测和分析的算力支撑，利用 AI 技术与之进行对抗。通过智能防御，基于 AI 的威胁关联检测、云地联邦学习，大幅提升威胁检出率和处置风险的能力，快速检测识别漏洞被利用情况，支撑及时响应。

最后，构建一体安全。安全不应该是割裂的，应该和广域网络、城域网络、园区网络、数据中心网络等紧密连接，形成联动机制，以云网端协同防护，快速对漏洞进行防护和修补，提升网络韧性。

"反向查"网络安全架构示意图如图 8-2 所示。

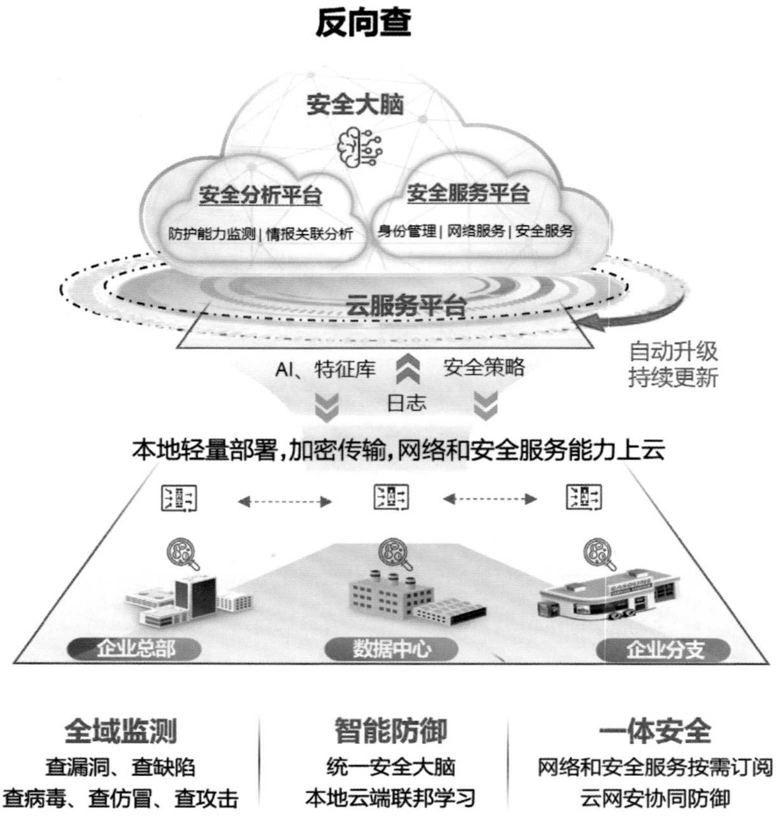
反向查
安全大脑
安全分析平台
防护能力监测 | 情报关联分析
安全服务平台
身份管理 | 网络服务 | 安全服务
云服务平台
自动升级
持续更新
AI、特征库
安全策略
日志
本地轻量部署，加密传输，网络和安全服务能力上云
企业总部
数据中心
企业分支
全域监测
查漏洞、查缺陷
查病毒、查仿冒、查攻击
智能防御
统一安全大脑
本地云端联邦学习
一体安全
网络和安全服务按需订阅
云网安协同防御

图8-2 “反向查”网络安全架构

8.1.2 “正向建、反向查”网络安全架构华为安全及漏洞解决方案

华为安全及漏洞管理解决方案正是根据未来网络安全建设应该遵循“正向建、反向查”的思路，构建可信一张网的思路完成全方位落地，其整体方案如图8-3所示。

首先，在漏洞发现方面，通过威胁信息生命周期管理，汇聚的全球安全能力、全球洞察，以及对AI的深入研究，让其在漏洞发现方面的表现极为出色。

其次，在漏洞检测和防御方面，华为通过动态检测和分析终端、用户、流量、应用等信息，基于领先业界平均水平威胁检出率，实时评估安全程度，动态刷新网络状态，对漏洞利用有效管控，确保无攻击意图的人能进来，有攻击意图的人能防住。

再次，在漏洞验证和管理方面，华为立足云、网、安全三方面，通过漏洞管理统一编排和业务联动平台践行云网安一体化，实现近源威胁阻断、秒级漏洞威胁处置，确保漏洞威胁不扩散。通过漏洞主动验证，及时识别威胁和风险出现在哪里，提供有效的处置建议和手段，快速处置，确保将威胁控制在最小范围不扩散。

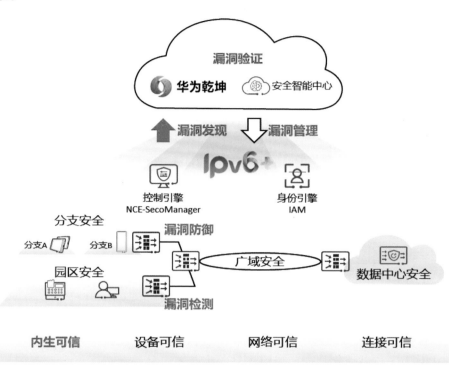

图 8-3　华为安全及漏洞解决方案

最后，在内生可信方面，华为围绕设备/产品、网络业务、安全运营运维使能三层，从物理产品/软件、服务/服务工具、运营商/企业三个平面全面解构，建立 ICT 基础设施产业内生安全分层模型。通过产品、服务/服务工具、安全运营运维配合在设备层安全、网络业务层安全、安全运营运维上形成完整的安全方案，满足行业网络端到端的安全需求，最终完成现网漏洞风险消减和网络可信。

华为安全及漏洞解决方案中的产品及服务如表 8-1 所示。

表 8-1　华为安全及漏洞解决方案中的产品及服务

产品及服务	说　明
乾坤-威胁信息服务	聚焦漏洞发现，提供海量网络威胁及漏洞信息，并通过快速识别、快速生产，实时掌握网络最新威胁动向，有效地对威胁事件进行发现和研判，从而提升威胁防御效果
乾坤-边界防护及响应服务	聚焦漏洞管理，基于天关/防火墙上送云端的取证数据、安全日志进行智能分析和处置，持续保护企业内网安全，同时通过集成告警自动确认、威胁分析等检测模型，智能识别租户本地网络的潜在威胁并完成自动化处置，提升安全防护实效

续表

产品及服务	说　明
乾坤-终端防护及响应服务	具备多维检测、溯源处置，同时提供更快、更准的一站式端侧安全防护能力
乾坤-威胁评估服务	聚焦漏洞验证，评估安全防御体系有效性，网络威胁评估服务通过自动化方式持续对企业安全防御体系进行威胁模拟，识别企业网络环境的薄弱点，评估企业安全防御体系的风险和有效性
乾坤-漏洞扫描服务	聚焦漏洞检测，自动检测企业IT资产安全状况，高效精准地识别潜在漏洞，并提供专业的修复建议，支持主动资产识别，对企业的网络设备及应用服务进行定期的漏洞扫描、持续性漏洞检测，帮助企业降低资产安全风险
安全网关	聚焦漏洞防御，具备全面的内容安全能力，如入侵防御、恶意文件检测等，为用户检测、阻断应用层攻击事件；配备华为安全人工智能引擎AIE，提供边缘侧的AI安全检测能力，能够检测传统基于特征签名无法完成的检测任务，如暴力破解、C&C、DGA、ECA等算法；实现与云服务平台的联动，上报安全事件相关的关键信息，并可以根据云服务平台的指令对安全事件进行闭环
安全控制器	提供安全策略编排，能够联动安全网关和乾坤对漏洞及威胁事件快速处置

　　通过对以上服务及产品的组合，华为安全及漏洞解决方案让安全更具韧性，实现了从针对漏洞威胁的防御到面向业务确定性保障的思路演进：基于内生可信、威胁检测分析算法、自动化管理与风险评估等根技术，从系统内生安全、漏洞防御、运营管理流程三个维度构筑韧性技术架构，确保守住系统安全底线，提升安全方案整体可信度和质量水平，真正做到护航行业数字化转型，让企业在深耕数字化过程中不被漏洞及安全风险所羁绊。

　　下文从安全防御视角介绍围绕漏洞开展的相关技术，具体包括：

　　（1）漏洞发现：漏洞不是凭空产生的，如何使用技术的手段获取软硬件系统中的相关漏洞。

　　（2）漏洞检测：发现漏洞后，面对海量部署软硬件系统，如何基于漏洞的信息，识别系统是否受到影响。

　　（3）漏洞防御：通过漏洞检测识别到特定的目标系统受到漏洞的影响情况，如何使用技术手段开展防御工作，避免攻击者利用漏洞破坏系统。

　　（4）漏洞验证：当漏洞防御系统部署后，验证防御的有效性的相关技术。

　　（5）漏洞管理：综合利用各种技术手段和管理手段，对漏洞进行管理，以降低风险。

8.2 漏洞发现

漏洞发现指通过技术手段获取已知的或未知的软硬件漏洞信息的过程。从攻防视角看，其核心的目标在于先于攻击者获取关于漏洞的相关信息，并触发漏洞检测、评估、防御、验证、管理等动作。本节分别从已知漏洞（N Day 漏洞）发现和未知漏洞（零日漏洞）挖掘两个角度，概要介绍漏洞发现过程中使用的主要技术。

8.2.1 利用威胁情报技术发现已知漏洞

1. 威胁情报技术简介

随着高级持续性威胁（APT）的发现，国家级的资源、技术、管理被用于网络攻击中，出现了严重的攻防不对等。在此背景下，"情报"被网络安全领域工作人员从军事领域引入到了网络安全领域，期望通过共享、协同更多的防御资源，快速地响应识别和发现已知攻击，由此产生了安全威胁情报（Security Threat Intelligence）、威胁情报（Threat Intelligence）、网络威胁情报（Cyber Threat Intelligence）等不同的术语。同大多数网络安全术语一样，威胁情报是什么、包含什么没有统一的标准，不同的安全厂商按照实际的客户需求和自身的实践开展威胁情报技术的研究和应用，并且随着安全攻防实践的深入，威胁情报的概念也在不断地演进。

目前，对威胁情报概念的定义主要有两类，一种采用名词性的定义方式，解释了威胁情报是什么；另一种采用了过程式定义，说明了威胁情报应该如何开展和使用。其中，咨询公司 Gartner 给出了一个当前采用的最广泛的名词性定义：威胁情报是一种基于证据的知识，包括情境、机制、指标、隐含和实际可行的建议。威胁情报描述了现存的或即将出现的针对资产的威胁或危险，并可以用于通知主体针对相关威胁或危险采取某种响应。通过该定义可以看到，威胁情报是满足一定约束的信息。另外部分安全厂商则采用过程式定义：对敌方的情报及其动机、企图和方法进行收集、分析和传播，帮助各个层面的安全和业务成员保护企业关键资产。

对于威胁情报应该包含什么内容，目前的主流实践以战术性情报（指关于威胁的具体信息，包括恶意软件的 HASH 值、失陷指标等，主要用于帮助组织识别威胁）应用为主，更高阶的运营情报（指关于攻击者使用的战术、过程、技术等信息，如攻击者使用的恶意软件、漏洞工具包及实施攻击的过程等）、战略情报（指攻击的长期趋势，包括攻击者的动机、目标、方法等）为辅。另外，对于情报技术的过程则基本形成了一个标准的模型，称为威胁情报生命周期（Threat Intelligence LifeCycle），如图8-4所示。

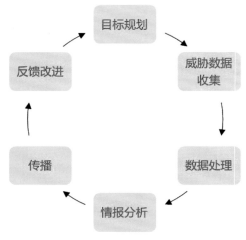

图8-4　威胁情报生命周期

将威胁情报过程作为一个整体进行管理，各阶段的主要活动如下：

（1）目标规划：管理责任人与利益相关方共同设定威胁情报需求，包括预计或需要解答的网络安全问题。

（2）威胁数据收集：收集所有原始威胁数据，其中可能包含利益相关方所需的答案。

（3）数据处理：对所收集的原始数据进行汇总、标准化和关联，从而能够更轻松地分析数据以获得洞察。

（4）数据分析：将原始威胁数据变为真正的威胁情报。检验和验证攻击趋势、攻击模式以及其他洞察，以满足利益相关方的安全需求并提出可实施的建议。

（5）传播：与相应的利益相关方分享自己的洞察和建议。可根据这些建议采取行动，例如，针对新发现的IoC建立新的SIEM检测规则，或更新防火墙黑名单，以阻止来自新发现的可疑IP地址的流量。

（6）反馈改进：管理责任人对最近的威胁情报循环进行反思和总结，以确定是否满足规划阶段定义的要求，并将发现的新问题、当前威胁情报不足作为下一个情报循环的输入，以便持续进行过程的优化和改进。

2. 漏洞情报及其构建

2013年至今，仅收录在CVE中的8 900多个产品涉及的漏洞就多达16万个。考虑到当前世界上存在的软硬件系统的规模应该以十万、百万甚至千万计，可以推测实际存在的漏洞规模可能远超想象。即便仅仅把焦点放到CVE收录的漏洞上，由图8-5可以看到漏洞的规模在逐年上升，每年处理数以万计的漏洞对于一个组织来说也是十分繁重的负担。从威胁的角度看，虽然每年披露的CVE漏洞规模以万计，但是真正可以导致威胁的漏洞实际数量相对较少。如何发现数以万计的漏洞，并基于威胁的角度将漏洞缩减到可行动的规模？产业界基于威胁情报实践，引入了漏洞情报。

图8-5　近年CVE漏洞数量

将威胁情报生命周期模型应用于漏洞场景，定义各个过程中的活动。

（1）目标规划：定义漏洞情报的需求，重点为识别漏洞情报需要解决的问题，并根据目标问题进行后续阶段工作内容的推导。一般而言，此种场景有两个视角，一种为实际用户视角，即甲方视角，在该视角下，被保护资产的范围是明确的，因此更关注一个漏洞的较小集合；另一种视角为漏洞情报服务提供者或者安全防护服务提供者视角，即乙方视角，无明确的资产保护对象，因此追求更全面的漏洞信息的覆盖。但是，无论何种角色，最终漏洞情报的使用者依据漏洞情报可以开展的行动是明确的，主要包括是否对该漏洞进行响应及如何响应。

为了能够辅助用户进行该决策，一般而言，漏洞情报需要具备的信息维度包括漏洞基本信息、漏洞利用信息、漏洞响应建议等。其中，漏洞基本信息包括漏洞编号（可以自定义编号或使用业界标准编号，如CVE、CNVD、CNNVD等）、CVSS评分、漏洞攻击向量（由FISRT定义：https://www.first.org/cvss/calculator/3.0）、漏洞描述、漏洞发现时间、漏洞类型、影响的软硬件版本信息、影响软件版本的CPE描述、影响的产品相关信息、相关参考资料等；漏洞利用信息包括漏洞PoC相关信息、漏洞利用EXP相关信息、在野攻击样本或事件相关信息、舆情信息等；漏洞响应建议包括漏洞危害程度，如何识别漏洞，漏洞的修复信息、缓解信息、防御信息、防御规则等。

信息的维度越多，其可获得性及获取的成本也会增大，在实际应用中，需要根据投入、时间等约束条件进行权衡。因此，在进行具体的目标设定时，还需要结合具体的场景进行内容的取舍。

（2）数据收集：在此阶段，需要针对规划阶段定义的信息维度分析其数据来源，并对数据源的可靠性、持续性、更新及时性等进行评估及记录，最后确定每个信息维度数据的获取方案。在收集阶段，数据获取的源头是开放的，应该对每种可能获取信息的渠道进行充分的分析、对比，凡是有助于获取一手的、独立性的、差异性的数据源头均应该纳入数据采集的备选。

对于规划阶段定义的信息，可采集的数据源宏观上包括互联网公开数据源、商业数据源、社区数据源、私有数据源、暗网数据源等。由于其他数据源具有一定的封闭性，重点对从互联网公开数据源的数据采集进行描述。

在漏洞基本信息层面，可采集的数据源包括美国国家漏洞库（NVD）、国家信息安全漏洞共享平台（CNVD）、国家信息安全漏洞库（CNNVD）、厂商官方网站提供的安全漏洞通告及其他可用于发布漏洞通告的社交媒体、平台等。

在漏洞利用信息层面，受行业的规则限制，公开的漏洞利用信息，尤其是PoC、EXP等较少，主要以安全研究人员广泛使用的技术社区、信息发布平台为主，如metasploit、exploitdb、github代码托管平台、X等。漏洞在野利用相关的信息可以通过媒体报道、各个安全厂商的博客、蜜罐技术的被动感知、开源沙箱系统等信息源头获取漏洞实际被攻击者用于实施攻击的相关信息。

由于漏洞相关的数据始终处于动态的变化中，在实践中要求数据的采集尽可能地自动化、IT化，从而能够持续地跟踪和及时地感知新披露的漏洞信息及已有漏洞相关信息的变化，同时漏洞情报后续阶段的输出结果也可以反馈到采集阶段，进而增大漏洞信息的感知和检测面，例如，基于已经获得的漏洞的PoC信息，可以开发安全设备的防御规则，部署到防火墙、WFA、安全探针等设备中，并通过安全遥测技术持续地感知现网该漏洞的在野利用信息。

（3）数据处理：数据采集阶段通过扩大信息采集面，从不同渠道获取了相同维度信息在不同源中的视图，会存在数据描述的规范性、重复性、片面性等多个问题，处理阶段需要对相关数据进行标准化、汇总、关联，以便为后续的分析做准备。举例来说，NVD、CNVD、CNNVD等不同的漏洞库中均定义了不同的漏洞编号规则，下游的漏洞情报消费厂商也存在适配不同标准的问题，因此在处理阶段需要对不同的漏洞编号进行关联并标准化。

（4）漏洞分析：漏洞分析阶段需要对处理阶段已经获取的信息，按照规划阶段的需求定义进行深入的加工，该阶段是漏洞情报分析师将其安全实践经验作用于已知漏洞信息，进行信息丰富、正确性验证和产生漏洞情报的关键过程。在此阶段，需要漏洞分析人员对获取的漏洞信息去伪存真、去粗取精，并对关键信息进行补充，以生成规划阶段定义的漏洞响应建议。一般而言，漏洞分析工程师会对漏洞的风险等级进行快速的研判，形成初步的响应指导，而对于重大的漏洞（如Log4Shell），则需要经历环境搭建、漏洞复现、漏洞PoC编写、攻击负载抓包、防御建议编写、漏洞分析报告编写等诸多环节。完成该阶段，从采集阶段获取的漏洞信息才变为用户可以消费的漏洞情报。

（5）传播：漏洞情报生成后，需要根据客户的类型和具体的漏洞情报诉求进行发布。从漏洞情报的直接受众看，包括人、机器；不同的消费对象、消费内容决定了数据的表现形式、传播方式、可消费的数据规模等要素。从数据的表达形式上看，包括漏洞分析报告、结构化漏洞数据等不同的形式，当前在漏洞情报中尚无标准的描述规范定义，现存的结构化威胁信息表达标准STIX2.1、通过攻击模式枚举及分类标准CAPEC、通用平台枚举CPE等仅仅可以描述漏洞情报中的部分属性，因此在主流实践中，不同的漏洞情报供应商会定义符合自身业务诉求的漏洞情报格式。从传播方式上，针对人的可读漏洞情报可以通过网站发布且支持订阅，或者通过邮件直接发布到消费者邮箱，也可以通过API的方式供使用者进行定制化的内容消费；针对机器可读的漏洞情报可以通过API查询消费，或者通过数据打包的方式集中消费。

（6）反馈改进：能够持续获得用户反馈是改进数据质量和循环过程质量的重要因素。根据漏洞情报的使用对象需要建立不同的反馈机制，对于面向人消费的漏洞情报，可以通过客户访谈、在线用户反馈、技术交流、漏洞事件联合应急等手段定期获得客户意见，重点是反馈机制的IT化、流程化、简单化，降低反馈机制本身带给客户的成本；对于面向机器消费的漏洞情报，重点是获得漏洞的查询和使用情况反馈，指导漏洞信息的构建面向高价值用户的高价值资产，将优先的人力聚焦到最关键的业务方向上。

将上述过程通过IT技术承载，注重应用落地场景和效果反馈，才能持续地改进和增强漏洞情报，任何环节的缺位都会导致漏洞情报项目的失败。

8.2.2　零日漏洞挖掘

8.2.1节中基于威胁情报技术构建漏洞情报本质上是已知漏洞信息的采集和加工，使信息更加聚合，信息的密度更大，便于用户快速使用，那么这些被采集的漏洞信息如何产生，这就依赖本节介绍的漏洞挖掘技术。

1. 漏洞挖掘技术简介

漏洞挖掘是一种寻找和利用软件或系统中存在的安全缺陷的技术，从防御的视角看，其目的是提高软件或系统的安全性，防止黑客或恶意攻击者利用漏洞进行破坏或窃取信息。从这个定义可以看到，该技术的最终研究对象是软件或者系统，确切地说，是处于运行态的软件或系统，因为只有运行态的系统才能与外部交互，才产生漏洞利用的可能，漏洞挖掘的价值才能获得最终的认定。同时由于软件或系统的多样性、复杂性、动态性，在实践层面，面向具体软件或者系统的漏洞挖掘技术都是个性化、定制化的，因此，漏洞挖掘技术在技术层面更表现为以软件或者系统的特点进行技术组织，漏洞挖掘工作的组织则需要协同更多的力量参与以应对软件或者系统的离散（如各种漏洞悬赏计划、漏洞情报平台）。从防御方的目标看，该技术的本质是在围绕特定软件或者系统的攻防上，先于对手获得防御/攻击优势，具体到某个软件或者系统层面，可以看作围绕该系统攻防的"军备竞赛"。

虽然因软件或者系统的差异性，具体实践中漏洞挖掘均有一定差异，但总体遵从以下过程：

（1）信息收集：通过各种渠道收集目标软件或系统的相关信息，如版本号、架构、功能、配置等，以便了解其特点和潜在的弱点。

（2）漏洞分析：通过静态分析或动态分析，对目标软件或系统的代码、数据、流程等进行深入的审查，寻找可能存在的漏洞，如缓冲区溢出、SQL注入、命令执行、跨站脚本等。

（3）漏洞验证：通过构造特定的输入或请求，对发现的漏洞进行验证，确认其是否可以被触发和利用以及造成的影响程度。

（4）漏洞利用：通过编写或使用已有的利用代码，对验证过的漏洞进行利用，实现预期的目标，如获取权限、执行命令、读取文件、上传木马等。

（5）漏洞报告：通过撰写或提交漏洞报告，将漏洞的详细信息和利用方法告知软件或系统的开发者或维护者，以便他们及时修复漏洞，提升软件或系统的安全性。

漏洞挖掘是一项既有挑战又有乐趣的技术活动，它需要具备扎实的编程基础、丰富的安全知识、敏锐的逻辑思维和创造力。漏洞挖掘不仅可以帮助软件或系统提高安全性，也可以帮助漏洞挖掘者提升自己的技术水平和职业价值。

2. 常见漏洞挖掘技术

漏洞挖掘技术从人工、经验为主逐步走向了自动化、工具化。从分析和研究的系统源码的可获得性，可以分为白盒、灰盒、黑盒，其中白盒指被分析系统的源码完全可获得，如开源软件；灰盒部分源码可以获得，如使用开源软件的系统；黑盒则全部源码均无法获得。无论漏洞挖掘的过程是手动还是自动，无论分析的系统的源码可获得性如何，下面是常见的漏洞挖掘技术：

（1）漏洞模式库：漏洞模式库基于已知漏洞总结而成，提供了目前人类已发现漏洞的总结，给出了漏洞产生的原理、修复方法等，为在软件或系统中发现漏洞提供了方向，尤其是白盒漏洞发现。较为著名的漏洞模式库包括CAPEC、OWASP TOP 10等，安全开发、白帽子等安全研究人员也可结合自身实践总结特定领域的、分层的漏洞模式库，如OT系统，Android系统、WEB应用等。

（2）模糊测试：模糊测试又叫Fuzz测试，包括向程序或系统发送随机或格式错误的输入数据，并观察其行为。Fuzz可以显示崩溃、内存泄漏、缓冲区溢出和其他可能指示漏洞存在的错误。模糊测试可以手动完成，也可以使用自动工具完成，如AFL、PEACH或Radamsa。

（3）静态分析：静态分析包括检查程序或系统的源代码或二进制代码，而不执行它。静态分析可以检测常见的编程错误，如未初始化变量、内存损坏、整数溢出和不安全的API使用。静态分析可以使用Clang、Coverity或Ghidra等工具完成。

（4）动态分析：动态分析涉及监控程序或系统的执行，并收集有关其行为的信息，如内存访问、网络流量、系统调用和函数调用；可以揭示运行时错误、内存损坏、逻辑缺陷和其他可能在代码中不可见的漏洞。并可以使用Valgrind、GDB、Wireshark或Frida等工具完成。

8.2.3　漏洞发现应用实践

随着组织业务的发展，针对业务全流程中每一环节中使用或者开发的软硬件系统的漏洞发现都举足轻重。以华为公司为例，因其有非常宽广的业务线，产品覆盖了芯片、终端、连接、计算、云等不同业务生态，面向全球个人、家庭、企业用户交付服务或产品，涉及千亿行代码，面临着巨大的产品安全挑战。为了全面提升产品的安全性，公司提出安全可信战略，将安全可信融入产品全生命周期，从产品需求、设计、开发、验证、交付、运维到生命周期结束每个环节均融入了安全可信的要求，其中端到端的漏洞管理为其中的重要一项内容。

一方面，为确保华为产品安全可信，公司建立了覆盖产品生命周期的漏洞管理机制，通过建立全量的产品信息树，可以随时获取产品使用的平台、自研软件、开源软件、第三方软件的版本信息及构建关系。并随时基于漏洞信息主动感知存在漏洞风险的软件版本，如果产品为在研产品，则通过将漏洞作为研发问题引入触发研发流程中的主动漏洞修复，如果产品为现网运行产品，则通过维护流程进行主动漏洞管理。同时，流程在实施过程中，进行漏洞处理优先级排序，以便对重要的漏洞可以进行快速的响应，对非重要的漏洞则降低投入成本。

另一方面，华为也提供安全产品帮助用户保护其关键信息基础设施，在此场景，提供了漏洞的现网实际利用情况、漏洞利用PoC等信息，并在乾坤云产品中提供接口供漏洞扫描工具等下游产品使用。

8.3 漏洞检测

8.3.1 漏洞检测概述

1. 漏洞检测介绍

随着互联网的高速发展，安全隐患问题日益突出，而安全隐患导致的网络安全漏洞是网络攻击的主要突破点。保证网络安全漏洞不被利用成为大家关注的重点，其中漏洞检测便是较为有效的主动防御手段。另外，通过网络安全评估和预测技术可以作为网络系统安全状况的评估依据，根据这些依据可以找到系统的薄弱点，针对薄弱点进行系统的安全配置和策略调整，从而使网络系统更加可靠。网络安全漏洞检测技术是获取安全漏洞信息数据的重要手段，而这些数据则是安全评估和预测的基本依据之一。

随着漏洞从公布到被利用的时间越来越短，漏洞防范越来越难，如何能够自动化、智能化、快速高效地发现漏洞成为漏洞研究组织关注的重点。近年来漏洞的检测和利用不再局限于传统的网络设备和操作系统，不断地向新的应用领域扩散。因此，如何通过漏洞检测对设备、系统、应用的脆弱性进行识别，并帮助组织改善其识别到的安全隐患，提供漏洞修补和补丁管理方案，实现漏洞修复闭环的目的。

华为漏洞扫描器（HUAWEI VSCAN）是一款针对设备入网、网站上线、日常运维、安全事件脆弱点分析、等保合规等场景提供的一体化脆弱性分析与评估产品，能够为监管、能源、金融、教育等行业用户提供涵盖系统漏洞检测、Web漏洞检测、数据库漏洞检测、配置合规检测、弱口令检测在内的多种脆弱性检测能力。

基于多年漏洞发现和安全渗透经验，结合高效的主机存活探测技术及精细化的爬虫技术，漏洞检测通过扫描操作系统、Web站点/应用、数据库、网络设备、各种常见应用等领域，可以帮助用户提前识别安全隐患，在黑客攻击的漏洞窗口期，跟踪用户漏洞修复情况；还能够在安全事件后帮助用户定位脆弱点从而修补漏洞。

2. 漏洞检测的扫描能力

漏洞检测是一种自动化的安全测试方法，通常采用主动方式，在获取用户许可授权后，基于漏洞特征库对指定的系统进行安全脆弱性检测，发现可利用漏洞的一种安全检测行为。

HUAWEI VSCAN可提供多种安全扫描能力，从系统漏洞检测、Web漏洞检测、数据库漏洞检测、基线检查和弱口令检测等多方面视角对网络环境中各组件进行脆弱性检测，发现问题后为用户提供漏洞的详细报告。

（1）系统漏洞检测：漏洞检测技术可以分为两类：主机漏洞检测技术和网络漏洞检测技术。主机漏洞检测技术主要针对系统的配置缺陷进行扫描。主机系统会存储、处理和传输各种重要数据，一旦主机系统遭受攻击可能导致程序运行失败、系统宕机、重新启动、敏感信息泄露；甚至利用漏洞执行非授权指令，取得系统特权，控制整个主机进行各种非法操作。

漏洞扫描器支持针对网络环境中主机、交换机路由器、防火墙、中间件等设备存在的常见漏洞、典型漏洞（如心脏出血）、零日漏洞等进行扫描。具体扫描功能包括支持操作系统扫描，包括通用操作系统、国产操作系统；支持扫描网络和安全设备；支持扫描物联网设备；支持国产数据库扫描；支持大数据组件框架漏洞扫描。

（2）Web漏洞检测：从访问控制视角分析，如果安全策略、系统操作存在冲突，则大概率会引发Web漏洞；但从技术角度来看，引起Web被攻击的主要原因是网络协议、软件配置不匹配。Web漏洞产生的原因多种多样，既可能是系统、应用软件存在缺陷，又可能是开发在编码时所造成的错误，还可能是业务处理流程存在逻辑缺陷或设计缺陷等。最终导致Web网站存在的SQL注入、跨站、暗链等问题，可能引起网站被篡改、网站数据被篡改、核心数据（如账户信息）被窃取、网站服务器变成傀儡主机等问题。

HUAWEI VSCAN可检测网站存在的OWASP前十名定义的Web漏洞，如注入（SQL注入、Cookie注入、XPath注入、代码注入、框架注入、Base64注入、命令注入、操作系统命令注入）、XSS跨站脚本、伪造跨站点请求（CSRF）、网页挂马、暗链、敏感信息泄露、安全配置错误等漏洞风险，并且能够显性化显示和一键导出漏洞报告，支撑用户快速定位。

（3）数据库漏洞检测：HUAWEI VSCAN采用先进的数据库发现技术和实例发现技术等，可针对当下主流的数据库，如Oracle、MySQL、PostgreSQL、IBMDB2、MongoDB、SQLServer、Informix、Sybase等进行漏洞检测，包括对数据库系统的各项设置、数据库系统软件本身已知漏洞、数据库系统完整性进行检查和对数据库系统的整体安全性作出评估，并给出提高数据库安全性的修复建议。通过登录扫描可对数据库的系统表甚至字段进行安全检测。

（4）基线核查：基线核查是安全管理的基本工作，同时也是安全运维的重要技术手段。基线核查首先要建立满足组织信息安全管理体系的安全配置要求的基线。当前，部分重要行业和监管部门已经针对行业的信息系统建立详细的安全配置要求及规范。它构建针对不同系统的详细检查项清单和操作指导，为安全运维人员的安全技术操作提供标准化框架和指导，有很广泛的应用范围，主要包括新系统的上线安全检查、第三方入网安全检查、安全合规检查、日常安全检查等。

HUAWEI VSCAN构建了以业务系统为核心，覆盖业务层、系统支撑层的基线核查模型。从业务系统安全要求出发，将要求分解到对应的支撑系统的具体安全要求。可以通过在线和离线两种形式下发任务，按照可执行和可实现的要求进行细化，形成具体的安全要求及配置检查方法。

（5）弱口令检测：HUAWEI VSCAN支持对系统存在的弱口令进行检测，支持知名协议、数据库、中间件、HTTP/HTTPS和摄像头的检测。HUAWEI VSCAN可支持上传自定义字典库，提升系统检测弱口令的能力。

8.3.2 漏洞检测方案设计

1. 方案架构

如图8-6所示，漏洞检测系统架构分为数据呈现与操作管理、任务调度、漏洞检测、资源库、基础结构层五大模块。

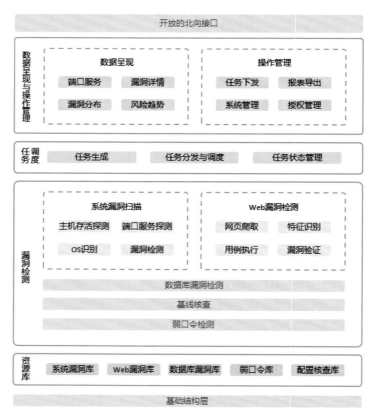

图8-6　漏洞检测系统架构

（1）基础支撑模块：基础支撑模块包括硬件、操作系统。整体采用B/S设计架构，并采用SSL加密通信方式，无需安装客户端，可远程管理产品。系统配置文件和扫描结果均加密保存在本地。

（2）资源库模块：资源库是HUAWEI VSCAN做漏洞检测的基础，包含系统漏洞库、Web漏洞库、数据库漏洞库、基线配置核查库以及弱口令库。资源库定期更新维护，重大漏洞在漏洞窗口期内分析影响范围。

系统漏洞库兼容CVE、CNNVD、CNCVE、Bugtraq、CNVD等标准，漏洞评分依据CVSS2及CVSS3标准进行打分；Web漏洞库包含OWASP前十名定义的漏洞；基线核查库具备移动、电信、等保三级，工信部标准等规范。

（3）漏洞检测模块：漏洞检测模块是HUAWEI VSCAN的核心部分，涵盖了系统扫描引擎、Web扫描引擎、基线核查引擎以及弱口令检测引擎。

① 系统检测：对操作系统、网络设备、安全设备、移动设备、虚拟化、IOT设备等目标进行存活探测、端口服务识别、操作系统识别及漏洞检测。

② Web检测：爬虫能力是Web检测的核心，HUAWEI VSCAN通过爬虫爬取网站页面，支持表单自动分析、JS动态解析、Flash页面解析，支持爬取Web 2.0、HTML 5页面。然后基于POC检测插件检测网站、业务系统中存在的SQL注入、跨站、挖矿等。

③ 数据库检测：数据库检测与系统检测共用引擎，借助系统检测的远程扫描能力对常见数据库进行漏洞检测。

④ 基线核查：通过登录方式在目标系统中执行相应的命令或发送特定数据包来获取目标配置信息，将目标的配置信息与配置核查库中的标准配置规范要求进行比对，从而确定目标的配置是否合规。

⑤ 弱口令检测：针对常见服务、数据库提供弱口令进行检测，支持自定义口令字典。

（4）任务调度模块：任务调度模块承担了任务生成、任务分发与调度和任务状态监测功能，根据用户选择的任务类型及扫描目标决定任务分发。

（5）数据呈现与操作管理模块：系统接入层可通过浏览器进行数据查看和平台控制。Web为运维人员提供漏洞检测结果及漏洞变化趋势信息，可导出详细报表，并支持导出历史任务。用户可以从资产组、漏洞等级、漏洞名称、漏洞类别、漏洞评分、开放端口等维度查看漏洞分布状况。还可通过Web进行网络配置、用户管理、系统及规则库升级、授权管理等操作。

（6）开放的北向接口：HUAWEI VSCAN提供开放的RESTful北向接口，第三方平台可以通过接口下发扫描任务、查询扫描结果信息、查看任务进度、查询设备状态信息等。

2. 方案特点

HUAWEI VSCAN是华为推出的一款漏洞检测器，具有漏洞库丰富、资产覆盖全面、漏洞发现准确、五大功能合一等特点。它可以实现快速部署，无需专业人员到场，大幅节约部署成本。HUAWEI VSCAN配置集成系统扫描、Web扫描、数据库扫描、基线扫描、弱口令扫描于一体，同一界面可实现多功能任务一键下发和报告一键导出，灵活方便，维护简单。

HUAWEI VSCAN的多功能合一特点使其可以对网内设备进行全面覆盖，通过多个维度的深入检测，帮助客户对网络风险进行全方位掌握。

8.3.3 漏洞检测实践

HUAWEI VSCAN产品可以帮助客户发现他们系统中的潜在漏洞和安全风险。通过自动扫描目标系统，它可以检测已知的漏洞、弱点和配置错误，帮助客户识别可能被攻击者利用的漏洞。HUAWEI VSCAN可以提供客户实时的安全状态和风险评估。通过生成详细的报告和漏洞评估，客户可以了解他们系统中存在的漏洞的严重程度和影响范围，以便及时采取相应的措施。HUAWEI VSCAN可以根据漏洞的等级和风险级别提供优先级排序和修复建议，帮助客户确定哪些漏洞需要优先修复，以最大程度地减少安全风险。许多行业和政府机构对安全合规性有严格的要求。HUAWEI VSCAN可以帮助客户满足这些合规性要求，并提供相关的报告和证明材料。HUAWEI VSCAN可以自动化扫描和评估过程，节省客户的时间和资源。相比手动检查系统漏洞，HUAWEI VSCAN可以更高效地发现和识别漏洞，提高工作效率，通过及时发现和修复系统中的漏洞，可以帮助客户提高网络安全性。它有助于减少系统被攻击的风险，保护客户的重要信息和基础设施安全。总体来说，HUAWEI VSCAN为客户提供了一种有效的工具来发现和评估系统中的漏洞，提高网络安全性，并满足合规性要求。它是保护客户信息和基础设施安全的重要组成部分。

1. 漏洞检测视频大数据安全解决方案

视频大数据系统在维护社会公共安全中发挥着越来越重要的作用，在不同的领域广泛使用，如智慧城市、智能交通、家庭监控。视频大数据系统典型部署场景如图8-7所示。它不仅可以震慑和抑制恐怖袭击，预防社会治安事件，还为案件分析与追查提供技术保障。然而，视频大数据系统自身的安全问题也越来越突出。在视频大数据系统中部署HUAWEI VSCAN和其他安全产品配合组成适合视频大数据系统的安全解决方案，通过端到端的方案设计，集合精准访问控制、场景化IPS防御、智能流量分析、集中可视化管理、高效协同联动等能力，建立统一的视频网络安全保障体系，提供更安全可靠的视频监控网络。

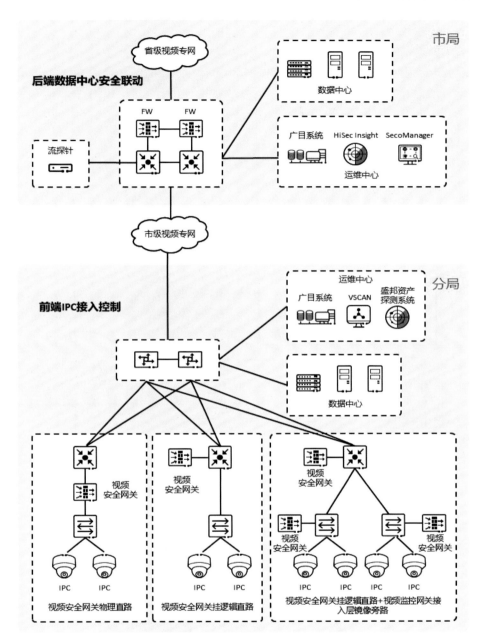

图8-7 视频大数据系统典型部署场景组网图

2. 漏洞检测电子政务外网漏洞检测场景

电子政务外网建设规范评分标准中对资产漏洞和弱口令风险提出明确要求，存在中高危漏洞或弱口令资产超过80％得0分。电子政务新兴技术大数据、云计算等给漏洞检测带来了新的挑战。HUAWEI VSCAN为电子政务外网提供全面的漏洞检测能力，配合安全管理平台，执行重大漏洞排查响应及周期性扫描任务。新场景覆盖大数据组件、云安全平台漏洞检测能力支持。全面的安全检测能力将包含系统漏洞、Web漏洞、弱口令、基线核查全方位风险识别的能力。

　　电子政务外网建设通常包括中央、省、地市三级安全监测平台，每级监控平台包括政务云、委办局的威胁检测和态势展。电子政务外网的功能包括态势感知、通报预警、威胁情报、漏洞检测、平台自身管理等。其中HUAWEI VSCAN系统配合安全监测平台，实现周期性检测，并将监测信息同步到安全管理平台。

　　电子政务外网全国建设的详细设计如图8-8所示。

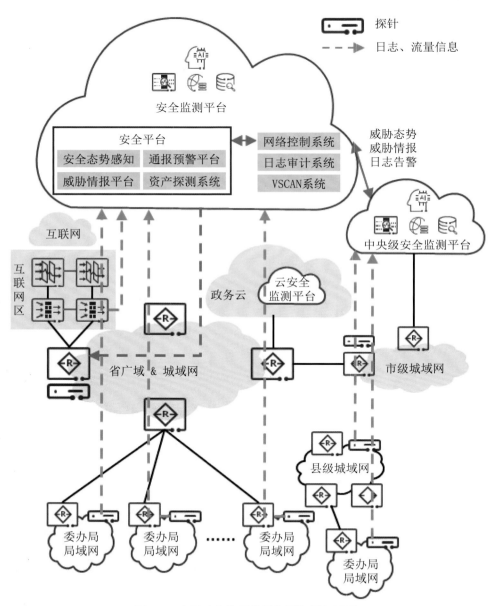

图8-8　电子政务外网典型部署场景组网图

8.4 漏洞防御

漏洞防御是指防御黑客针对系统或应用漏洞的攻击。黑客在进行漏洞攻击前，会进行一系列的准备工作，如搜集价值目标、针对目标搜集更多信息、准备攻击工具等。然后，黑客进行攻击负载投递，绕过目标系统的防御机制等实施攻击行为。一旦攻击成功，黑客也会进行一系列的操作，如隐藏攻击痕迹、植入后门木马等恶意软件、修改系统配置驻留系统、窃取数据等。从黑客的整个攻击过程可以知道，绝大多数的攻击都是一系列的恶意行为，不是单次的行为（除少数为极为容易攻击的漏洞，一击必中型），要求相应的防御工作也需要在攻击的各个阶段进行防范。为了防御针对漏洞的攻击，就有了 IPS 入侵防御系统、EDR 终端检测和响应系统，在不同的网络节点上，多层次多维度地进行防御。这些防御技术也在不断地向前发展，从传统的特征匹配、策略控制，到如今的威胁情报、大数据关联、AI算法等新技术的结合应用，使得攻击防御更加准确、高效、智能。

8.4.1 IPS

1. IPS概念

入侵是指在未经授权的情况下，对信息系统资源进行访问、窃取和破坏等一系列使信息系统不可靠或不可用的行为。常见的入侵方式包括针对系统或者应用软件的漏洞攻击，如注入攻击、跨站脚本攻击、远程代码执行漏洞攻击、远程命令执行漏洞攻击等，在系统中植入恶意软件，如木马、蠕虫、僵尸网络、后门、Webshell等，还有其他的恶意网络行为，如DDoS攻击、暴力破解等。

入侵防御系统（Intrusion Prevention System，IPS）是针对上述入侵行为的一种网络安全防护机制，基于行为检测、特征匹配以及威胁建模等技术方法，检测网络入侵行为，并可以通过一定的响应方式实时终止入侵行为，达到保护网络安全的目的。IPS可以检测网络上的各种异常行为或恶意流量，包含漏洞入侵、僵尸网络、木马、蠕虫、后门软件、Webshell等流量。近年来广告软件等灰色软件的占比也日益增加，入侵朝着利益驱动、多方面渗透的方向发展，IPS的防御能力也逐渐随之扩展。根据国家信息安全漏洞共享平台收录的数据统计，2022年新增漏洞数量超过23 000个，为入侵者提供了大量可乘之机，网络入侵行为在互联网中无时无刻不在发生。

IPS 从产品实现形态上看，可以是纯软件形式运行在通用硬件上，也可以是专用软件运行在专用硬件设备上。IPS 的工作原理如图 8-9 所示。

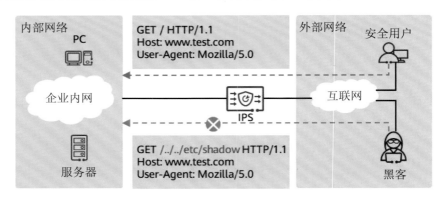

图 8-9　IPS 工作原理

上述示意图中是用户正常上网（访问服务器）流量与黑客恶意攻击服务器的流量在经过 IPS 设备时的不同处理结果，前者可以正常通信，后者被阻断（拦截）。

（1）正常流量：正常流量经过 IPS 设备时，网络行为和流量特征都是正常的，不会被进行告警或者阻断，流量可以被正常转发。

（2）攻击流量：攻击流量经过 IPS 设备时，流量特征中包含了对敏感文件的访问的恶意行为（示例中 /etc/shadow 为 Linux 服务器操作系统中记录用户名和登录密码的文件，黑客一旦获取到此文件内容，可以进一步利用用户名和密码入侵服务器系统），因此，IPS 设备会作出响应，对此请求流量进行告警或者阻断。

2. IPS 检测技术

IPS 入侵防御通常使用以下几种技术进行入侵行为的检测：

（1）基于签名的检测技术：该方法将网络流量与已知威胁的签名进行匹配。签名代表了入侵行为的特征，如果该流量匹配了签名则判定为入侵行为的恶意流量。但该方法只能识别出已有签名的入侵，而无法识别新的入侵。

（2）基于异常的检测技术：该方法通过采集网络活动的随机样本，并与基线标准进行比较，来判断是否为入侵行为。基于异常的检测技术比基于签名的检测技术识别范围更广，但也增加了误报的风险。

（3）基于访问频率的检测技术：该方法通过统计特点网络行为的频率，并与阈值进行比较，来判断是否入侵行为。基于频率的检测需要根据实际流量的情况进行阈值的自学习或者手动配置。

（4）基于安全策略的检测技术：该方法使用频率低于前两种，网络管理员会在设备上配置安全策略。任何违反这些策略的访问行为会被阻止。

检测到入侵行为后，入侵防御可以根据配置的响应动作进行自动处置，包括产生告警、丢弃数据包、阻止来自源地址的流量或重置连接。

IPS入侵防御产品通常包含入侵防御检测引擎和入侵防御检测特征库两个部分，入侵防御检测引擎负责处理网络流量、解析报文提取需要检测的报文内容，并使用特征进行检测、执行检测结果的响应动作。入侵防御检测特征库负责提供漏洞攻击检测特征的集合。IPS入侵防御产品都会预置入侵防御检测特征库并支持升级，以持续保持对已知漏洞攻击的防御能力。如果不更新，则会由于新增已知漏洞的不断出现而导致防御能力持续下降，因此入侵检测特征库的更新能力是产品的竞争力指标之一。

在某些特殊的场景下，还需要入侵防御产品能支持检测特征的自定义，能够通过自定义防御特征的方式实现对特定入侵行为的防御。

3. IPS能力

IPS入侵防御产品，要想做到精准地识别出攻击流量，通常需具备以下能力：

（1）协议解码：支持常见协议字段的详细解码，比如HTTP、DNS、FTP、SMTP、POP3、IMAP4、NFS、NetBIOS、SMB、MSRPC、SunRPC、LDAP、MySQL、TDS、TNS、TCP、UDP等协议。详细解码协议的字段内容是建立在对网络攻击深入研究的基础上，对特征库中需要的协议信息进行分析，软件实现中通过一定的条件控制在运行时将流量与特征库的内容进行匹配完成威胁检测。

（2）编码还原：支持对应用协议的报文分片、流分段、RPC分片、HTML编码、URL编码等躲避技术进行规范处理，防止攻击逃逸。

常见的编码有：URL的十六进制编码（％2e）、双百分号十六进制编码（％252e）、双四位十六进制编码（％％32％45）、微软％U编码（％U002e）、UTF-8编码、HTML的UTF-16字符集编码（big-endian）、UTF-16字符集编码（little-endian）、UTF-32字符集编码（big-endian）、UTF-32字符集编码（little-endian）、UTF-7字符集编码、Chunked编码（随机chunk大小）、Chunked编码（固定的8 byte chunk大小）、Chunked编码（在chunk中间插入任意的数字）、压缩（Deflate）、压缩（Gzip）、编码组合（UTF-7编码＋Gzip压缩＋chunked编码）等。

（3）协议异常检测：支持HTTP、FTP、SMTP、POP3、IMAP4、MSRPC、NetBIOS、SMB、TDS、TNS、Telnet、DNS等常用协议，能够对于不符合RFC规范描述的报文进行告警或者阻断。

（4）关联检测：支持统计型异常行为检测，能够检测暴力破解、扫描行为等。

（5）Web攻击检测：支持检测SQL注入、XSS、目录遍历、文件包含、XML实体引用、文件上传下载等。

（6）漏洞攻击检测：支持常见漏洞类型的检测与防护：远程代码执行漏洞、拒绝服务漏洞、远程命令执行漏洞、缓冲区溢出漏洞、整数溢出漏洞、格式化字符串漏洞等。

（7）恶意流量检测：支持检测常见的僵尸网络、木马、蠕虫、后门软件。

（8）Webshell检测：支持常见的一句话木马、Webshell上传的检测。

8.4.2 EDR

1. EDR概念

终端检测与响应（Endpoint Detection and Response，EDR）是一种涵盖了安全威胁防御全流程的技术系统，包括预测、防护、检测和响应各阶段的内容。

EDR不同于传统的终端杀毒软件，它综合运用了多种技术，实现威胁识别、攻击拦截、溯源取证、响应处置等。通过在多终端采集数据、本地实时分析或在云端进行AI大数据关联分析检测，结合威胁情报等技术，它能够检测和拦截突破了传统终端杀毒软件防护能力的网络威胁。EDR具备远超传统终端杀毒软件的能力，不仅能够识别已知威胁，还具备识别未知的潜在威胁的能力。EDR能够在检测出异常后，进行快速的响应与处置、攻击溯源等。

2. EDR检测技术

EDR不是单一的软件，而是一个系统，它融合了终端安全、大数据分析、威胁情报等多种技术，通过多种技术的综合运用，在终端上实现安全威胁检测、取证分析、处置响应。

（1）终端安全检测技术：包含了传统的防病毒检测、文件隔离、文件与进程监测等技术，能够拦截恶意文件的写入，并且能够对进程的网络行为进行检测，识别和拦截恶意文件的执行、发送恶意流量、访问恶意网站。

（2）大数据分析技术：包含数据采集、大数据关联、AI威胁检测算法模型等技术，检测终端上安全威胁。采集终端上必要的数据上送大数据中心进行综合分析研判，可实现一点的检测结果在全网共享，同时对网络行为进行持续分析，能够发现潜在的未知威胁，如APT攻击、零日攻击。

（3）威胁情报技术：为EDR检测提供有效的检测依据，如IP黑名单、恶意域名、攻击者行为标签、IP或域名的历史信息、攻击者画像等。EDR可以根据威胁情报准确地识别攻击者，给持续的威胁分析和攻击溯源追踪提供高价值的信息参考，还能够根据威胁情报检测未知攻击。

8.4.3 网络攻击防御实践

在传统的网络安全架构中，网络边界是攻击防御的最前线，因此边界防护是安全防御的重要着力点，安全产品在网络边界防护中扮演着重要的角色。在选择安全产品部署位置时，需要根据被保护对象的不同，将安全产品部署在合适的位置来适应用户的需要。通常，安全防护设备越贴近被保护的对象越能发挥出更好的效果，同时考虑安全产品的防御范围，防御流量的大小需匹配安全设备的性能，否则设备流量过载可能会失去应有的防御效果。

根据安全需求的典型场景分析，常见的有以下几种部署位置：为保护用户上网安全，将安全设备部署在互联网的边界；为保护服务器免受攻击，将安全设备部署到服务器前端；为防护企业分支结构之间的安全互联互通，将安全设备部署到企业网络边界或分支机构的边界或特定区域的边界；还有一种情况，如果用户仅想感知网络中的攻击行为，并不想进行网络攻击防御(拦截)，则可以将安全设备部署到已有网络的旁边，让安全设备仅作为一个旁观者。

在实践中通常可将 IPS 产品部署在四个位置：互联网边界、服务器前端、企业网络边界、旁路监控。

1. 部署在互联网边界

如图 8-10 所示，IPS 部署于企业互联网边界，保护企业内网安全。

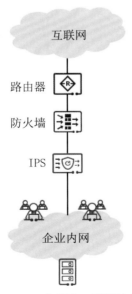

图 8-10　IPS 部署在互联网边界

2. 部署在IDC/服务器前端

如图8-11所示，IPS可以部署于IDC服务器群或企业服务器区前端保护服务器及数据安全。此种场景一般采用双机部署避免单点故障，部署位置有以下两种：

（1）位置1：直路部署于服务器前端，此时采用透明方式接入。

（2）位置2：旁挂于交换机或路由器，外网和服务器之间的流量、服务器区之间的流量都先引流到IPS处理后再回注到主链路。

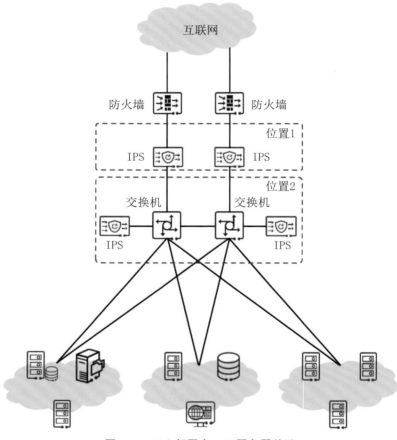

图 8-11 IPS 部署在 IDC/服务器前端

3. 部署在企业网络边界

如图8-12所示，IPS可以部署于大中型企业内网不同分支的网络边界，将内网划分为安全等级不同的多个区域，并实现区域间风险隔离、安全管控的需求。

通过在内网分支边界、广域网分支边界部署IPS产品，最终实现了大中型企业内网络区域的隔离，有效避免了安全风险的大规模扩散。

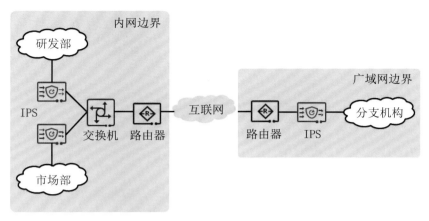

图8-12　IPS部署在企业网络边界

4. 部署在旁路进行安全监控

如图8-13所示，IPS可以旁路部署于网络中，主要用来记录各类攻击事件和网络应用流量信息，进而进行网络安全事件审计和用户行为分析。此部署方式下一般不进行主动的安全威胁防御响应。

图8-13　IPS旁路部署进行安全监控

此种场景下，IPS通常旁挂在交换机上，交换机将需要检测的流量镜像到IPS进行分析和检测。

旁路部署的关键在于IPS需要将获取到的镜像业务流量进行检测而不参与流量转发。可以将IPS连接到交换机的观察端口上，或者使用侦听设备（如分光器），通过镜像或分光的方式把流量复制到IPS上。

5. 终端上防御漏洞攻击

如图8-14所示，在华为乾坤EDR系统中，通过在终端部署EDR，可以对终端上的异常进行检测和处理。

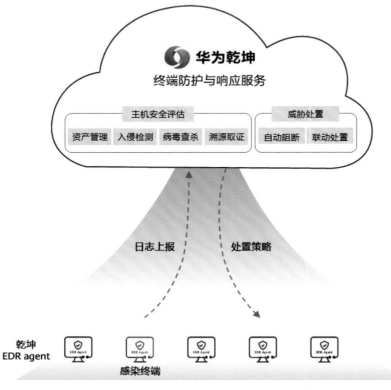

图8-14 华为乾坤EDR

8.5 漏洞验证

2017年Gartner定义了入侵和攻击模式（Breach and Attack Simulation，BAS）这个安全技术类别，并定义BAS"允许企业使用代理、虚拟机和其他手段持续地、一致地模拟针对企业基础架构的完整攻击链（包括内部威胁、横向移动和数据泄露）"，并在2021年发布"2021年八大安全和风险管理趋势"中也将BAS置于其中。商业化的BAS产品正在不断出现，利用其智能化和自动化的优势，持续对企业安全防御体系进行模拟攻击，检测真实可利用的漏洞，识别企业网络中的薄弱点，评估企业安全防护体系的有效性和风险性，检验安全运维团队的响应能力，帮助安全运维团队更有效地识别安全态势缺口并更高效地确定安全举措的优先级。

8.5.1 BAS 技术简介

Gartner认为未来10年内BAS将成为安全评估服务的主流手段：① BAS技术的市场正在增长，处于比较热门的阶段；② BAS技术当前最成功的案例是对现有安全控制的自动化测试和评估，包括优化电子邮件和Web安全网关、防火墙和Web应用防火墙的配置设置等；③ BAS技术的关键优势是能够在有限的风险下提供持续有效、稳定、可发展的评估测试。

（1）BAS核心价值：利用智能化和自动化的优势，持续对企业安全防御体系进行模拟攻击，识别企业网络中的薄弱点，评估企业安全防护体系的有效性和风险性，检验安全运维团队的响应能力。BAS能够在攻击者之前找到安全防御体系的差距，并能量化勒索软件、数据泄露等典型威胁场景的影响，捕获持久且可由任何人应用的最佳实践和专业知识，利用全球社区的专业化的集体安全知识。随着网络的变化和发展，为企业机构提供持续性的防御态势评估，挑战渗透测试等年度定点评估所提供的有限可视性。将当前的安全状态与历史基线进行比较，寻找异常情况。针对"等保2.0"安全要求，向客户提供安全等保模拟测试能力，辅助等保初评。量化评估现网安全解决方案能力，发现短板，提出针对性改进措施和投资策略，提升客户安全投入产出比（ROI），避免盲目投资。

（2）与其他安全服务的区别：BAS与其他安全服务的区别如表8-2所示。

表8-2　BAS与其他安全服务的区别

评估手段	评 估 手 段 说 明	广度	深度	准确性	成本	自动化程度
渗透测试	渗透测试是一种手动测试方法,通过利用系统或应用程序中的漏洞来评估环境的安全性。通常,每年进行一到两次,对于具有严格安全合规性要求的组织,每季度进行一次。渗透测试对用户和网络有一定的影响和风险,测试时有明确的目标。渗透测试主要用于检测组织的网络、硬件、平台和应用程序是否容易受到攻击者的攻击	高	中	高	高	无
漏洞扫描	漏洞扫描涉及识别与漏洞管理,其输出可能无法反映安全风险。即使安全专家修补了所有漏洞,也并不意味着组织拥有一个真正安全的环境。例如,攻击者可以利用网络钓鱼攻击和数据泄露等手段入侵	高	低	低	低	高

评估手段	评估手段说明	广度	深度	准确性	成本	自动化程度
红队	红队评估类似于渗透测试,但它们是针对特定场景设计的。红队侧重于模拟APT实施者,评定组织安全策略。红队评估可以推动人们更好地了解企业将如何检测和应对现实世界的网络攻击。几乎所有的组织都有红队评估需求,但由于缺乏具备安全技能的工程师,建立红队存在挑战	中	高	高	高	低
BAS	Gartner在其报告中确定了BAS的新技术。BAS使组织能够通过模拟黑客的违规方法来量化安全的有效性,以确保安全控制点按预期工作。这种评估安全性的能力消除了技术瓶颈,并提供了持续可发展的评估方式	高	高	高	低	高

8.5.2 BAS 实现原理

如图8-15所示,入侵攻击模拟核心思想是通过模拟黑客真实的攻击手段,来验证安全防御体系的有效性,整体上采用引擎＋Agent的模式,引擎基于场景来编排攻击行为,Agent则是用来执行攻击行为。

从技术上可以分为Agent和Agentless两种模式,Agent模式需求在待评估的环境中部署Agent,而Agentless则不需要部署。国外厂商基本都是基于Agent模式构建BAS产品,而国内厂商基本都是基于Agentless模式来构建BAS产品的,从整个发展趋势来看,两种模式会相互融合。

1. Agent模式

在网络环境中的不同位置部署Agent,不同位置的Agent扮演不同的角色,模拟不同的不同位置的攻击行为,来验证相应位置安全产品的防御有效性。例如,针对客户内部Web服务的攻击,可以在真实Web服务对等的网络位置部署Agent,来模拟Web服务,而远端的Agent则模拟黑客向模拟Web服务发送攻击流量,根据攻击事件和安全告警事件的对比来验证防火墙、IPS、WAF对Web服务的防护能力;而部署在终端上的Agent则可以模拟邮件钓鱼、权限提升、驻留、C2、文档加密等攻击行为。

Agent模式侧重于验证安全产品的防御能力,不会攻击真实的服务,不会涉及真实的漏洞利用,不会执行实际的恶意行为,在客户环境中部署的Agent会记录所有的攻击行为,并在评估结束后执行环境回滚,不会对客户的环境造成影响。

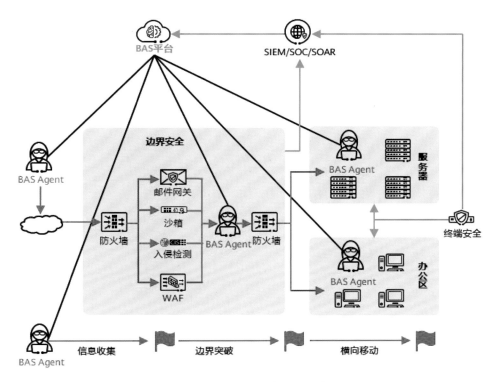

图 8-15　业界 BAS 的实现思路

2. Agentless 模式

Agentless 模式完全基于黑盒视角，不需要用户在网络环境中部署 Agent，只需要提供评估的目标。BAS 会由外到内对目标进行自动化的渗透测试，自动化收集信息、扫描漏洞、利用漏洞，并执行横向移动渗透。整个过程完全是基于黑客渗透测试的思想来选择和执行攻击行为，一般引擎会集成 AI 智能决策算法，让引擎能够模拟人去思考，根据渗透过程中的上下文选择并执行相应的攻击行为。

Agentless 模式侧重利用自动化工具替代或辅助人工操作来进行渗透，识别真实有效的攻击路径，会真实利用各个 Web 漏洞、系统漏洞，植入后门、构建 C2 通道。虽然是执行真实的攻击行为，Agentless 模式不会执行恶意的、有破坏性的操作，尽可能地避免造成客户的数据泄露或损坏，评估结束后也会尽可能地回滚环境，避免对客户的环境造成影响。

8.5.3　BAS 产品实践

1. 整体架构

BAS 2.0 平台整体架构如图 8-16 所示，分为六个部分，引擎采用管理器和执行器分离的方式，架构上更加灵活；所有的子系统采用微服务构架设计，支持分布式部署，在性能上提供了极大的可伸缩性。

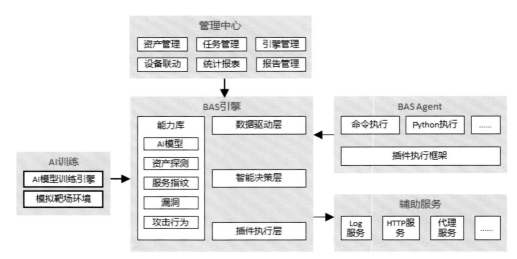

图8-16　BAS 2.0平台整体架构

（1）管理中心：管理中心是整体平台的控制端，负责管理所有待评估的资产，针对资产创建的场景化的评估任务，并调度引擎完成评估任务，评估结束后，联动安全设备，获取评估过程中产生的安全事件，基于攻击行为和安全事件生成统计报表和评估报告。

（2）BAS引擎：BAS引擎是整个系统的大脑，提供控制接口，负责能力库、评估任务的管理；能力库包含评估过程中用到的指纹、漏洞插件、行为插件、AI模型等信息；在评估过程中，会基于资产视角生成评估上下文，基于上下文实现不同插件之间的数据共享，并基于数据驱动思想，在上下文中匹配满足执行条件的插件，并进一步基于AI智能决策算法选择最优的插件，调度插件到合适的插件执行器执行。引擎采用无状态设计，支持分布式部署。

（3）BAS Agent：Agent是插件的执行器，整体架构采用了插件式框架，插件执行框架负责插件生命周期的管理；插件根据具体的业务形态来实现，例如，命令执行插件提供了跨平台的命令执行能力，Python执行插件提供了运行Python的能力。引擎侧基于插件执行器实现的原子化能力进一步封装，来实现具体的攻击行为插件，攻击行为插件可以基于Shell、Python、Ruby等多种语言来实现，这些依赖插件执行器提供的原子能力；此外，一些依赖于系统级API接口的攻击行为插件，也可以直接实现为执行器中的插件。

（4）辅助服务：在全链路评估的过程中，不同的阶段、不同的插件需要与外部的服务配合，才能完成相应的攻击行为，例如，针对无回显漏洞的验证，需要借助于外部的DNS Log或HTTP Log服务；内网的横向移动依赖于代理服务构建内外的代码隧道。

（5）AI训练：通过自动化靶场生成技术，根据专家经验自动化构建各种靶场环境，AI模型训练引擎通过模拟靶场的攻击来学习专家经验，以强化学习技术为主要技术方向，构建评估引擎中的智能决策算法，将专家经验沉淀到算法模型中，提升渗透评估的效率和成功率。

2. 核心能力

（1）精确的漏洞扫描，只报可被利用的漏洞：对于传统漏洞扫描产品不能识别、无法准确判断漏洞的威胁程度等问题，BAS产品只关注可被利用的漏洞，基于丰富的资产探测、指纹库，精确获取目标主机或服务器的系统、软件、服务版本，精准识别漏洞。

（2）攻击行为模拟：基于MITRE ATT&CK框架构建攻击模拟能力，尽可能地覆盖ATT&CK框架中涉及的攻击技术及子技术，例如，网络攻击流量模拟：如Web漏洞、系统漏洞、暴力口令猜测等，端侧攻击行为模拟：恶意软件行为模拟（如勒索软件），漏洞利用行为模拟（如浏览器漏洞）。

（3）社工类攻击模拟：基于不同位置部署的BAS Agent执行社工类攻击模拟，例如，根据端侧部署的BAS Agent绘制的用户画像，而远端部署的BAS Agent发送高仿真定向钓鱼邮件，根据目标是否点击判断是否易受攻击；检测目标主机上是否有明文用户ID、邮箱和手机号，并检测是否可在社工库、开源代码中查询到口令等认证信息；检测目标主机上的图片、PDF、WORD、聊天记录等文件中是否有其他主机或服务器的口令，用于攻击者横向移动。

（4）全攻击路径模拟：基于综合端侧漏洞利用、社工攻击、防御设备与机制，模拟整个攻击过程，通过模拟演练确定目标网络是否存在脆弱点，并评估遭受攻击后的影响范围。能基于典型场景、黑客组织等维度模拟攻击行为，例如，模拟典型攻击场景，如勒索软件、挖矿软件、国家护网等；模拟已披露的APT事件的全部攻击流程，模拟已曝光的APT组织的攻击手法。

（5）智能化评估：基于数据驱动思想自动编排场景内的行为插件，模拟黑客的攻击行为，自动构建完整的攻击序列；支持在不同的攻击行为之间自动构建联合利用的能力；并以强化学习技术为主要技术方向，构建评估引擎中的智能决策算法，将专家经验沉淀到算法模型中，提升渗透评估的效率和成功率。

（6）漏洞验证与闭环：为了真实评估安全防御体系的有效性，需要和SIEM/SOC联合，通过获取攻击行为是否生成相应的安全日志来判断攻击是否被检测出来以及是被哪个安全产品检测出来，从而横向评估不同产品的能力差异以及安全防御体的能力短板；此外，也可以和SOAR联动，自动化更新安全策略，并对更新后的策略进行验证，实现从评估到检测到响应的闭环。

3. 产品形态

如图8-17所示，BAS产品支持OC（On-Cloud）和OP（On-Premise）两种部署形态。OC模式下，BAS以SaaS服务形式为客户提供安全评估服务；OP模式下，BAS以独立产品的方式部署在客户内网，为客户提供安全评估服务。

（1）安全能力中心：能力知识库发布平台，能够实时升级新发布的评估场景、指纹、漏洞、攻击行为等。

（2）BAS服务/BAS平台：它是BAS系统的大脑负责管理所有的评估任务，根据客户测试场景和攻击维度，智能选择阶梯攻击路径，调度行为插件，执行模拟攻击行为；评估结束后，联动其他安全设备，获取攻击相应的安全事件，生成安全评估报告。

（3）BAS Agent：攻击行为的执行器，部署在网络中的不同位置，通过感知环境、收集信息并实施模拟攻击行为。

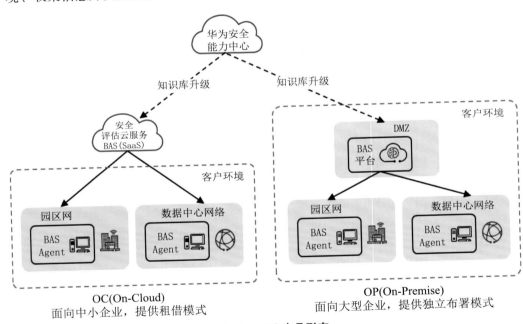

图8-17　BAS产品形态

4. 典型业务场景

（1）边界安全评估：如图8-18所示，企业网络的入口上部署了众多的安全产品。这些安全产品配置复杂，难以验证配置的有效性，并且在现网中除真实发生的攻击事件，很难验证边界防御的有效性，对于企业来说，缺乏有效测试手段来验证边界防御的有效性。利用BAS平台针对IPS、WAF和网络AV功能进行模拟攻击，评估业务功能是否真正地防御攻击；并能够针对网络安全设备误配漏配问题，设计模拟渗透场景，发现设备安全风险。在评估的过程中，Agent在一次评估中可动态模拟多个真实的服务器和漏洞，根据真实攻击结果综合评估安全产品有效性，并结合多种攻击模拟技术，同时评估多种安全设备组成的边界防御体系；在模拟攻击的过程中使用多种投递技术（如邮件、钓鱼网站、系统漏洞攻击、Web服务漏洞等）和攻击逃逸技术（如加密、字符编码、端口复用、无文件攻击、进程注入），来验证边界安全防护的有效性。

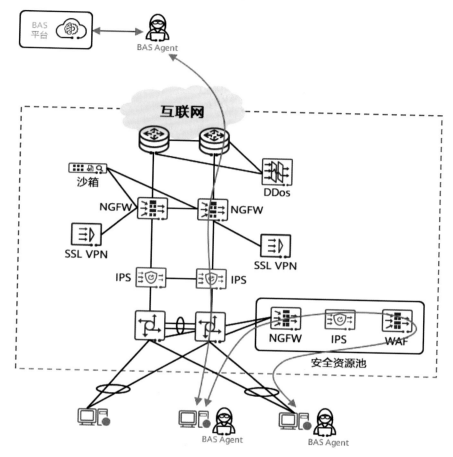

图8-18　边界安全评估

（2）内网安全评估：如图8-19所示，内网中各类软件漏洞为内网安全带来大量风险，缺乏模拟攻击测试手段，员工上网或文件拷贝行为将病毒带入内网，主机安全的有效性缺乏检测手段。BAS平台针对主机AV、EDR功能构建攻击模拟能力，评估终端安全防护的有效性；此外，也能够针对内网漏洞进行验证、利用和模拟攻击，提前发现安全漏洞。在评估的过程中，通过模拟真实内网横向移动中使用的攻击技术：从持久化技术（添加账号、dll劫持、自动启动、安装后门、定时任务等）、权限提升（系统漏洞、进程注入、sudo命令、启动项等）、内网信息收集（网络信息、操作系统信息、历史记录、键盘记录、用户凭证）、命令控制（C2、多跳代理等），来验证内网安全防护体系的有效性。

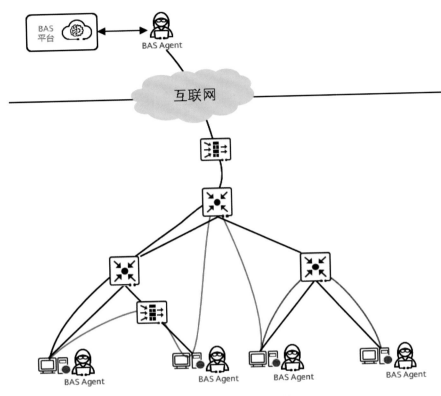

图8-19 内网安全评估

8.6 漏洞管理

8.6.1 背景概述

针对前述章节中提到的漏洞发现、检测、验证等活动，在传统的漏洞管理过程中大都通过人工分散执行，例如，先通过扫描器等发现漏洞，然后邮件或电话通知相关组织制定防御策略，最后进行人工验证执行，导致存在如下问题：

（1）漏洞来源分散，感知不准确：部分企业会采购多种扫描器，漏洞来源分散、描述信息多样，导致感知不准确。

（2）漏洞信息无法统一呈现：不同厂商扫描器的扫描结果形式多样，不同漏洞披露机构提供的漏洞信息也不相同，导致不易对漏洞的统一分析和报表呈现。

（3）缺乏漏洞全局管理，漏洞管理效率低：随着用户资产数量增加，漏洞扫描、定位及验证更加复杂，采取人工的漏洞处置不仅效率较低，也容易错过漏洞整改的最佳时间，带来延误和损失的风险。

（4）缺少统一的漏洞跟踪、反馈、沟通机制：漏洞信息发布之后无法保证对应产品研发及运维人员及时获取相关的漏洞信息，也无法及时对所有漏洞的处置情况进行跟进，漏洞在不同人员之间的流转不仅影响了漏洞的处置效率，也带来了新的安全隐患。

因此，为了缓解上述问题，降低漏洞带来的安全风险，能够更加及时、全面、准确地做好漏洞管理工作，满足监管合规要求。企业在具体执行漏洞管理过程中需要遵循漏洞管理生命周期流程，建立统一漏洞管理平台，更加规范和高效地进行漏洞管理工作。

8.6.2　漏洞管理流程和平台

1. 漏洞管理流程

漏洞管理流程的生命周期有六个关键阶段，分别为：

（1）资产发现：识别并创建完整资产清单。制定基线，通过自动计划扫描识别漏洞，提前发现潜在风险。

（2）确定资产优先级：通过某些维度，如资产价值对资产进行分组及优先级配置，有助于区分日常的关注重点、简化分配资源时的决策过程、区分处置措施。

（3）漏洞评估：了解、评估资产的风险状况，可以根据各种因素确定首先消除哪些风险，包括其严重性和漏洞威胁级别以及分类。

（4）漏洞报告：根据评估结果确定资产和漏洞风险级别。然后记录并报告已知漏洞。

（5）漏洞修复：明确资产、漏洞优先级，则可以选择漏洞修复的优先级、修复方式等。

（6）漏洞风险验证和监视：漏洞管理流程的最后一个阶段包括使用验证、定期审核和流程来确保已消除风险。

基于上述流程阶段，具体的工作内容通常包括以下部分：

（1）资产发现：企业资产环境复杂，甚至会在多个地点拥有数千项资产，包括设备、软件、服务器等记录，针对资产记录应准确、及时、完整，但这可能非常复杂。这就需要有资产识别和资产管理系统支撑了解组织拥有哪些资产、位于何处以及归属于谁。

（2）漏洞扫描：通过漏洞扫描工具或产品对系统、网络、应用进行一系列扫描验证来寻找典型弱点或缺陷。这些检测可能包括尝试利用系统或者应用的已知漏洞、猜测默认密码或账户，或者只是尝试访问受限区域等。

（3）漏洞修复：确定漏洞优先级以及修复步骤、漏洞补丁以及漏洞验证确认。最后，漏洞修复跟踪是确保漏洞或错误配置得到妥善解决的重要手段。

（4）补丁管理：补丁管理可帮助组织使用最新的安全补丁，使他们的计算机系统保持最新状态。大多数补丁管理解决方案会自动检查更新并在有更新时提示用户。通过自动化补丁管理系统可确保检测到的漏洞及时、一致的方式得到修复，而不会影响补丁的效率和合规性。

（5）集中管理：态势感知系统或安全信息和事件管理（SIEM）可实时整合组织的资产安全事件、安全漏洞信息，旨在让组织能够了解发生的事件，包括网络流量、资产信息、漏洞信息、告警事件、用户等信息。

（6）安全验证（安全测试）：旨在主动帮助发现组织内潜在的漏洞风险。通过模拟攻击，测试人员利用如渗透测试工具识别系统中可能被攻击者利用的风险。

2. 漏洞管理平台

针对上述提到的漏洞管理流程中的具体工作内容，需要基于漏洞管理平台支撑一站式的漏洞管理功能，实时提供资产风险和漏洞管理及可视化能力，平台核心功能如下：

（1）资产管理：盘点组织内的资产（如服务器等）以及对应的资产风险。① 资产发现：支持手动和自动的资产发现，包括人工录入配置、资产信息采集等；② 资产标签：支持自定义资产标签，包括资产名称、类型、价值以及资产所属业务系统及资产组；③ 资产属性：包括资产的IP地址、所属用户、工作组或包括资产的系统类型、版本信息等基本属性信息；④ 资产风险：所属资产的风险问题，包括资产脆弱性信息，如暴露面、漏洞等信息，以及该资产关联的相关事件。

（2）漏洞管理：提供管理界面，支撑一站式的漏洞管理流程，包括如漏洞的信息采集、验证、处置、跟踪等环节。① 漏洞识别和信息获取：采集获取各扫描工具的漏洞原始信息，然后将漏洞信息上报、汇总到平台；② 漏洞属性：记录并呈现漏洞的类型、漏洞级别、漏洞编号以及漏洞相关的资产等基础信息；③ 漏洞管理：支撑漏洞的查询、检索和处置跟踪能力，能够跟踪漏洞状态，甚至有些漏洞管理平台可以与工单系统对接，实现工单处置和状态跟踪。

8.6.3 漏洞管理产品实践

当前市场上主流的漏洞管理平台或者漏洞管理云端SaaS服务基本都实现一站式漏洞管理能力，并且有些产品还能够提供实时持续系统和应用等资产风险评估能力，内置风险量化管理和在线风险分析处置功能，帮助组织快速感知和响应漏洞，支撑及时有效地完成漏洞修复工作，实现漏洞发现、评估、分析、处置、验证、归档的全生命周期漏洞运营与管理，或者通过态势感知平台采集资产和漏扫日志信息，如图8-20所示为华为 HiSec Insight 产品提供的对资产风险和漏洞管理功能。

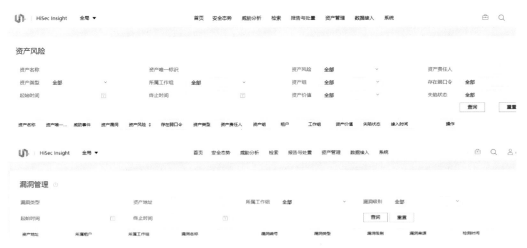

图8-20   华为 HiSec Insight 产品资产风险和漏洞管理功能

主要功能包括：

（1）全面的扫描功能：涵盖多种类型资产扫描，支持系统漏洞扫描、Web漏洞扫描、数据库漏洞扫描、安全基线检测、弱口令扫描等综合扫描能力，自动发现资产指纹信息，避免扫描盲区。

（2）要求检测高效精准：

应能够自动识别网络环境中的系统和应用，具备智能爬虫技术，可模拟各种登录方式，具备漏洞验证功能。

（3）简单易用：基于网络扫描，无需额外部署工作，服务开箱即用，配置简单，一键批量扫描，可自定义扫描事件，分类管理资产安全，让运维工作更简单，风险状况清晰了然。

（4）风险量化：服务根据漏洞数量、严重性和影响范围等因素，对资产进行综合评分，直观反映了资产的安全风险水平，确保重要资产和高风险资产得到及时处理。

但随着组织数据环境的复杂度逐步递增，传统漏洞管理产品也存在如下问题不易解决：

（1）海量漏扫结果，成本高：传统漏扫，一般会扫描出海量漏洞，漏洞有效性的确认成本很高。面对海量漏洞全面排查影响性，效率低周期长。

（2）网络防御效果，不确认：网络防护体系有效性、能够有效防护的相关漏洞无法确认。网络环境变更，安全策略配置是否使能不确认。

（3）关键资产防护，不清晰：高危漏洞频发，补丁修复慢，关键对外服务资产是否受其影响不清晰。面对勒索软件、数据窃取等高危风险场景，资产防护风险不清晰。

因此，华为乾坤云安全服务推出如图8-21所示的漏洞扫描及安全评估服务（BAS），用于发现企业安全防御缺陷，弥补传统漏洞扫描器的不足，又避免了专业渗透测试的高成本和自动化程度效率低的问题。

该产品通过SaaS订阅服务或本地软件执行模拟服务，提供基于自动化的安全评估能力，提供统一的安全漏洞评估或态势感知能力，支持动态的攻击模拟测试、新增漏洞评估、资产定期审视等能力，支持自动化、周期模拟入侵，无需人为干预。

通过该产品，可以改善传统漏洞扫描和管理缺陷，提升漏洞管理效率，使得：

（1）漏洞验证更加精准：在不损害网络的前提下，模拟攻击者对漏洞利用验证。

（2）模拟渗透更加智能：自动化组合多个漏洞实现联合利用。

（3）评估全景可视：评估过程全程可视并自动出具报告，让安全加固更聚焦。

图8-21　华为乾坤云安全服务

本章小结

华为安全漏洞解决方案技术的重点在于确保其产品和服务的安全性，同时保护用户数据免受侵害，通过关键技术和流程，以识别、评估、缓解和报告潜在的安全漏洞：通过自动化漏洞扫描工具、定期的安全审计和渗透测试，旨在及早发现潜在安全漏洞，完成安全漏洞的识别与检测；利用先进的监控系统和算法，对网络安全状况进行实时监控，以便对可疑活动作出快速响应，完成即时监测与响应；使用大数据和人工智能技术加强对安全事件的分析能力，从而改进对受威胁资产的保护能力；同时通过系统性的风险评估方法和漏洞评分系统,评估不同漏洞的风险等级和优先修复的顺序,对新发现的漏洞进行防护,同时通过端到端的安全管理框架,完成硬件安全、操作系统安全到应用安全的多层次防护,并通过安全事件管理和响应流程,以有效管理安全事件并快速响应。

华为安全及漏洞解决方案在漏洞管理上努力提供端到端的安全保障,覆盖从硬件到软件、从内部流程到现网防护等各个面,正是通过这种全面综合的方法,华为确保其解决方案能够有效地防范和管理安全漏洞,实现消除网络攻击入口,降低漏洞带来的网络风险。

附录　漏洞治理成熟度评估模型

漏洞治理成熟度评估模型请扫码阅读。

漏洞治理成熟度评估模型

参 考 文 献

［1］ 2022 年全球网络安全漏洞 TOP 10［EB/OL］.(2023-01-30).https://www.51cto.com/article/745274.html.

［2］ NTT 发布《2023 年全球威胁情报报告》［EB/OL］.(2023-05-31).https://www.prnasia.com/story/405963-1.shtml.

［3］ 企业数字化转型技术发展趋势研究报告(2003 年)［EB/OL］.http://www.caict.ac.cn/kxyj/qwfb/ztbg/202305/P020230509620141144077.pdf.

［4］ 2023 上半年 Top 10 数据安全泄露事件［EB/OL］.(2023-08-21).http://www.infosecworld.cn/index.php？m=content&c=index&a=show&catid=27&id=4632.

［5］ 年终盘点:2023 年网络安全大事件［EB/OL］.https://zhuanlan.zhihu.com/p/673488995.

［6］ 国务院印发《"十四五"数字经济发展规划》［J］.信息技术与信息化,2022(2):4.

［7］ 单志广.新时代网络安全的发展趋势、面临的挑战与对策建议[J].人民论坛(学术前沿),2023(20):45-54.

［8］ 齐向东.漏洞［M］.上海:同济大学出版社,2018.

［9］ 英国《政府网络安全战略 2022—2030》五大目标与详细计划清单［EB/OL］.(2022-03-09).https://www.secrss.com/articles/40060.

［10］ 欧盟网络安全态势评估:挑战、政策与行动［EB/OL］.(2022-01-21).https://www.secrss.com/articles/38568.

［11］ ENISA 网络威胁图谱 2022［EB/OL］.(2023-03-24).https://www.toutiao.com/article/7213776963100803644/？log_from=3ddf1f8eb1277_1680274166972.

［12］ 欧盟:网络安全治理的"新规划"［EB/OL］.(2019-08-24).https://www.spp.gov.cn/llyj/201908/t20190824_429711.shtml.

［13］ Executive Order on Improving the Nation's Cybersecurity［EB/OL］.(2021-05-12).https://www.whitehouse.gov/briefing-room/presidential-actions/2021/05/12/executive-order-on-improving-the-nations-cybersecurity/.

［14］ Telecommunications（Security）Act 2021［EB/OL］.(2021-11-17).https://bills.parliament.uk/bills/2806.

［15］ Regulation（EU）2019/881 of the European Parliament and of the Council of 17 April 2019 on ENISA（the European Union Agency for Cybersecurity）and on information and communications technology cybersecurity certification and repealing Regulation（EU）No 526/2013（Cybersecurity Act）（Text with EEA relevance）［EB/OL］.(2019-04-17).https://eur-lex.europa.eu/legal-content/EN/TXT/？uri=celex%3A32019R0881.

［16］ Proposal for a Regulation of the European Parliament and of the Council on horizontal cybersecurity requirements for products with digital elements and amending Regulation（EU）2019/1020［EB/OL］.（2022-09-15）. https：//eur-lex. europa. eu/legal-content/EN/TXT/? uri=celex：52022PC0454.

［17］ Proposal for a Regulation of the European Parliament and of the Council laying down measures for a high common level of cybersecurity at the institutions，bodies，offices and agencies of the Union［EB/OL］.（2022-03-22）.https：//eur-lex.europa.eu/legal-content/EN/TXT/? uri=CELEX：52022PC0122.

［18］ 漏洞就是网络军火：美国漏洞披露管理政策及启示［EB/OL］.（2019-04-25）.https：//www.360.cn/n/10643.html.

［19］ ENISA，Developing National Vulnerability Programmes［EB/OL］.（2023-02-16）. https：//www.enisa.europa.eu/publications/developing-national-vulnerabilities-programmes.

［20］ 网络产品安全漏洞管理规定［EB/OL］.（2021-07-12）.https：//www.gov.cn/zhengce/zhengceku/2021-07/14/content_5624965.htm.

［21］ Electronic Communications（Security Measures）Regulations and Telecommunications Security Code of Practice ［EB/OL］.（2022-09-05）. https：//www. gov. uk/government/publications/electronic-communications-security-measures-regulations-and-draft-telecommunications-security-code-of-practice.

［22］ Executive Order on Improving the Nation's Cybersecurity［EB/OL］.（2021-05-12）.https：//www.whitehouse. gov/briefing-room/presidential-actions/2021/05/12/executive-order-on-improving-the-nations-cybersecurity/.

［23］ Recommendations for Federal Vulnerability Disclosure Guidelines［EB/OL］.（2023-05-24）. https：//csrc.nist.gov/pubs/sp/800/216/final.

［24］ 李龙杰,郝永乐. 信息安全漏洞相关标准介绍［J］. 中国信息安全,2016(7)：68-72.

［25］ 黄道丽. 网络安全漏洞披露规则及其体系设计［J］. 暨南大学学报（哲学社会科学版）,2018,40(1)：94-106.

［26］ 从滑动标尺模型看企业网络安全能力评估与建设［EB/OL］.（2022-08-09）.https：//www.secrss.com/articles/45582.

　　漏洞是网络安全领域最为人熟知的概念，但随着近年来各行业数字化转型进程加速，利用漏洞发起的网络安全攻击事件、网络违法犯罪活动层出不穷，给组织和个人带来了极大的威胁。面对这种情况，全球网络安全法律法规不断完善，对漏洞管理的要求也逐渐明确。对于组织来说，如何正确对待漏洞、有效管理漏洞风险并确保合规成为保障业务正常开展、安全运营的重中之重。

　　东南大学网络与信息中心一直致力于探索和实践漏洞攻击暴露面的收敛，以及漏洞检测和主动防御能力的提升。在实践过程中，我们逐渐意识到单纯依赖技术防御措施难以全面、高效地管理运营中的安全风险。因此，建立一套行之有效的漏洞管理机制显得尤为重要，以应对漏洞管理效率低、信息化人力不足，以及日益增长的漏洞风险挑战。

　　华为公司先进的漏洞治理理念和方法为业界提供了宝贵的启示，特别是在漏洞全量管理、全生命周期管理以及全供应链管理方面的方法，具有很高的行业参考价值。漏洞管理工作是个系统工程，目前国内大多数高校漏洞相关的教材和课程主要围绕漏洞攻防技术与相关实验，缺乏漏洞治理的系统性方法。因此，基于校企合作理念，东南大学网络与信息中心和华为联合出版了该教材，融入行业优秀漏洞治理实践，从理念、策略、流程等方面的体系化建设方法进行展开介绍。

　　本书从构思到出版历经近一年的时间，其间我们认识到这本书的受众不仅限于高校学生，书中所提供的行业洞察和企业在漏洞治理方面的宝贵实践经验可以供各行业管理者、专家和学者参考和借鉴。选题到成稿之路漫漫，其间幸得多方助力。首先，感谢华为专家的支持，我们才得以探索和积累丰富的漏洞治理实践和方法，感谢他们无私的分享，为行业贡献宝贵的经验。其次，感谢院士、专家、学者的拨冗撰文指导，因为他们专业、细致的评审及客观公正且富有建设性的意见，本书才得以不断优化。最后，感谢东南大学老师们和同学们的支撑，他们一路相伴，携手共进，让本书内容更加饱满并最终付梓。

行业的数字化转型的网络安全挑战无处不在，漏洞治理之道将与时俱进，本书仅仅是抛砖引玉，不足之处，望广大读者和从业人士宽容以待，不吝珠玉。

为本书作出重要贡献的专家有（排名不分先后）：罗明、黄莎莎、谢文博、李花、崔杰、唐舜华、许俊坤、胡跃武、罗宏芳、杨晓芬、冯昊，向他们的辛勤工作表示感谢。

除此之外，李声阳、陈丽、朱建高、杨璟昭、江赟、王星沣、芈鸿、赵新宇、赵永安、季凤、黄强、卜清、杨宏健、韩东对本书也作出了贡献，在此向他们一并表示感谢。